ゼロから学ぶ Power Automate

実践に役立つ クラウドフロー業務自動化入門

パワ実 著

秀和システム

■注意

(1) 本書は著者が独自に調査した結果を出版したものです。

(2) 本書は内容について万全を期して作成いたしましたが、万一、ご不備な点や誤り、記載漏れなどお気付きの点がありましたら、出版元まで書面にてご連絡ください。

(3) 本書の内容に関して運用した結果の影響については、上記(2)項にかかわらず責任を負いかねます。あらかじめご了承ください。

(4) 本書の全部、または一部について、出版元から文書による許諾を得ずに複製することは禁じられています。

(5) 本書で掲載されているサンプル画面は、手順解説することを主目的としたものです。よって、サンプル画面の内容は、編集部で作成したものであり、全て架空のものでありフィクションです。よって、実在する団体・個人および名称とはなんら関係がありません。

(6) 商標

本書で掲載されているCPU、ソフト名、サービス名は一般に各メーカーの商標または登録商標です。

なお、本文中では™および® マークは明記していません。

書籍中では通称またはその他の名称で表記していることがあります。ご了承ください。

はじめに

「Power Automateで業務の自動化をしたいけど、難しそう…」

そう感じている方も多いのではないでしょうか?

Power Automateは、プログラミング経験がなくても業務を自動化できる**「ローコードプラットフォーム」**です。日々の定型作業を自動化したり、承認プロセスを効率化したり、データの転記作業を自動化したりと、様々な場面で活用できます。

本書は、プログラミング未経験の方でも、Power Automateを**ゼロから学べる**ように構成された入門書です。

本書は操作手順の説明だけでなく、以下の内容を通じて、Power Automateの基礎から応用までを体系的に学ぶことができます。

・Power Automateの基礎知識の習得
・業務の課題整理と要件整理のやり方
・フローの設計と実践的なハンズオン

さらに、**最新の生成AIを活用した開発テクニック**についても触れ、今後のシステム開発をより効率的に進めるためのヒントも提供しています。

これらの知識は、他のPower Platformサービスを含め、業務改善において役立つ内容となっていますので、ぜひ最後まで読んでいただければと思います!

● 本書の使い方

本書は、株式会社パワプの総務部で働く**「ミムチ」**が主人公となるストーリー形式で学習を進められるよう構成されています。

業務の自動化に挑戦するミムチと一緒に、ハンズオン形式でPower Automateの開発を学んでいきます。

本書は、**基礎編(第1章~第3章)**と**応用編(第4章~第9章)**の2部構成になっています。

基礎編(第1章~第3章)

はじめの3章では、Power Automateの基礎知識を丁寧に解説します。まずはPower Automateだけで実現できる自動化の手法を実際に体験しながら習得できます。

応用編(第4章〜第9章)

後半では、より実践的な内容に取り組みます。

＊ **第4章〜第5章**：Power Platform全体を視野に入れた業務改善の進め方を学び、実践的なPower Automateの実装に挑戦します。

＊ **第6章〜第7章**：Power AppsやPower BIとの連携について学びます。(この章はオプションなので、必要に応じて取り組んでください)

＊ **第8章〜第9章**：応用的なPower Automateの活用テクニックや、生成AIを活用した業務自動化について紹介します。

まずは「基礎編(第1章〜第3章)」をしっかりと理解し、必要に応じて「応用編(第4章〜第9章)」へ進んでみてください。

Power Automateのスキルを実践的に学び、業務効率化を進めていきましょう！

● **本書の対象者**

本書は、Power Automateクラウドフローで業務の自動化をしたいすべての方を対象にしています。

特に次のような方にはぜひ読んでいただきたいです。

本書を読んでほしい人

- ● プログラミングの経験がないけど、Power Automateで業務の自動化をしたい方
- ● Power Automateをゼロから勉強してスキルアップしたい方
- ● 自分たちの業務をどうにか効率化したいが、どうやってできるのか分からない方

● **本書に記載の情報について**

本書に記載されている情報は、本書の執筆時点の内容になります。

サービスのアップデート等により、情報が古くなる場合がございますので、あらかじめご了承ください。

読者特典について

　本書の読者特典として、以下のサイトから本書で作成するPower Automateフローの全体像のスクリーンショットや、本書に載せきれなかった情報を取得できます。

読者特典のWebページ

https://www.powerplatformknowledge.com/powerautomate-book1-benefit/

パスワード：最後から2ページ目のページ下をご参照ください。

特典内容

- ・ 本書のハンズオンで使うファイル
- ・ 本書のハンズオンで作成するPower Automateフローの全体像
- ・ 本書に載せきれなかった情報

※読者特典のデータは、著者の運営するブログ「業務効率化・データ活用ブログ」にアクセスする必要があります。

※読者特典データに関する権利は著者が所有しています。許可なく配布したり、Webサイトに掲載したりすることはできません。

※読者特典の掲載内容は、掲載後に更新されたり、予告なく掲載終了したりすることもありますので、あらかじめご了承ください。

Contents

目 次

はじめに 3

読者特典について 5

基本編 ≫

Chapter 1 Power Automateとは？ 15

1-1 何のためにDXを進めるのか？ 16

1-2 Power Platformで何ができる？ 18

❶ Power Platformとは？ 18
    1. Power BI 19
    2. Power Apps 19
    3. Power Automate 19
    4. Power Pages 20
    5. Copilot Studio（旧Power Virtual Agents） 20

❷ Power Platformのメリット 20
    （1）高度なプログラミングの知識が無くても開発できる 20
    （2）迅速かつ柔軟な開発ができる 20
    （3）よりクリエイティブな仕事に集中できる 21
    （4）Microsoftサービスと相性が良い 21
    （5）セキュリティ面でも安心 21

1-3 Power Automateとは 22

❶ Power Automateの特徴 22

❷ クラウドフローとデスクトップフローの違い 23
    （1）クラウドフローの仕組み 25
    （2）デスクトップフローの仕組み 26
    コラム クラウドフローとデスクトップフローはどう使い分ける？ 28

1-4 Power Automateの活用事例 29

❶ 承認プロセスの自動化 29

6

② 請求書メールの保存と通知の自動化 30

③ アンケート集計の自動化 31

1-5 Power Automate の導入に必要なもの 33

① PC 33

② ライセンス 34

1-6 Power Automate の環境を作る 37

① Office 365 E5 (Teams なし) の1カ月無料試用版をセットアップする 37

② Power Automate を開く 39

第1章のまとめ 43

Chapter 2 Power Automate の基礎を学ぶ 45

2-1 Power Automate の基本的な仕組み 46

① フロー、トリガー、アクション 47

② コネクタ 50

③ 入力と出力 51

④ 基本的なフローの作成方法 52

コラム 入力と出力の JSON 形式 (オブジェクト) のデータって何？ 64

2-2 変数と動的なコンテンツ 65

① 変数とは 65

② 動的なコンテンツとは 68

コラム なんで「入力」や「出力」を確認するの？ 83

2-3 データ型 84

コラム 数値データも String 型 (文字列) にしちゃだめ？ 85

2-4 アレイ (配列) とは？ 87

2-5 プログラミングの基本処理3つ 90

① 順次 91

7

2 分岐 93

3 反復 94

2-6 関数とは？ 109

2-7 アルゴリズムの考え方 113

　　　　コラム フローの実装方法が分からないときは、Webで記事を探してみる！ 116

第2章のまとめ 117

Chapter 3 Power Automateで 実際にフローを作ってみる！ 119

3-1 Power Automateの画面構成 120

3-2 Outlookで請求書のメールが届いたらTeams通知する 124

1 今回作成するフローの概要 124

2 フローの実装 126

3 テスト実行と実行結果の確認 133

3-3 Formsに回答がきたら、SharePointリストに登録する 144

1 今回作成するフローの概要 144

2 アンケート回答用のFormsを作成 146

3 Formsの回答データを格納するSharePointリストを作成 152

　　　　コラム SharePointリストの列は、なぜ英語名で作成するの？ 160

4 Power Automateフローを作成 162

5 テスト実行と実行結果の確認 172

3-4 SharePointのExcelデータを、定期的にSharePointリストに転記する 177

1 今回作成するフローの概要 177

2 ExcelとSharePointリストの準備 179

3 Excelテーブルデータを取得する 182

4 取得したExcelデータを1行ずつループ処理する 187

⑤ SharePointリストにExcelデータと同じデータが存在するか確認する 189

⑥ SharePointリストにデータが存在する場合と、しない場合で分岐する 193

⑦ テスト実行と実行結果の確認 203

3-5 SharePointリストの会議リストに登録されたら、会議の通知をする 208

① 今回作成するフローの概要 208

② SharePointリストの準備 210

③ ユーザー列からEmailを取得 212

④ アレイ型データをセミコロン区切りで結合 217

⑤ Outlookで会議依頼を通知する 218

⑥ テスト実行と実行結果の確認 222

3-6 RSSフィードで最新のニュースを取得し、Teams通知する 228

① 今回作成するフローの概要 228

コラム RSSフィードでWebサイトの最新情報を取得する！ 230

② Power Automateフローの作成 231

③ テスト実行と実行結果の確認 239

第3章のまとめ 241

応用編 ≫

Chapter **4** Power Platform による業務改善の流れ 243

4-1 システム開発の基本的な流れ 244

① 【要件定義】システムで何を実現したいか考える 245

② 【システムの設計】どのようなシステムを作るか決める 246

③ 【システム開発】実際にフローを作っていく 247

④ 【テスト・デバッグ】実際にフローの動作を確認する 247

⑤ 【リリース】フローやアプリをメンバーに共有する 247

4-2 Power Platform に適した開発プロセス 249

コラム 初心者には Power Automate の開発は難しい？ 251

第4章のまとめ 252

Chapter 5 備品貸出システムを作ってみる！ ·········· 255

5-1 [要件定義] 現状業務の流れを書き、どのように自動化するか考える ········· 256
1 業務の現状把握と課題の洗い出し ·········· 257
2 課題解決に適したツールの選定と改善案の検討 ·········· 260
3 ツールごとの必要機能の洗い出し ·········· 262

5-2 [設計] どのようなフローの流れになるか検討する ·········· 265
1 データの設計 ·········· 266
  （1）必要データの洗い出し ·········· 266
  （2）データベース設計 ·········· 268
2 フローの設計 ·········· 273
  （1）新規貸出申請時の承認結果通知フロー ·········· 273
  [コラム] フローの設計って本当に必要？ ·········· 277
  （2）貸出・返却予定の通知フロー ·········· 277
  （3）返却期限のリマインダーフロー ·········· 280
  （4）前月の貸出状況レポート通知フロー ·········· 282

5-3 [実装] 実際にフローを実装する ·········· 286
1 SharePointリストの作成 ·········· 286
2 Power Automateフローの作成 ·········· 289
  （1）新規貸出申請時の承認結果通知フロー ·········· 290
  [コラム] どのようにフローを作っていけばよいのか分からない… ·········· 306
  （2）貸出・返却予定の通知フロー ·········· 307
  （3）返却期限のリマインダーフロー ·········· 320

5-4 [テスト・デバッグ] フローをテストし、問題があればデバッグをする ·········· 334
1 システムの要件と設計に沿っているか確認する ·········· 335
2 システムが業務改善の目的を達成するか確認する ·········· 336
  [コラム] 「正しく作られているか」と「正しいものを作っているか」の違い ·········· 337
3 急ぎでない改善点は次の改修に回す ·········· 338

5-5 [リリース] フローをメンバーに共有する ·········· 340
1 フローを「オン」にする ·········· 341
  [コラム] アクションを一時的に無効化する方法 ·········· 343

❷ フローの共同所有者を追加する ································· 345

❸ SharePointリストをメンバーに共有する ················ 348

（1）SharePointサイトを共有する場合 ················· 349

（2）SharePointリストを共有する場合 ················· 350

第5章のまとめ ·· 353

Chapter 6

備品貸出システムを作ってみる！
～ Power Appsとの連携 ·································· 355

6-1 Power Appsとの連携を考える ························· 356

6-2 SharePointリストからPower Appsを自動作成する ··········· 358

❶ SharePointリストからPower Appsを自動作成 ··············· 358

❷ 自動作成したアプリを編集する ······················· 361

6-3 Power AppsからPower Automateを実行する ············· 374

❶ 新規貸出申請時の承認結果通知フローの修正 ············· 374

❷ Power Apps側の設定 ······························· 382

❸ テスト実行 ··· 386

❹ リリース ··· 387

（1）アプリを発行する ······························· 388

（2）アプリを共有する ······························· 390

第6章のまとめ ·· 392

Chapter 7

備品貸出システムを作ってみる！
～ Power BIとの連携 ····························· 393

7-1 Power BIとの連携を考える ····························· 394

7-2 Power BI レポートを作る 396

① Power BI から SharePoint リストに接続する 397

② Power Query でデータフォーマットを整える 402

（1）「貸出管理」クエリのデータ変換 402

（2）「備品マスター」クエリのデータ変換 407

③ 2つのテーブル間の関係性を定義する 409

④ レポートを作成する 411

⑤ レポートを発行し、メンバーと共有する 418

（1）Power BI サービスにレポートを発行する 418

（2）データの自動更新設定をする 420

（3）ワークスペースにアクセス権を付与する 422

7-3 Power Automate で Power BI のデータセットからデータを取得する 424

① DAX クエリを使ってみる 426

② 前月の貸出状況レポート通知フローを作成する 430

③ テスト実行 443

コラム Power BI のリンクを送るだけでもよいのでは？ 444

第7章のまとめ 446

Chapter 8 高度な Power Automate 活用術 447

8-1 JSON 分析とは？ 448

① JSON とは 449

② Power Automate での JSON 解析 450

8-2 デバッグの基本的な方法 462

① デバッグの基本的な流れ 462

② フローチェッカーを活用する 463

③ テスト実行で動作確認 465

④ 実行履歴を活用する 468

⑤ デバッグに役立つ実践的なテクニック 470

（1）「コントロール」の「終了」アクションを使う 470

（2）「静的な結果」をオンにする 472
（3）「データ操作」の「作成」アクションを使う 473

8-3 エラーハンドリングの方法 475

❶ エラーハンドリングの基本 475

❷ スコープを使った例外処理のやり方 476

❸ スコープを使った例外処理の実装方法 477

8-4 Power Automate の共有、引継ぎ方法 490

❶ 共同所有者としての追加 491

❷ 実行専用ユーザーの権限付与 497

❸ フローのコピーを共有 499

第8章のまとめ 502

Chapter 9 生成AIの活用 503

9-1 Copilot 機能を使ったフロー作成の効率化 504

❶ Copilot でフローを自動作成する 504

❷ Copilot でフローを編集する 507

コラム Power Automate の Copilot 機能はまだまだこれから！ 510

9-2 AI Builder を使ってみる 511

❶ AI Builder とは？ 511

❷ AI Builder を使うための準備 512

❸ AI Builder で質問に回答する 513

❹ AI Builder で領収証を分析する 519

9-3 開発で ChatGPT を活用する 527

コラム ChatGPT 以外のAIも使ってみる！ 528

❶ 設計での活用 529

❷ 実装での活用 531

❸ デバッグでの活用 532

コラム AIを「優秀なアシスタント」として活用する 533

第9章のまとめ 534

おわりに 535

基本編 ≫ Chapter

1

Power Automateとは?

第1章のゴール

　本章では、DX（デジタルトランスフォーメーション）の目的と意義を理解し、Power PlatformとPower Automateの機能と活用方法を学びます。

　また、Power Automateの導入に必要な要件と、開発環境の構築方法についても解説します。

　この章を完了すると、DXやPower Platformについての概要を理解し、Power Automateを開発するための準備を整えることができます。

Chapter 1　Power Automate とは？

1　何のためにDXを進めるのか？

　株式会社パワプに勤めている総務部のミムチは、社内にMicrosoft 365が導入されたのを機に立ち上がった、「DX推進プロジェクト」のメンバーで、各部署から選出された「DX推進リーダー」の1人として活躍しています。

　ミムチが総務部の申請業務改善のために作った「申請アプリ」は部内でも好評で、他の部署からも使いたいという要望も増えていました。現在はSharePointサイトで「申請アプリ」を共有し、他部署への横展開も進んでいます（拙著「ゼロから学ぶPower Apps 実践に役立つビジネスアプリ開発入門」参考）。

ミムチの苦労の結晶「申請アプリ」が、色々な部署で活用されていて嬉しいですぞ！

Power Platformのスキルアップをしていけば、更に色々な業務改革ができそうですぞ！

　DXは「デジタルトランスフォーメーション」の略で、組織がデジタル技術を活用して業務プロセスを改善していくだけではなく、製品やサービス、ビジネスモデルを根本から変革していくことです。

　さらに、組織や企業文化をも変革し、競争上の優位性を確立することを目指します。

　ただし、「DX推進」そのものは「目的」ではなく、目的を達成するための「手段」であることを理解しておく必要があります。

　また近年は多くの企業で生成AIの活用が進んでおり、DX推進において、生成AIの活用をあわせて考えていく必要性も出てきました。

1 何のためにDXを進めるのか?

　DX推進の主な目的としては、次の4つがあります。

DX推進の主な目的

（1）業務の効率化

　コンピューターやロボットを使って、仕事を自動化、効率化することで、社員はもっと重要な仕事に集中できるようになります。

（2）顧客満足度のアップ

　顧客が何を欲しがっているのかをデータ分析で見つけ出し、顧客に合ったサービスを提供したり、リードタイムが短縮できたりすることで顧客満足度のアップにつなげます。

（3）新しいアイディアを生み出す

　デジタル技術を活用し、今までになかった新しいビジネスやサービスを作り出すことで、他社よりも優れた価値を顧客へ提供できるようになります。

（4）世の中の変化に素早く対応する

　世の中の変化や、顧客のニーズをとらえることで、素早く変化に対応してAI等の新技術を取り入れる等、ビジネス戦略を立てることができます。

　DXは単なる技術の導入ではなく、組織文化や業務プロセス、ビジネスモデル全体の変革を伴う包括的な取り組みです。

　このため、成功させるには組織全体が協力して、計画的に取り組むことが必要です。

　会社の上層部と社員が一丸となって「デジタルの力で会社をもっと良くしていくこと」を考え、一緒に取り組んでいくことが重要です。

Chapter 1　Power Automateとは？

2　Power Platformで何ができる？

　ミムチが「申請アプリ」をリリースしてから数か月経ち、申請アプリを使った新しい申請業務フローにもすっかりと馴染み、ミムチ達は充実した日々を送っていました。
　ミムチが申請アプリを操作しながら、申請状況を確認していたとき、突然上司から声をかけられました。
　「ミムチ君、君が開発してくれた"申請アプリ"は、総務部内外でとても好評のようだね。」
　「実は、さっき人事部長と話していたのだが、人事部ではPower Automateを活用して、データの振り分けや、通知を色々と自動化しているらしい。」
　「総務部でも色々と手動でデータ連携の作業をしているが、何かPower Automateを使った業務改善ができないか、検討してみてくれないか？」

たしか「申請アプリ」開発でも、少しだけPower Automateの承認フローを作りましたぞ。

しかし、正直Power Automateは難しくて、ミムチはあまり理解ができておりませんぞ…

1　Power Platformとは？

　Power Platformは、Microsoftが提供するローコード開発ツールです。
　「ローコード（Low-Code）」とはその名の通り、「ほとんどプログラミングをせずに」システム開発ができる開発手法です。
　プログラミングの経験がない非エンジニアにとって、高度なプログラミング知識を必要

> 2　Power Platformで何ができる?

としないPower Platformを活用することで、ビジネスアプリ開発や、業務の自動化を行うハードルがかなり下がります。

しかし、プログラミングの知識が全く不要ということはなく、最低限のプログラミングの基礎知識等は必要です。

Power Automateの開発に必要な基礎知識については、第2章で解説しますので、非エンジニアの方も、安心して本書を読み進めてください。

Power Platformは、次の5つ製品を提供しています。

1. Power BI

データを可視化し、データ分析の結果から示唆を得て、意思決定に繋げることができます。
例）申請・対応分析レポート、障害発生分析レポート

2. Power Apps

社内で使用するビジネスアプリを作成できます。
例）申請アプリ、障害報告アプリ、タスク管理アプリ

3. Power Automate

タスクやプロセスの自動化を実現できます。
例）申請時の承認フロー、発注メールのTeams通知フロー

4. Power Pages

社外に公開するWebサイトを作れます。
例）お客様申請サイト、カスタマーサービスページ

社外に公開するWebサイトを作る

5. Copilot Studio（旧Power Virtual Agents）

社内外で活用できるAIチャットボットを作成することができます。
例）ITヘルプデスク、人事への問い合わせ対応

独自のAIエージェントを作る

2 Power Platformのメリット

Power Platformを使うことで、次のようなメリットが得られます。

（1）高度なプログラミングの知識が無くても開発できる

　Power Platformは、あらかじめ用意された部品を組み立てるようにアプリを開発できるため、最低限のプログラミング基礎知識があれば開発可能です。
　そのため、今までIT部門や外注先に開発依頼していたシステムも、実際にシステムを使う事業部門が自分たちで気軽に開発することができます。

（2）迅速かつ柔軟な開発ができる

　実際にシステムを利用している事業部門が自ら開発できるため、機能追加やバグ対応等、アプリの改修が必要になった場合も、すぐに対応できます。
　そのため、システム開発を委託している場合にかかる開発工数やコストを大幅に削減できます。

（3）よりクリエイティブな仕事に集中できる

　単純な繰り返し作業等の自動化や、業務効率化により空いた工数を、よりクリエイティブな仕事に使うことができます。

　例えば、データ入力等の単純作業の代わりに、自分たちの事業活動データを分析し、製品の改善や、新しいサービスの検討を行うこと等ができるようになります。

（4）Microsoftサービスと相性が良い

　Microsoft 365等との連携が簡単にできるため、既に組織でMicrosoft 365を使っている場合は、すぐにPower Platformの導入効果が期待できます。

　例えば、SharePointや、Forms、Teams、Outlook等と簡単に連携でき、これらのサービス間でデータのやり取りが手軽にできます。

（5）セキュリティ面でも安心

　Microsoftの高度なセキュリティで守られたサーバーで運用されているクラウドプラットフォームなので、セキュリティ面でも安心して使うことができます。

　第2章〜第3章で紹介するPower Automateだけでなく、第6章〜第7章で紹介するPower Apps、Power BI、またその他のMicrosoft 365サービス等と連携することで、より効果的な業務の効率化が期待できます。

3 Power Automateとは

　ミムチは「申請アプリ」開発をしたときに少しだけ触ったPower Automateについて、改めて調べてみました。
　Power Automateを使うと、業務で行っている作業を自動化することができること、Power Automateには、クラウドフローと、デスクトップフローの2種類が存在することを知りました。

なるほど！　Power Automateを使えば、Teamsへの通知や、SharePointへのデータ保管など、あらゆる操作が自動化できるのですな！

おや？　つまりPower Automateとは、いわゆるRPA（Robotic Process Automation）と呼ばれるものなのですかな…？

Power Automateのデスクトップフローは、いわゆるRPAですが、クラウドフローはRPAとは異なる仕組みで動いています！

1 Power Automateの特徴

　Power Automateは、Microsoft社が提供する業務自動化や効率化を実現するツールです。
　Power Automateを使うことで、様々なアプリケーションやサービス間でのデータ連携や、

3 Power Automate とは

処理を実現し、業務プロセスを自動化することができます。

Power Automateの主な特徴は次の通りです。

Power Automateの主な特徴

1. ローコードで開発できる

　プログラミングの高度な知識がなくても、直感的なインターフェースを使ってフローを作成できます。

2. 色々なサービスと連携できる

　Microsoft製品だけでなく、Salesforce、X（旧Twitter）、Dropboxなど、500種類以上のサービスと連携することができます。

3. 豊富なテンプレートの活用

　様々な用途に応じた自動化ケースの既存テンプレートが多数用意されており、それをベースにカスタマイズすることで、素早くフローを作成できます。

4. トリガーによるフローの実行

　特定の条件（例えば、メールが受信された時、毎日10時）をトリガーにして、フローを自動で実行することができます。

5. AIの利用

　Copilotによるフローの自動作成や、AI Builderによるフローでの AI アクション実行の機能がサポートされています。

---

2 クラウドフローとデスクトップフローの違い

Power Automateには、「クラウドフロー」と「デスクトップフロー」の2種類が存在します。

これらは主に、次のような違いがあります。

Chapter 1　Power Automateとは？

クラウドフローと、デスクトップフローの違い

1. クラウドフロー（画面1）

　クラウド上で実行されるフローで、Webサービスや、クラウド上のアプリケーション間の連携が可能です。

例：Outlookでメールを受信したらTeamsに通知する。

▼画面1　Power Automateクラウドフローの画面

2. デスクトップフロー（画面2）

　PC上（ローカル）で実行されるフローで、いわゆるRPAと呼ばれるものです。

　RPAは、人間がPCの画面上で行う操作を、ロボットが代わりに実行してくれる技術で、デスクトップアプリケーションや、APIが存在しない古い社内システムの操作を自動化するために使用されます。

例：ローカルフォルダーに保存されたExcelファイルからデータを取得し、手作業で社内システムに登録していた作業を自動化する。

▼画面2　Power Automateデスクトップフローの画面

　クラウドフローとデスクトップフローは、混同されることも多いですが、根本的な仕組みが全く異なるため、それぞれの違いを理解しておくことが重要です。

（1）クラウドフローの仕組み

　Power Automateのクラウドフローは、コネクタと呼ばれるAPIを簡単に使える仕組みを利用しています（コネクタについては、第2章で詳しく説明します）。

　APIとは各サービスが提供している外部とやり取りするための窓口のようなもので、MicrosoftやAmazon、Googleをはじめ、様々なサービスでAPIが提供されています。

　APIを使い、決まったフォーマットで情報を要求（HTTPリクエスト）すれば、決まったフォーマットで情報を取得することができるので、自分で開発するアプリでも、外部のサービスを簡単に利用できます。

　クラウドフローはこのAPIラッパー（APIを簡単に使える仕組み）であるコネクタを利用するこ

とで、様々なサービスとのデータ連携を実現しています（画面1）。

▼画面1　Power Automateのコネクタの例

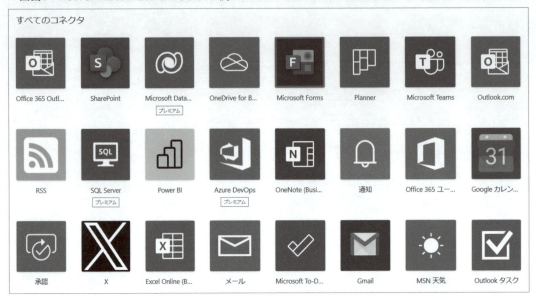

そのため、連携できるサービスはAPIを提供しているクラウドサービスに限ります。

デスクトップアプリや、APIを提供していない社内システム等は、クラウドフローを使うことができないため、デスクトップフローを使う必要があります。

（2）デスクトップフローの仕組み

Power Automateのデスクトップフローは、いわゆるRPAで、デスクトップ上で行うあらゆる作業を自動化できます。

デスクトップフローは、画像認識、UI構造解析、位置座標解析、API等あらゆる技術を利用して、操作を自動化しています。

例えば、Webサイトから情報を取得する場合、HTMLのDOMツリー（Webページの構造）を解析し、情報を取得しています（画面2）。

3 Power Automate とは

▼画面2　WebサイトのHTML構造（DOMツリー）の要素の例

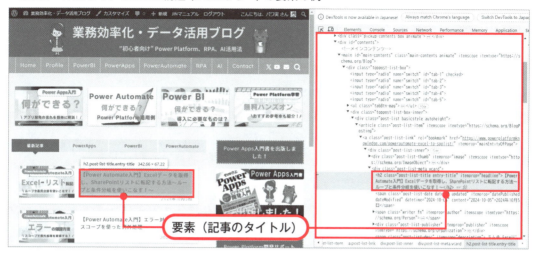

　これはクラウドフローの仕組みで利用しているAPIとは異なり、HTMLの階層構造を頑張って解析することで、Webサイトの入力ボックスやボタンを判別して操作を自動化しています。

　そのため、クラウドフローよりも実装が難しく、サイトのデザインが変更されると正常に動かなくなる等、メンテナンスコストもかかります。

　また、デスクトップフロー実行時は、実行中の端末（PC）が専有されてしまう点にも注意しましょう。

　クラウドフローとデスクトップフロー、それぞれの仕組みを理解し、自動化したい作業に応じて、適切なツールを選択することが大切です（表1）。

▼表1　Power Automateクラウドフローとデスクトップフローの比較

項目	クラウドフロー	デスクトップフロー
仕組み	コネクタを使い、クラウドサービス間でデータを連携する	画像認識、UI構造解析、API等を使い、PC画面上のあらゆる操作を自動化する
利用例	メールが来たら、SharePointにデータを格納し、Teams通知する	社内システムからデータを取得し、Excelファイルに出力する
クラウド上のデータ連携	○	△※

27

項目	クラウドフロー	デスクトップフロー
ローカル（画面）上の操作	×	○
開発・メンテナンスのコスト	低～中	中～高
注意点	クラウドサービス以外や、APIが提供されていないサービス間の連携はできない	Webページのデザイン（UI）が変わると、メンテナンスが必要になる

※ クラウドサービス間のデータ連携は、クラウドフローの方が機能が充実しています。

　基本的には、クラウドフローで実現できるタスクの自動化はクラウドフローで実装し、クラウドフローを含め、他のやり方でどうしても実現できないタスクの自動化について、最終的な手段として、デスクトップフローで実装する選択になります。

　本書では、**Power Automate**クラウドフローについて解説していきます。

コラム　クラウドフローとデスクトップフローはどう使い分ける？

　Power Automateのクラウドフローと、デスクトップフローの違いをみて、「デスクトップフローの方が色々できていいのでは？」と思った方もいるかもしれません。

　しかし基本的には、クラウドフローで実現できるものはクラウドフローを使い、クラウドフローを含め、他のあらゆる手段を使っても実現できないものは、最終的な手段としてデスクトップフローを使います。

　Microsoft 365サービス等のクラウド上のサービスで、APIが提供されているものについては、まずはPower Automateのクラウドフローの利用を検討します。

　特に、標準コネクタでトリガーやアクションが提供されているものは、クラウドフローを使いましょう。

　一方で、APIが提供されていない古い社内システムや、デスクトップアプリ、ローカルフォルダー上のファイル操作等、他のやり方ではどうしても実現できない作業については、デスクトップフローを使います。

　また業務の自動化を考える上で、現在の業務フローをそのままシステム化することを考えるのではなく、根本的に業務フローを改善できないかも検討します。

　例えば、これまで紙でもらっている申請を自動化する際に、OCRを使って電子データ化するのではなく、そもそもFormsや、SharePointリスト、Power Appsアプリを使って申請を受けるようにできないかと検討することもできます。

　このように、現在の業務フロー自体を改善できないか、更には現在の業務は本当に必要なのかも改めて見直し、組織内の業務を根本的に改善していくことが大切です。

Chapter 1　Power Automateとは？

4　Power Automateの活用事例

　Power Automateのクラウドフローと、デスクトップフローの違いについて理解したミムチは、特にMicrosoft 365サービス間でのデータ連携に適したクラウドフローに興味が出てきました。

　ミムチの会社には最近Microsoft 365が導入されたので、Power Automateのクラウドフローを使って、Teams、Outlook、SharePoint等のサービス間での連携を自動化すれば、様々な業務が効率化されそうだと感じました。

申請アプリでは、SharePointとOutlook間のデータ連携をすることで、新しい申請が届いたときに、Outlookで承認依頼を出すフローを作りましたぞ！

今はミムチのいる総務部でもSharePointにデータを格納し、Teamsでチャットのやり取りをする業務がほとんどなので、他にも色々な業務が効率化できる気がしますぞ…

Power Automateは様々な業務シーンで活用できます。
ここでは、具体的な活用事例をいくつか紹介します。

1　承認プロセスの自動化

　経費申請の承認フローを自動化する場合、次のように業務フローを自動化できます（図1）。

Chapter 1　Power Automateとは?

▼図1　承認プロセスの自動化例

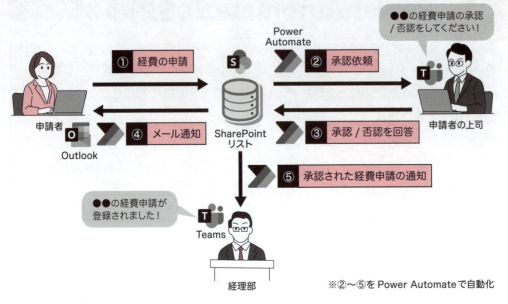

業務フロー

1. 申請者がSharePointリストに経費データを手動で入力する
2. SharePointリストに経費データが登録されたら、Power Automateで申請者の上司にTeamsの承認依頼通知が自動送信される
3. 申請者の上司は、承認/否認を回答し、回答結果に応じてPower Automateで申請者にメールの自動通知をする
4. 申請が承認された場合、Power Automateで、SharePointリストのステータス列が"承認済"に変更され、経理部門のチームに自動通知される

2　請求書メールの保存と通知の自動化

　受信した請求書のメールと添付ファイルを自動でSharePointに保存する場合、次のように業務フローを自動化できます(図2)。

▼図2 請求書メールの保存と通知の自動化例

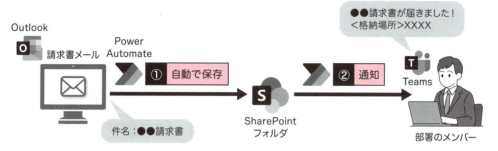

業務フロー

1. 件名に"請求書"と書かれたメールを受信したら、Power AutomateでSharePointフォルダーに自動で保存する
2. Power Automateで部署のチームに、請求書メールを受信した旨と、SharePointフォルダーのリンクを自動で通知する

③ アンケート集計の自動化

アンケートの回答を、自動でSharePointリストに保存し、集計したい場合、次のように業務フローを自動化できます（図3）。

▼図3　アンケート集計の自動化例

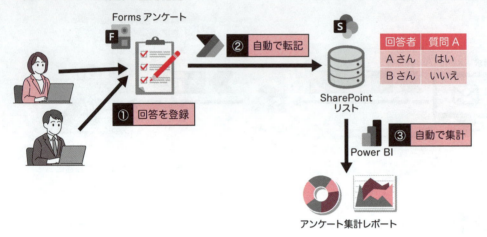

※②をPower Automateで、③をPower BIで自動化

業務フロー

1. Microsoft Formsでアンケート回答が登録される
2. Power Automateで回答されたアンケートを、SharePointリストに自動で転記する
3. SharePointリストをデータソースにして、Power BIでアンケートを自動集計したレポートを作成し、データを自動で更新する

　これらの活用事例は、Power Automateや、その他のPower Platform、Microsoft 365の機能を組み合わせることで実現可能です。

　現在行っている業務のフローを見直して、やり方が決まっている作業や、繰り返し行われるタスクがあれば、Power Automateを活用できる可能性が高いです。

　タスクを自動化することで、人為的ミスを減少させ、処理速度の向上や、従業員の作業負荷が軽減できる上、自動化によって削減された工数を、別のより高度な業務に使うことができます。

Chapter 1　Power Automateとは？

5　Power Automateの導入に必要なもの

　さっそくPower Automateでフローを作成してみたくなったミムチは、Microsoft 365サービスからPower Automateのアイコンをクリックして、開いてみました。
　SharePointや、Teamsだけでなく、様々なサービス間で連携できることが分かったミムチは、連携できるサービスの中で、「Premium」と書かれたものがあることに気が付きました。

おや？　Microsoft 365ライセンスを持っていれば、Power Automateは無料で使えると思っていましたぞ…

「Premium」と書かれた連携サービスは、特別なライセンスが必要ということですかな？

Power Automateの導入には、PCとライセンスの2つが必要になります。

1　PC

　Power Automateはクラウドサービスで、Webブラウザ上で開発ができます。
　そのため、PCスペックの要件は特になく、ブラウザでPower Automateクラウドフロー画面が開ければ大丈夫です。

　もしデスクトップフローの方も使いたい場合は、Microsoft LearnのPower Automateの「前提条件と制限」をご参考ください。

参考：https://learn.microsoft.com/ja-jp/power-automate/desktop-flows/requirements

　本書では、次のOS、ブラウザを使って開発をしていきます。

(1)OS：Windows 11
(2)ブラウザ：Microsoft Edge　バージョン 130.0.2849.27

2 ライセンス

　Power Automateはサブスクリプション契約のライセンスです。

　フローの開発者、利用者は、ユーザーごと、フローごと、またはPower Automate容量ごとのライセンスが必要となります。

　最も利用されているのは、Microsoft 365や、Office 365ライセンスに付随しているPower Automateライセンスになります。

　表1のようなMicrosoft 365、Office 365のライセンスを持っている場合は、Power Automateのサービスもライセンスに含まれています。

▼**表1**　Power Automateが含まれるライセンス

Microsoft 365	E3*、E5 *
	F3、F3*
	A1、A3、A5
Office 365	E1*、E3 *、E5*
	F3
	A1、A3、A5

　※ * は Teams なしのプラン

　基本的なフローの開発は上述のライセンスがあれば可能ですが、デスクトップフローとの連携や、プレミアムコネクタの利用をしたい場合は、追加でPower Automate Premiumライセンス等を購入する場合もあります。

Microsoft 365やOffice 365に含まれるPower Automateと、Power Automate Premiumライセンスとの主な違いは表2のようになります。

▼表2　Power Automateライセンス

機能	Microsoft 365/ Office 365	Power Automate Premium
クラウドフロー	●	●
デスクトップフローとの連携（アテンド型）	×	●
標準コネクタの利用	●	●
プレミアムコネクタ、カスタムコネクタの利用	×	●
プロセスマイニング、タスクマイニング	×	●
AI Builderの利用	×	●
Dataverseの利用	×	●

ライセンスによって、利用できる機能や、フローの実行回数の制限が異なるので、必要に応じて適切なライセンスを選択しましょう。

Power Automateのライセンスの詳細は、以下のページもご参考ください。

参考：

・Microsoft ライセンスガイド

　https://www.microsoft.com/ja-jp/power-platform/products/power-automate/pricing

・Microsoft Learn Power Automate 自動化フロー、スケジュールされたフロー、インスタント フローの制限事項

　https://learn.microsoft.com/ja-jp/power-automate/limits-and-config

Power Automateを使う場合、他のMicrosoft 365サービスとの連携を自動化することが多いです。

そのため、学習や検証用には、Office 365 E5（Teamsなし）で、1カ月無料試用版を使うとよいでしょう（画面1）。

試用版を使うと、Power Platformを使うための組織アカウントも新規に作成できます。

また試用版の登録時に、クレジットカードの登録が必要になり、1カ月の無料試用期間が過ぎると、翌月分以降のサブスクリプション料金は、自動で登録したクレジットカードから引き落とされるようになるため、無料試用中にサブスクリプションのキャンセルを忘れずに行いましょう。

参考：Office 365 E5（Teamsなし）

https://www.microsoft.com/ja-jp/microsoft-365/enterprise/office-365-e5

▼**画面1** Office 365 E5（Teamsなし）（出典：Microsoft）

本書では、上述のOffice 365 E5（Teamsなし）の1カ月無料試用版を使って、開発をしていきます。

Microsoft 365開発者プログラムに参加している方は、そちらをお使いいただいても問題ありません。

Chapter 1　Power Automateとは？

6　Power Automateの環境を作る

　Power Automateについてもっと知りたくなったミムチは、家でも学習するために、自宅のPCにもPower Automateの環境を作ることにしました。

　ミムチは自分のPCに、Office 365 E5（Teamsなし）の1カ月無料試用版を入れて、使ってみることにしました。

しかしこのライセンスですと、Teams機能が使えませんな…

Teamsのライセンスだけ、別途Teamsの1カ月無料試用版を使ってみますぞ！

❶ Office 365 E5（Teamsなし）の1カ月無料試用版をセットアップする

　最初に、Microsoft 365とPower Platformを使うため、Office 365 E5（Teamsなし）の1カ月無料試用版をセットアップしましょう！

1 次のOffice 365 E5（Teamsなし）のURLを開き、「無料で試す」をクリックします（画面1）。

URL：https://www.microsoft.com/ja-jp/microsoft-365/enterprise/office-365-e5

Chapter 1　Power Automateとは?

▼画面1　Office 365 E5 (Teamsなし)のページ

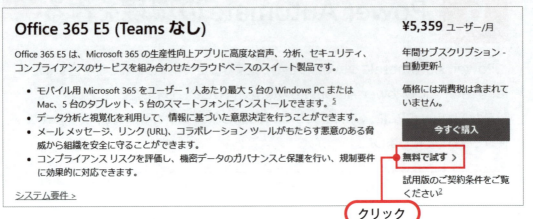

2　メールアドレスの入力画面で、メールアドレスを入力し、「次へ」をクリックします(画面2)。

　職場や学校のメールアドレス以外(例えばGmail等)を入力した場合、次の画面で、組織アカウントを新規に作成します。

▼画面2　メールアドレスの入力

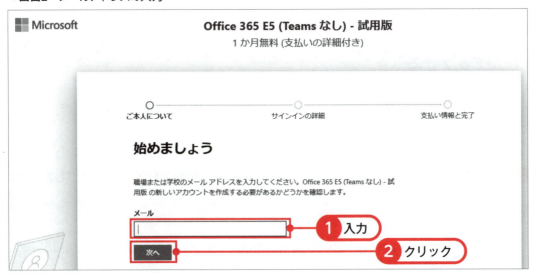

6 Power Automateの環境を作る

3 組織アカウントを持っていない場合、「アカウントのセットアップ」をクリックし、新しく組織アカウントを作成します（画面3）。

▼画面3 新しい組織アカウントのセットアップ

4 これ以降は、画面に従って操作を進めます。

Office 365 E5（Teamsなし）の1カ月無料試用版がセットアップできたら、次のMicrosoft 365のページが開くことを確認しましょう。

※必要に応じて、作成したアカウントでログインしてください。

https://www.microsoft365.com

2 Power Automateを開く

Office 365 E5（Teamsなし）が使えるようになったら、Power Automateを開いてみましょう！

1 Microsoft 365が開いたら、左上の「アプリ起動ツール」をクリックし、Power Automateを選択します（画面4）。
※Power Automateが出てこないときは、検索ボックスで検索します。

Chapter 1　Power Automateとは？

▼画面4　アプリ起動ツールでPower Automateを開く

2 次のような、Power Automateのホーム画面が開きます（画面5）。

▼画面5　Power Automate画面

　これで、Power Automateも使えるようになりました。
　また、Office 365 E5ライセンスには、Microsoft 365やPower Appsの他にも、Power Automate、Power BI Proライセンスも含まれています。

6　Power Automateの環境を作る

3　Teamsアプリが入っていない場合は、次のページからTeamsアプリをダウンロードしておきます（画面6）。

https://www.microsoft.com/ja-jp/microsoft-teams/free

▼画面6　Teamsアプリのダウンロード

4　Teamsライセンスを取得するには、次のURLからMicrosoft 365 管理センターのマーケットプレースを開き、「すべての製品」を選択し、「Teams」で検索した後、「試用版が利用可能」を選択します（画面7）。

https://admin.microsoft.com/Adminportal/Home#/catalog

▼画面7　管理センターのマーケットプレース

Chapter 1　Power Automateとは？

5 「Microsoft Teams Essentials」を探し、「詳細」をクリックし、1カ月試用版ライセンスを注文します。

※注文後すぐに、「お使いの製品」から「Microsoft Teams Essentials」と「Office 365 E5 (no Teams)」ライセンスの「継続請求」の設定をオフにします。

6 ライセンスから、「Microsoft Teams Essentials」を選択し、「ライセンスの割り当て」で、自分のアカウントへ割り当てをします(画面8)。

▼画面8　管理センターのライセンスの割り当て

これで、Teamsのサービスも使うことができるようになったので、準備完了です。

試用版ライセンスの解約を忘れずに！

　1カ月試用版ライセンスをそのままにしておくと、1カ月後に有償ライセンスに切り替わり、登録したクレジットカードから自動で引き落とされてしまいます。

　そのため、試用版ライセンス適用後は、必ず「継続請求」の設定をオフにしておきましょう。

第1章のまとめ

　本章では、DXの目的と意義について解説し、Power PlatformとPower Automateの機能と活用方法を学びました。
　また、Power Automate開発環境の準備方法についても解説しました。

　DXは単なる技術の導入ではなく、組織文化や業務プロセス、ビジネスモデル全体の変革を伴う包括的な取り組みです。

　Power Platformは、Microsoftが提供するローコード開発ツールです。
プログラミングの経験がない非エンジニアにとって、高度なプログラミング知識を必要としないPower Platformを活用することで、ビジネスアプリ開発や、業務の自動化等を行うハードルがかなり下がります。

　Power Platformは、次の5つのサービスを提供しています。

---

1. Power BI
　　データを可視化し、データ分析の結果から示唆を得て、意思決定に繋げることができます。

2. Power Apps
　　社内で使用するビジネスアプリケーションを作成できます。

3. Power Automate
　　タスクやプロセスの自動化を実現できます。

4. Power Pages
　　社外に公開するWebサイトを作れます。

5. Copilot Studio
　　社内外で活用できるAIチャットボットを作成することができます。

Power PlatformやMicrosoft 365を活用することで、業務の自動化や効率化が図れ、生産性の向上が期待できます。

Power Automateは、PCとライセンスさえあれば、すぐに使うことができます。

お試しでPower Automateを使ってみたい場合は、Office 365 E5 (Teamsなし)の無料試用版 (1カ月間) を使ってみるのがおすすめです。

無料試用版を利用すれば、気軽にPower Automateを使えるようになるので、ぜひ実際に手を動かしてPower Automateでのフロー開発を体験してみましょう！

基本編 ≫ **Chapter**

2

Power Automateの基礎を学ぶ

第2章のゴール

　本章では、Power Automateでいくつかの簡単なフローを作成しながら、Power Automate開発に必要な基本的な概念として、Power Automateの構成要素や、データの種類、プログラミングの基本処理を学習します。

　この章を完了すると、Power Automate開発において最低限必要な基礎知識を習得し、基本的なフローの作成方法が分かります。

Chapter 2　Power Automateの基礎を学ぶ

1　Power Automateの基本的な仕組み

　Power Automateについては、これまで何となくフローを作成していたミムチは、自分の知識がまだまだ足りないと感じました。

　SharePointの全社ポータルを見ていたところ、来週「DX推進プロジェクト」の情シス主催の「Power Automate基礎研修」が開催されることを知りました。

　「Power Automate基礎研修」は、社内でPower Automateに興味を持っている初心者向けに、簡単なフローの作成をしながら、必要な基礎知識を学ぶための研修のようです。

ちょうど良いタイミングで、パワ実殿が主催のPower Automate研修がありますぞ！

さっそくミムチも、申し込み用のFormsから参加登録しますぞ！（ポチッとな！）　これでよしですぞ！

　まずはPower Automateの基本的な仕組みについて解説します。

　Power Automateは、何かをトリガーにフローの実行を開始し、設定したアクションを上から順に自動実行してくれる「**作業自動化ツール**」です（図1）。

1 Power Automateの基本的な仕組み

▼図1　Power Automateの基本的な仕組み

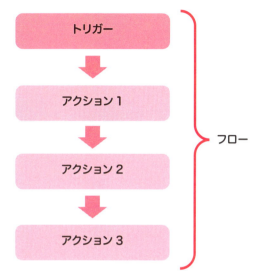

Power Automateを使った開発を始める前に、次の用語について理解しておきましょう。

Power Automateの基本的な用語

1. フロー、トリガー、アクション
2. コネクタ
3. 入力と出力

それぞれの用語について、詳しく説明していきます。

1 フロー、トリガー、アクション

　上述したように、Power Automateは、何かをトリガーにフローの実行を開始し、設定したアクションを上から順に自動実行してくれます。

　トリガーとは、Power Automate実行のきっかけとなるものです。

　例えば、Outlookメールを受信したときや、SharePointリストにデータが登録されたときをトリガーに、Power Automateが実行されます。

　トリガーにより実行開始したPower Automateは、設定したアクションを上から順に実行し

ていきます。

　例えば、Outlookメールの添付ファイルをSharePointに格納したり、Teams通知したりするのが、一つ一つのアクションになります。

　最後のアクションの実行が終わったら、Power Automateの実行は完了します。

　このPower Automateの開始トリガーから、最後のアクションまでの一連の流れを、1つの「フロー」と呼びます（図2）。

▼図2　Power Automateのトリガーとアクションについて

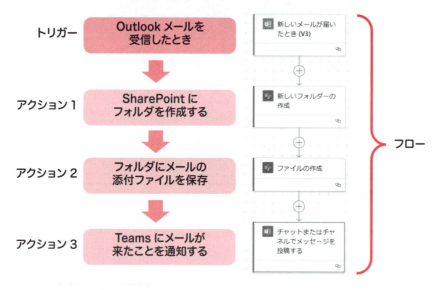

トリガーとアクション

●**トリガー**

・自動実行を開始する条件の設定で、一番上の1つしか設定できない

例）Outlookメールを受信したとき、SharePointリストに新規データが登録されたとき

●**アクション**

・トリガーの後に自動実行する操作で、複数設定することができる

・上から順に実行され、最後まで実行されたら、フローの実行が完了する

例）SharePointやOneDriveにファイルを格納する、Teamsへ投稿する

1　Power Automateの基本的な仕組み

トリガーには、次の3種類があります（画面1）。

トリガーの種類

1. 自動トリガー（自動化したクラウドフロー）
・何かのイベントをきっかけに、自動でフローが実行される
・例）SharePointリストが更新されたとき、Teams投稿されたとき

2. 手動トリガー（インスタントクラウドフロー）
・手動でフローが実行される
・例）手動でフローを実行したとき、Power Appsアプリでボタンをクリックしたとき

3. スケジュールトリガー（スケジュール済みクラウドフロー）
・定期的なスケジュールで、フローが実行される
・例）毎週月曜日の朝8時に実行、隔週で水曜日の17時に実行

▼画面1　Power Automateのトリガーの種類

　Power Automateは、これらのトリガーと、様々なアクションを組み合わせることでフローを作成していきます。
　そしてトリガーとアクションは、コネクタを使うことで、Power Automateから接続可能な色々なサービスを選択して設定することができます。

2 コネクタ

コネクタとは、Power Automateと他のアプリやサービスを「つなぐ」ための機能です。

技術的には、各サービスのAPI（Application Programming Interface）を簡単に使えるようにしたAPIラッパーです。

通常APIを使うときは、HTTPリクエストで決められたフォーマットに従って、データの登録や取得等の要求を出すことができます。

コネクタはそのAPIを簡単に使えるようにしたもので、コードを書かずに様々なサービスと連携することができます（図3）。

▼図3　コネクタの仕組み

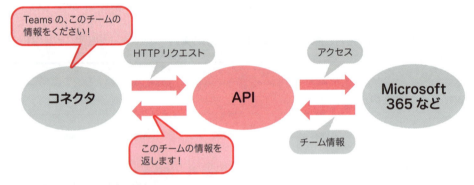

これにより、多くの人が簡単にサービス間のデータ連携を実現できます。

コネクタを使用する際は、Microsoftアカウント等、通常そのサービスのアカウント情報でログインする必要があります。

これにより、セキュアに各サービスのAPIと連携できます。

Power Automateでは、多くのサービスと連携できる様々なコネクタが用意されています（画面2）。

▼画面2　コネクタの例

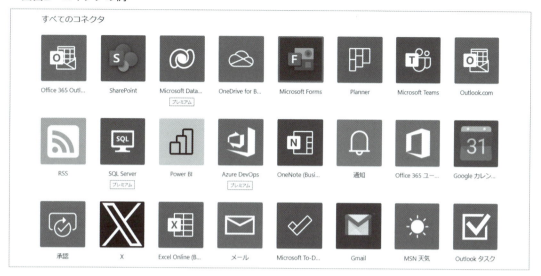

　様々なコネクタを連携させることで、自動化できる業務の幅が広がります。
　Power Automateは、様々なサービスと連携できるコネクタを使って、トリガーやアクションを組み合わせることで、作業を自動化するフローを作成できます。
　このトリガーや、アクションの設定をするとき、入力と出力の概念も重要になってきます。

3 入力と出力

　Power Automateのフローにおける入力と出力は、データの流れを理解する上で重要な概念です。
　Power Automateで使うトリガーやアクションは、何等かの入力（インプット）を設定し、処理された後に、何等かの出力（アウトプット）を行います（図4）。

▼図4　入力と出力

Chapter 2　Power Automateの基礎を学ぶ

　例えばPower AutomateでExcelテーブルデータの取得（表内に存在する行を一覧表示）アクションを使った場合、次のようなものが、入力と出力になります。

Excelテーブルデータの取得アクションの入力と出力

●入力
・データを取得したいExcelテーブルの設定（ファイルパス、テーブル名、取得条件）

●出力
・取得されたテーブルデータ（テーブルの列名や値）

入力と出力の違い

　Power Automateの編集画面で、アクションやトリガーの設定をするとき、パラメーターに設定する内容（ExcelのファイルパスやTeamsの投稿先チーム）は、入力となります。
　一方でトリガーやアクションが実行された結果、取得されたデータ（取得されたExcelデータ、投稿されたTeamsメッセージID）は、出力となります。
　これらの入力、出力のデータは、Power Automateの実行履歴で確認することができ、フローがうまくいかなかったときのデバッグ（修正）でとても重要です。
　今の時点であまりピンとこなくても、この後解説していく入力や出力の具体的な確認方法もみながら、段々と理解していければ大丈夫です。

4　基本的なフローの作成方法

　Power Automateは基本的に、次の手順でフローを作成していきます。

Power Automateのフロー作成手順

1. フローの種類（自動化/インスタント/スケジュール済）を選んで、フローを作成する
2. トリガーを選択する
3. 自動化したいプロセスに必要なアクションを追加していく
4. フローが完成したら、保存してテストする

> 1 Power Automateの基本的な仕組み

> 5. テストで問題があったら、修正する

実際に、Power AutomateでTeamsに投稿する簡単なフローを作ってみましょう。
※事前にTeamsで、テスト用のチームを作成しておきましょう。

1 次の「Power Automate」のURLを開き、「作成」タブをクリックし、「インスタントクラウドフロー」を選択します（画面3）。
https://make.powerautomate.com/
※「インスタントクラウドフロー」は、手動トリガーで実行されるフローです。

▼画面3　インスタントクラウドフローの作成

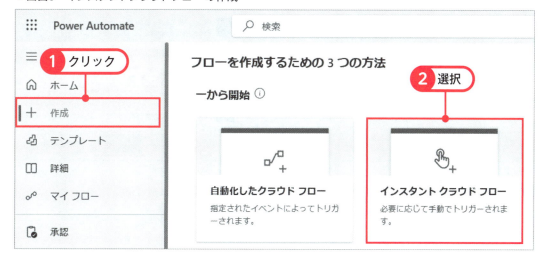

Chapter 2　Power Automate の基礎を学ぶ

2　フロー名に任意の名前（今回の場合「Teams自動投稿」）を入力し、トリガーは「フローを手動でトリガーする」を選択し、「作成」をクリックします（画面4）。

▼画面4　トリガーを選択してフローを作成する

3 Power Automateのフロー編集画面が開きます（画面5）。

中央に、フロー全体のトリガーやアクションが表示され、トリガーやアクションを選択して追加していきます。

左側には、中央で選択したトリガーやアクションの設定を編集できます。

▼**画面5** Power Automateの編集画面

4 中央に表示されているトリガー「フローを手動でトリガーする」の下にある「＋アイコン」をクリックし、「アクションの追加」を選択します（画面6）。

▼**画面6** フローのアクションの追加

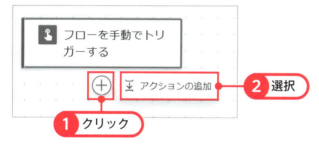

5 アクションの追加の検索ボックスで「Teams」と入力し、「Microsoft Teams」の「さらに表示」を選択し、すべてのTeamsアクションを表示します（画面7）。

▼画面7　Teamsアクションの表示

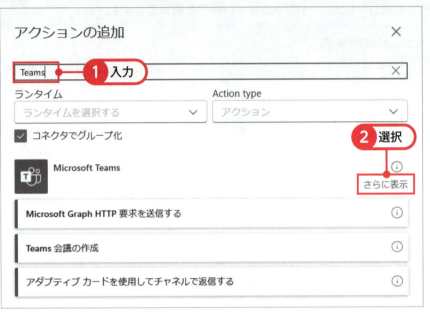

6 「チャットまたはチャネルでメッセージを投稿する」アクションを選択すると、トリガーの下に選択したアクションが追加されます（画面8）。

※サインインが求められた場合、自分のアカウントでサインインします。

▼画面8　Teamsのメッセージ投稿アクションの追加

7 追加した「チャットまたはチャネルでメッセージを投稿する」アクションを選択し、左側で次の設定をします（画面9）。

「チャットまたはチャネルでメッセージを投稿する」の設定

- 投稿者：フローボット
- 投稿先：Channel
- Teams：任意のチーム（ここではPowerAutomateTest）
- Channel：任意のチャネル（ここではGeneral）
- Message：任意のメッセージ（ここでは「テストの投稿です！」）

▼画面9　Teams投稿アクションの設定

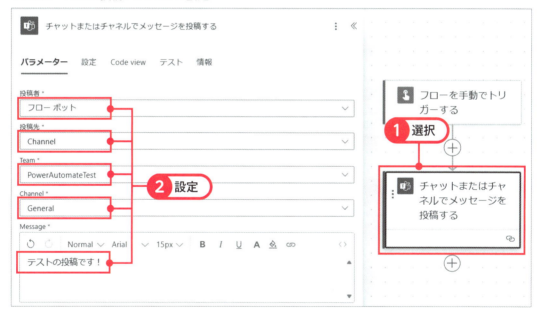

Chapter 2　Power Automateの基礎を学ぶ

Teams投稿アクションの「投稿者」の選択

　Teamsの「チャットまたはチャネルでメッセージを投稿する」アクションの「投稿者」は、次の3つから選択できます。

> ・Power Virtual Agents
> ・フローボット
> ・ユーザー

　「フローボット」を選択すると、フローボット（Workflows）として投稿されますが、「ユーザー」を選択すると、フローの作成者のアカウントで投稿されます（画面）。
　Power Virtual Agentsを選択すると、作成したチャットボットを選択して投稿できます。

▼**画面**　フローボットとユーザーによる投稿の違い

　また、Teams投稿時に「件名」をつけたい場合、「ユーザー」として投稿する必要がありますが、「ユーザー」を選択した場合、投稿するユーザーにはメンション通知ができない点に注意してください。

　　※自分の投稿は、自分にメンションされません。

1 Power Automate の基本的な仕組み

8 上側にある「保存」をクリックし、「フローを開始する準備ができました。」というメッセージが表示された後、「テスト」をクリックして、動作確認します（画面10）。

▼**画面10** フローの保存とテスト

9 「手動」を選択して「テスト」をクリックした後（画面11）、Teamsへのサインインの確認が表示されたら「続行」をクリックします（画面12）。

▼**画面11** テストの手動実行

▼**画面12** Teamsへの接続確認

10 「フローの実行」をクリックしたらフローが実行されるので(画面13)、その後「完了」をクリックします(画面14)。

▼画面13　フローのテスト実行

▼画面14　フローのテスト実行の完了

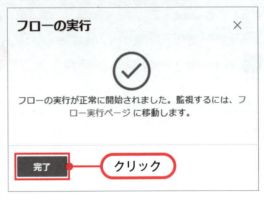

11 フローのテスト実行が完了すると、Teamsの指定したチャネルにメッセージが投稿されます(画面15)。

▼画面15　Power AutomateによるTeams投稿

12 フローの実行履歴で、実際の処理の内容(入力と出力)が確認できます。
　フローの実行完了後に、「チャットまたはチャネルでメッセージを投稿する」アクションを選択し、「未加工入力の表示」をクリックします(画面16)。

1 Power Automateの基本的な仕組み

▼画面16　フローの実行履歴の入力の確認

13　「未加工入力の表示」を開くと、アクションの入力（設定）値がJSON形式のデータで確認できます。

　このアクションで入力された値は主に、「"parameters"」の中で確認できます。

　例えば投稿メッセージ（ここでは、「テストの投稿です！」）は、「"parameters"」の中の、「"body/messageBody"」で確認できます（画面17）。

▼画面17　フローの実行履歴の入力の確認

Chapter 2　Power Automateの基礎を学ぶ

14 未加工入力の表示を閉じて、再度左側で下の方にスクロールすると、「出力」のデータも確認することができます(画面18)。

▼画面18　フローの実行履歴の出力の確認

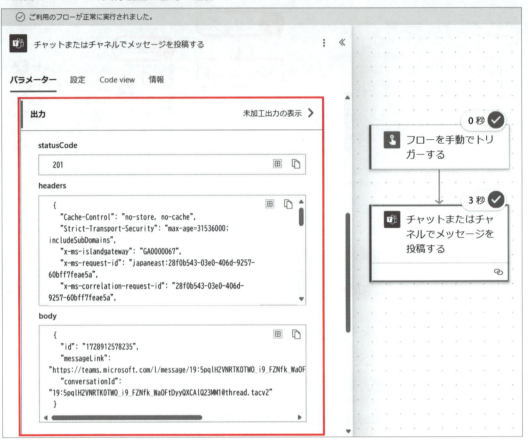

以上のように、Power Automateフローを作成することができます。

Teams投稿アクションの出力って何？

　今回の例では、Teams投稿の設定として、投稿先のチームや、チャネル、投稿するメッセージが「入力」になりますが、「出力」については何が出力されているのか、よく分からないかもしれません。
　Teams投稿の場合、「出力」には、メッセージIDや、メッセージリンクが取得されます。
　Excelのテーブルデータを取得する（表内に存在する行を一覧表示）アクションを例に

あげると、「入力」では取得するExcelのファイルパス、テーブル名が確認でき、「出力」では、取得されたExcelテーブルデータが表示されるので、入力と出力の違いが分かりやすいと思います（画面）。

▼**画面**　Excelテーブルデータを取得するアクションの出力

このように、アクションの種類としては、入力によって得られる出力（取得されたExcelテーブルデータ）が重要なものと、入力によって実行されたアクション（Teams投稿）が重要で、出力データは必ずしも必要ないものがあります。

使っているアクションが、どのような結果を期待するものかを意識すると、フローの実装や、フローがうまくいかなかったときの修正が効率的にできるようになるので、実行結果の入力や出力はちょくちょく確認してみるとよいでしょう。

基本的なフローの作成方法についてはすべて同じで、様々なコネクタを使ったトリガーやアクションを組み合わせることで、色々な業務を自動化するフローが作成できます。

Chapter 2　Power Automate の基礎を学ぶ

コラム　入力と出力のJSON形式（オブジェクト）のデータって何？

JSON (JavaScript Object Notation) は、データを表現するためのテキスト形式です。
人間にも読みやすく、コンピュータにとっても解析しやすい形式になっています。

Power Automate のフローでは、アクション間でデータをやり取りする際に JSON が使われ、
フローの実行履歴で、未加工入力や未加工出力を見ると、次のような JSON 形式のデータを確認
できます。

JSON形式のデータ例

```
{
  "名前": "山田太郎",
  "年齢": 30,
  "趣味": ["読書", "旅行", "料理"],
  "住所": {
    "都道府県": "東京都",
    "市区町村": "千代田区"
  }
}
```

この例では、JSONは、全体が中括弧 {} で囲まれたオブジェクトで、"名前"等のキーと、"山
田太郎"等の各キーに対応する値が、{"キー": "値"}という形で構成されています。

Power Automateでは、フローの実行履歴で、未加工入力や未加工出力のJSONを確認する
ことで、フロー内でどのようなデータが受け渡されているかを詳細に把握できます。

これは、フローのデバッグや複雑な処理を行う際に非常に役立つので、ぜひ覚えておきましょ
う。

Chapter 2　Power Automateの基礎を学ぶ

2 変数と動的なコンテンツ

　今日は「DX推進プロジェクト」の情シス主催の「Power Automate基礎研修」当日。
　研修の講師は、「DX推進プロジェクト」のプロジェクトマネージャーであるパワ実が担当していました。
　「本日は、Power Automateについて楽しく学んでいきましょう！」
　パワ実からPower Automateの基本的な仕組みや、用語についての解説を聞き、ミムチは少しだけPower Automateを理解しつつありました。

次は、Power Automateで使う「変数」と「動的なコンテンツ」について解説します！

「変数」はPower Appsでも使いましたが、「動的なコンテンツ」とは何ですかな…？

1 変数とは

　変数は「一時的に情報を保存しておく箱」のようなもので、変数を作成すると、後のアクションでその変数に入っているデータを取り出して、使用することができます。

　例えば図1のように、Outlookメールの受信をトリガーに実行され、「日付_メール件名」という名前でフォルダーを作成し、作成したフォルダーにメールの添付ファイルを保存するフローがあります。

Chapter 2　Power Automateの基礎を学ぶ

▼図1　変数を使ったフローの例

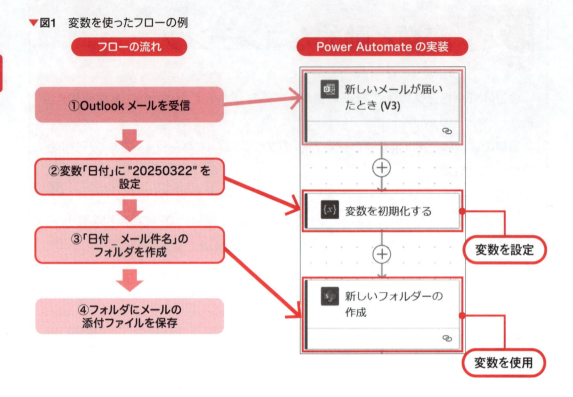

　この時、②のアクションで、「日付」という名前の変数を作成し、"20250322"など日付の値を設定できます。

　その後、③のアクションで、新しいフォルダーを作成する際、変数「日付」と受信した「メールの件名」を組み合わせたフォルダー名を作成する場合などに変数を使うことができます。

　このように変数は、後のアクションで変数に設定しておいた値を取り出して使うために、一時的に値を保存しておくものです。

　変数を使う場合、最初に「変数の初期化」のアクションを使う必要があります（図2）。
　変数の初期化では、次の3つのパラメーターの設定が必要です。

「変数の初期化」の設定

・変数名（Name）
・データ型（Type）

2 変数と動的なコンテンツ

・値（Value）

▼図2 変数のパラメーター設定

図2では、「年月」という名前の「文字列」型の変数に「2024年7月」という値を設定しています。

変数の初期化時に、値は空でも問題ありませんが、変数名（Name）とデータ型（Type）の設定は必須になります。

変数にどのようなデータを入れるかによって、適切なデータ型を選択する必要があります（図3）。

▼図3　データ型による変数の値の違い

設定	文字列	数値	アレイ	オブジェクト
変数名(Name)	年月	カウント	果物	社員情報
データ型(Type)	String	Integer	Array	Object

値(Value)	"2024年7月"	1	[
			"ぶどう",
			"みかん",
			"りんご"
			]
				{
				"名前":"パワ実",
				"部署":"情シス",
				"社員番号":"01"
				}

"年月":"2024年7月"　"カウント":1

ぶどう		
みかん		
りんご		

名前	部署	社員番号
パワ実	情シス	1

データ型については、次の節でもう少し詳しく解説します。

変数は「変数の初期化」で設定した後も値を変えられる

　変数とは、その名の通り、「値が変わるデータ」です。
　変数を使うときは、最初に「変数の初期化」アクションが必ず必要です。
　そのあと、変数の値を変えたい場合は「変数の設定」等のアクションを使い、別の値を入れていくことが可能です。
　例えば、果物リストを入れたアレイ型変数を初期化した時点では、["ぶどう", "みかん"]と入っていても、後から"りんご"を追加して、["ぶどう", "みかん", "りんご"]とすることが可能です。

② 動的なコンテンツとは

　動的なコンテンツは「トリガーやアクションの入力や出力のデータが、自動的に変数として格納されたもの」で、変数のように使うことができます。

Power Automateの機能で「自動的に作成される変数」という理解で良いです。

例えば図4のように、新しいOutlookメールが届いた時をトリガーに実行されるフローがあります。

▼図4　新しいメールが届いたときのトリガーで取得される動的なコンテンツ

このOutlookメール受信のトリガーが実行された時、図4の中央のように、受信したメールの出力のデータが自動的に取得されます。

そしてここで取得されたデータは、図4の右側のように「動的なコンテンツ」として、後のアクションで使うことができます。

> **動的なコンテンツでどのようなデータが使える？**
>
> 例えば、Outlookコネクタの「新しいメールが届いたととき」のトリガーを使うと、あとから設定するアクションでは、トリガーの「出力」で取得された「メールの件名」「差出人」「本文」「添付ファイル」等の情報を、動的なコンテンツから使うことができます。
> 受信したメールの本文を、Teamsに投稿したり、メールの添付ファイルをSharePointフォルダーに保存したりする際に使うことができます。

それでは、図5のフローの③のアクション「日付_メール件名」のフォルダーの作成までを、実際にAutomateで作成してみましょう。

Chapter 2　Power Automateの基礎を学ぶ

　このフローでは、②のアクションで、変数「日付」に、文字列"20250322"の値を設定します。

　その後、③のアクション「日付_メール件名」のフォルダーの作成をする際、「日付」は変数を設定し、「メール件名」は、動的なコンテンツから「新しいメールが届いた時（トリガー）」の「メール件名」を設定します。

▼図5　変数や動的なコンテンツを使うフローの例

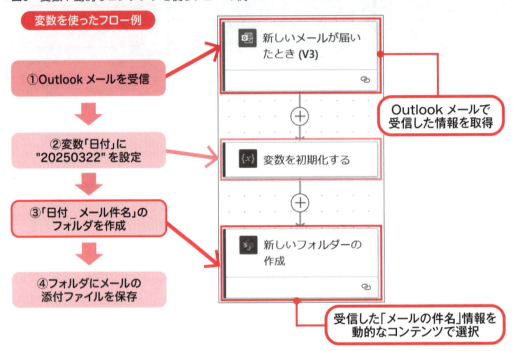

1 次の「Power Automate」のURLを開き、「作成」タブをクリックし、「自動化したクラウドフロー」を選択します（画面1）。

https://make.powerautomate.com/

　※「自動化したクラウドフロー」は、自動トリガーで実行されるフローです（第2章第1節参考）。

> 2 変数と動的なコンテンツ

▼画面1　自動化したクラウドフローの作成

2 フロー名を入力し、トリガーは「Outlook」で検索した結果の「新しいメールが届いたとき(V3)」を選択し、「作成」をクリックします（画面2）。

　このトリガーを使うと、自分のOutlookでメールを受信したときをトリガーに、フローが自動で実行されます。

▼画面2　自動化したクラウドフローの作成

Chapter 2　Power Automateの基礎を学ぶ

3 トリガーの下にある「+アイコン」をクリックし、「アクションの追加」を選択した後、「変数」で検索し、変数の「さらに表示」をクリックし、「変数を初期化する」アクションを選択します。（画面3）。

▼画面3　「変数」の検索

変数で検索しても、変数が出てこないとき

　アクションの追加から「変数」で検索しても、時々変数のコネクタが表示されない場合があります。
　そのときは、一旦検索ボックス内を空にして、ランタイムは「組み込み」を選択し、「変数」か「Variable」を探してみてください。

　また、右上の「新しいデザイナー」のトグルのオン/オフを切り替えることで、新/旧デザイナーを切り替えることができます（図）。
　新しいデザイナー、または旧デザイナーで、操作が思うようにいかない（何となく動きがおかしい）場合は、新/旧デザイナーを切り替えて操作してみると上手くいくことがあります。

> **2** 変数と動的なコンテンツ

▼図　新しいデザイナーと旧デザイナーの違い

　本書では、新しいデザイナーでの操作方法について解説していきますが、必要に応じて旧デザイナーに切り替えて操作してもよいかと思います。
　ただし、旧デザイナーはいずれサポートされなくなる可能性もある点にご注意ください。

4　「変数を初期化する」アクションを選択し、画面4のように設定します。
　このアクションで、「日付」という名前の「文字列型」の変数に、「"20250322"」という値を入れます。

「変数の初期化」の設定

・Name：日付
・Type：String（文字列）
・Value：20250322

▼画面4　「変数」の検索

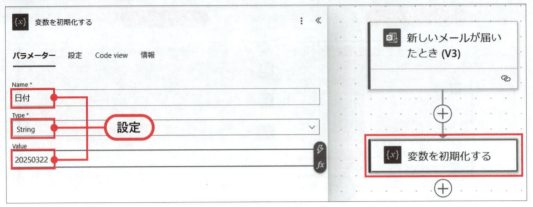

変数に今日の日付を入れるには？

　ここでは簡単に変数の使い方を学ぶため、"20250322"という固定の文字列を変数に入れました。
　しかし実際には、フローを実行したときの日付を入れたい場合が多いですね。
　変数「日付」に、「今日」の日付を入れるには、時刻を取得するアクションを使ったり、関数を使ったりすることで実現できます。
　私が最も使うことが多いアクションは、「未来の時間の取得(日時)」アクションで、9時間後（UTC+9時間）の値を取得する方法です。
　詳しくは、第3章で解説していきます。

5 変数の初期化アクションの下にある「＋アイコン」をクリックし、「アクションの追加」を選択した後、「sharepoint」で検索し、SharePointコネクタの「さらに表示」をクリックし、「新しいフォルダーの作成」を選択します。(画面5)。

▼画面5 「SharePoint」の検索

6 SharePointに新しくフォルダーを作成する場所を準備しておきます。

任意のSharePointサイトの「ドキュメント」内に、メールを受信したときにフォルダーを作成する場所（ここでは、「MailList」）を用意しておきましょう（画面6）。

Chapter 2　Power Automateの基礎を学ぶ

▼画面6　SharePointフォルダーの準備

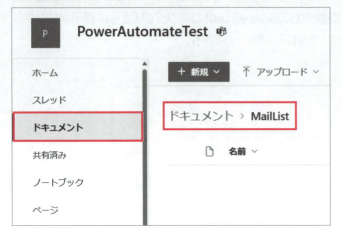

SharePointの開き方

SharePointは、左上の「アプリ起動ツール」から「SharePoint」を選択して開くことができます（画面）。

▼画面　SharePointの開き方

またSharePointサイトを作成していない場合、「サイトの作成」で新規にSharePointサイトを作成し、「ドキュメント」フォルダーに、新規のフォルダーを作成しましょう。

2 変数と動的なコンテンツ

7「新しいフォルダーの作成」アクションを選択し、画面7のようにパラメーターの設定をします。

このアクションで、指定した場所に「日付_メール件名」という名前で新しいフォルダーを作成します。

「新しいフォルダーの作成」の設定

- サイトアドレス：任意のSharePointサイトアドレスを選択（ここでは「PowerAutomateTest」）
- 一覧またはライブラリ：任意のドキュメントライブラリを選択（ここでは「ドキュメント」）
- フォルダーのパス：作成するフォルダーパスを入力（ここでは一旦「MailList/」と入力）

上記のように設定したあと、「雷のようなアイコン（動的なコンテンツ）」をクリックします（画面7の③）。

▼**画面7** 新しいフォルダーの作成のパラメーター設定

8 選択できる「動的なコンテンツ」や「変数」の候補が出てくるので、最初に「変数」の「日付」を選択して、フォルダーのパスに設定します（画面8の①）。

その後、再度フォルダーのパスで、「雷のようなアイコン（動的なコンテンツ）」をクリックし、「新しいメールが届いたとき（V3）」の「件名」を選択します。

▼画面8　動的なコンテンツの選択

9 選択された変数「日付」と、動的なコンテンツ「新しいメールが届いたとき（V3）の件名」の間に、「_（アンダーバー）」を入力すれば、「日付_件名」という名前の新しいフォルダーを作成することができます（画面9）。

▼画面9　新しいフォルダーの作成のパラメーター設定

> **変数と動的なコンテンツって同じもの？**
>
> 　変数と、動的なコンテンツは、同じもの（変数）という理解でよいです。
> 　通常プログラミングする際は、動的なコンテンツのようなものはなく、必要なデータはすべて自分で「変数」を作成して、値を格納する必要があります。
> 　しかし、Power Automateでは、トリガーやアクションの入力/出力データを、「動的なコンテンツ」として自動的に変数を作成し、フローを作る人が後のアクションで簡単に使えるように準備してくれているのです。
> 　これによりユーザーは、自分で色々な変数を作成する手間をかけなくても、簡単に動的なコンテンツから必要なデータを取ってきて使うことができます。

10 フローが完成したので、「保存」をクリックして保存した後、「テスト」をクリックして実行してみます。

　テストを手動で実行すると、画面10のような表示のまま、フローの実行が待機状態になります。

▼**画面10**　フローのテスト実行

11 今回のフローは、トリガーが「Outlookの新しいメールが届いたとき」なので、自分のOutlookに何か適当なメールを送って、フローをトリガーしましょう（画面11）。

▼**画面11** Outlookにメールを送って、フローをトリガーする

12 フローが正常に実行完了しました。

　トリガーの「新しいメールが届いたとき（V3）」を選択し、入力の「未加工出力の表示」を確認してみると（画面12）、画面13のように、「subject」に「メールの件名」、「bodyPreview」に「メールの本文」のデータが入っていることが確認できます。

　動的なコンテンツで選択したものは、これらの値を参照しているということです。

　このように動的なコンテンツを使うことで、そのフローが実行されたときのメールのデータ（件名や本文）を取得して、使うことができます。

2 変数と動的なコンテンツ

▼**画面12** トリガー「新しいメールが届いたとき (V3)」の未加工出力の表示

▼**画面13** トリガー「新しいメールが届いたとき (V3)」の未加工出力のデータ

```
"body": {
    "id": "AQMkADM3MDZiNDE3LWNlMGQtNDZmYi1hNTI1LTg0ZTY4Njk0OTU3NgBGAAADYI5urb6!
    "receivedDateTime": "2024-10-19T03:54:24+00:00",
    "hasAttachments": false,
    "internetMessageId": "<CAO1LXxvwv_MzvuMrSHL4OD_EEPjwd+XHuzwycigTv9v9fs390A(
    "subject": "Power Automateテスト",
    "bodyPreview": "Power Automateテストのメールです。",
    "importance": "normal",
    "conversationId": "AAQkADM3MDZiNDE3LWNlMGQtNDZmYi1hNTI1LTg0ZTY4Njk0OTU3NgA(
    "isRead": false,
    "isHtml": true,
    "body": "<html><head>\r\n<meta http-equiv=\"Content-Type\" content=\"text/l
    "from": "        @gmail.com",
    "toRecipients": "             .onmicrosoft.com",
    "attachments": []
}
```

13 「変数を初期化する」アクションを選択すると、「入力」の「variables」で、実際に変数に設定された値が確認できます（画面14）。

▼画面14　アクション「変数を初期化する」の入力のデータ

14 「新しいフォルダーの作成」アクションでは、「入力」の「parameters」に、実際に入力値として設定されたフォルダーパス（ここでは、「MailList/20250322_Power Automateテスト」）等が確認できます（画面15）。

▼画面15　アクション「新しいフォルダーの作成」の入力のデータ

2 変数と動的なコンテンツ

15 最後に、対象のSharePointフォルダーを見てみると、設定した内容で、適切に新しいフォルダー（ここでは、「20250322_Power Automateテスト」）が作成されていることが確認できます（画面16）。

▼画面16　新しく作成されたSharePointフォルダーの確認

コラム　なんで「入力」や「出力」を確認するの？

　今回フローのテスト実行をした後、各トリガーやアクションの「入力」や「出力」を確認してみました。

　フローを作成し、問題なく実行されている場合、入力や出力まで確認する必要はないかもしれません。

　しかし、Power Automateを学び始めた方が、フローのデータの流れを理解するには、各トリガーやアクションで、どのようなデータが「入力」され、どのようなデータが「出力」されたのかを意識してみることで、理解が深まります。

　また、この「入力」や「出力」は、フローが上手く動かないときの「デバッグ」作業をする際にも、とても重要です。

　「デバッグ」とは、システムの不具合（バグ）を見つけて修正する作業のことです。

　例えば、最終的に新しいフォルダーを作成したとき、適切に「日付_メール件名」という名前でフォルダーが作成されていないとします。

　このとき、日付が適切でない場合は、変数の初期化アクションの「出力」をみて、適切に変数が設定されているか確認します。

　また、メール件名が適切でない場合、トリガーのOutlookメール受信時の「出力」をみて、メール件名が適切に入っているか等を確認していくことで、不具合の原因究明をしていきます。

3 データ型

Power Automate基礎研修で、「変数」や「動的なコンテンツ」について学んだミムチは、変数の「データ型」について疑問をもちました。
「そういえばPower Appsアプリ開発でも、SharePointリストのデータ型（データの種類）は重要でしたな。」
「Power Automateで変数を作成するときも、データ型（Type）を設定する必要があるということですな。」

「アレイ」や「オブジェクト」はSharePointリストのデータ型になかった気がしますぞ…？

「オブジェクト型」は入力や出力の説明でも話した「JSONデータ」のことです！　「オブジェクト型」や「アレイ型」については、この後にもう少し詳しく解説しますね。

前の節で解説したように、変数を初期化するときは、パラメーターとして「データ型（Type）」の設定が必要になります。
「データ型」とは、どのような種類のデータかを定義するものです。

Power Automateで使える変数には、表1にあげたような6つの「データ型」があります。

3 データ型

▼**表1** Power Automateで使える変数のデータ型

種類	データ型	データの例
プール値	Boolean	True、False
整数	Integer	1 , 2 , 3 ,…
浮動小数点	Float	1 .1 , 1.2 , 1.3…
文字列	String	パワ実、S01234、2024-07-01
オブジェクト	Object	{"部署": "情シス", "名前": "パワ実"}
アレイ	Array	{"ぶどう", "みかん", "りんご"}

例えば、在庫数のデータをいれる変数はInteger型（整数）、社員名のデータをいれる変数はString型（文字列）など、適切なデータ型を設定する必要があります。

コラム　**数値データもString型（文字列）にしちゃだめ？**

例えば在庫数のデータの場合、10、20、100のような数値データが入るため、データ型としてはInteger型（整数）が適切です。

しかし実際は、String型（文字列）の変数でも設定は可能です。

それなら、在庫数のような数値データは、Integer型（整数）でも、String型（文字列）でもどちらでもよいのかというと、そうではありません。

データ型を適切に設定することで、データの整合性を保つことができます。

例えば文字列データは、数値としての計算ができません。

在庫数をString型（文字列）で設定してしまうと、「10」と「20」を足し算して、「30」という値を出すことができません。

一方で文字列の場合、値と値を結合することができるので、「10」と「20」を結合して「1020」という値にすることにすることが可能です。

一方、Integer型（整数）で設定すると、値を使った計算ができるので、10 + 20 = 30 という計算結果が得られます。

また、データ型を適切に設定することで、フォーマットを統一し、誤った入力を避けることもできます。

例えばInteger型（整数）では、「10」という値は入力できますが、「十個」や「10.0」という入力は拒否されます。

さらに、適切なデータ型を設定することで、フローのパフォーマンスも向上する可能性があります。

システムは各データ型に最適化された方法でデータを処理するため、正しいデータ型を使用することで効率的な処理が可能になります。

また将来的に、データ分析や他のシステムとの連携を考えると、適切なデータ型の設定はさらに重要になります。

例えば、在庫管理システムと会計システムを連携させる際、両方のシステムで在庫数がInteger型として扱われていれば、スムーズにデータを受け渡しできます。

したがって、Power Automateでフローを作成する際は、扱うデータの性質をよく考え、適切なデータ型を選択することが大切です。

適切なデータ型を選択する重要性は、Power Automateで使う変数だけではなく、SharePointリストや、他のデータソースでも同様です。

これにより、正確なデータ処理、エラーの防止、そして将来的な拡張性を確保することができるのです。

Chapter 2　Power Automateの基礎を学ぶ

4 アレイ（配列）とは？

　Power Automate基礎研修で、「データ型」についての理解を深めたミムチですが、やはり「アレイ型（配列）」についてはよく分からないままです。
　アレイ型のデータが、["ぶどう", "みかん", "りんご"]のように、まとまった配列として扱われるのは何となくわかりましたが、それが具体的にどう使われるかがよく分かりません。
　「アレイ型のデータとは、一体何なのですかな！？」
　頭が混乱してきたミムチは、パワ実に聞いてみることにしました。

「アレイ型」のデータは、どのようなときに使われるものなのですかな？

例えば、Excelのデータを1行ずつ取り出して、同じ処理（更新等）をしたいときは、「アレイ型」のデータが使われます。

アレイとは、複数の値をまとめて扱うことができる便利な構造です。

例えば、図1のテーブルの例を見てみます。

Chapter 2　Power Automateの基礎を学ぶ

▼図1　アレイ型のデータ例

数値のアレイ　　文字列のアレイ　　　　　　　　オブジェクトのアレイ

	名前	部署	社員番号
1　　ぶどう	パワ実	情シス	001
2　　みかん	ミムチ	人事	002
3　　りんご	パワ子	総務	003

```
[              [                   [
    1,            "ぶどう",           {"名前":"パワ実","部署":"情シス","社員番号":"001"},
    2,            "みかん",           {"名前":"ミムチ","部署":"人事","社員番号":"002"},
    3             "りんご"            {"名前":"パワ子","部署":"総務","社員番号":"003"}
]              ]                   ]
```

例えば「数値のアレイ」として、[1, 2, 3]という値の集まり（図1の左）や、「文字列のアレイ」として、["ぶどう", "みかん", "りんご"]の値の集まり（図1の中央）等がアレイになります。

図1の右のように、複数の列を持つテーブルは、「オブジェクトのアレイ」になります。オブジェクトのアレイは、Excelのテーブルとイメージするとよいでしょう。

アレイデータを扱う場合は、次の節で解説する「反復（ループ）処理」を使うことで、データを1行ずつ取り出して、同じ処理を繰り返し実行することができます。

例えば、[1, 2, 3]という数値のアレイ（図1の左）を「反復（ループ）処理」で1つずつ取り出し、それぞれの値に1を足す処理を行うと、[2, 3, 4]というアレイになります。

また、["Aさんのメール", "Bさんのメール", "Cさんのメール"]という文字列のアレイを「ループ処理」で1行ずつ取り出し、それぞれの人にメールを送る処理をすることもできます。

このようにアレイは、「反復（ループ）処理」と一緒に使うことが多いので、合わせて理解することが重要です。

アレイや、ループ処理について更に理解を深めるため、次に「プログラミングの基本処理3つ」について解説します。

4 アレイ（配列）とは？

アレイ型のデータは何のためにある？

アレイ型のデータは、例えば複数人にメールを送りたいとき、いったんアレイ型のデータとして["メールアドレスA", "メールアドレスB", "メールアドレスC"]のように持っておくことができます。

これを最後にセミコロン区切りで、"メールアドレスA;メールアドレスB;メールアドレスC"のように文字列で1つにつなげて、メールの宛先に指定すれば簡単です。

また、Excelのテーブルデータを取得する際や、SharePointリストの複数行を取得する場合、取得されたデータはアレイ型で取得されます。

このように取得されたアレイ型のデータは、次に説明する「ループ処理」と合わせて使うことが多いです。

第3章で作成していくPower Automateフローの例でも、いくつかアレイ型データを扱う例がでてきますので、今はいまいち理解ができなくても大丈夫です。

実際にフローを作成して実行していく中で、徐々に概念を理解していきましょう！

Chapter 2　Power Automateの基礎を学ぶ

5　プログラミングの基本処理3つ

Power Automate基礎研修で、「アレイ型」についても何となく理解しかけたミムチですが、突然出てきた「反復（ループ）処理」や「プログラミングの基本処理3つ」のキーワードで、また混乱してきました。

そもそもプログラミンの経験が全くないミムチは、「プログラミング」というキーワードを聞くと、とてもハードルが高くなると感じます。

本当にゼロからPower Automate実装ができるようになるのか心配になったミムチは、再度パワ実に聞いてみました。

Power Automateは「ローコード」ではないのですかな？　もはや「プログラミング」に近いような気がしてきましたぞ！？

確かにプログラミングの基礎知識は必要ですが、「プログラミングの基本処理」はたった3つです！　これからゆっくり解説していきますね。

　Power Automate開発をする上で必要な基礎知識として、プログラミングの基本となる3つの処理「順次」、「分岐」、「反復」について説明します。

　Power Automateはローコードプラットフォームですが、フローで実行する基本的な処理はこの3つになります（図1）。

　そのため、この3つの基本処理を前提知識として理解しておくと、Power Automateの実

5 プログラミングの基本処理3つ

装も理解がしやすくなります。

▼図1　プログラミングの基本処理3つ

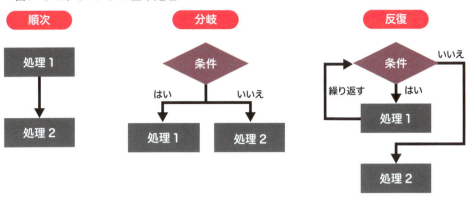

プログラミングの基本処理3つ

●順次
・上から下に順番に、処理1、処理2と実行していくこと
●分岐　（「条件」「スイッチ」等）
・条件を満たしているかによって、その後の処理を変えること
●反復　（「For each」「Do until」等）
・条件を満たしている間、繰り返し同じ処理を実行すること

1 順次

「順次」の処理は感覚的に理解している人も多いかもしれませんが、最初に一番上のトリガーでフローを開始し、その後のアクションを上から順に、アクション1、アクション2、アクション3…と実行していくことです。

　トリガーの処理が終わるまでは、アクション1は実行されません。
　トリガーの処理が終わると、アクション1の処理が始まり、アクション1の処理が終わるとアクション2の処理が始まり…というように、上から順に実行されていくのです。

順次なんて当たり前?

「順次」で上から順番に処理が実行されるなんて、当たり前じゃないか！　と思う方もいるかも知れません。

しかし入門者の場合、各処理の順番を考える上で、気をつけるべきポイントがあります。

具体例として、Outlookメール受信時にSharePointに新しいフォルダを作成して、その中にメールの添付ファイルを格納したいときのケースを見てみましょう。

「順次」の考え方で、次のようなフローの流れになります。

フローの流れ

1. トリガー：Outlookメールを受信したとき
2. アクション1：SharePointに新しいフォルダーを作成する
3. アクション2：Outlookメールの添付ファイルコンテンツを取得する
4. アクション3：アクション1で作成したSharePointフォルダーに、アクション2で取得した添付ファイルコンテンツを格納する

このとき、アクション1の新しいフォルダー作成と、アクション2のメールの添付ファイル取得の処理は順番を入れ替えることは可能です。

一方で、アクション2のメールの添付ファイル取得と、アクション3のフォルダーに添付ファイルを格納する処理は、順番を入れ替えることができません。

また、アクション2のメールの添付ファイル取得処理で作成された動的なコンテンツは、その後のアクションでしか使うことができないため、アクション3ではアクション2の動的なコンテンツ（添付ファイルのコンテンツ等）が使えますが、アクション1では使えません。

当たり前のように聞こえるかもしれませんが、例えばあとからアクションの順番を入れ替えようとしたときに、動的なコンテンツの元となっているアクションの上には移動できないので、注意しましょう。

2 分岐

「分岐」処理は、例えばTeamsの件名に"申請"という文字が入っていた場合は、処理1、"申請"の文字が入っていない場合は、処理2を実行する等、条件に応じて後の処理を分けたい場合に使います。

このときPower Automateでは、「条件」や「スイッチ」のアクションが使われます（図2）。

▼図2　条件アクションと、スイッチアクション

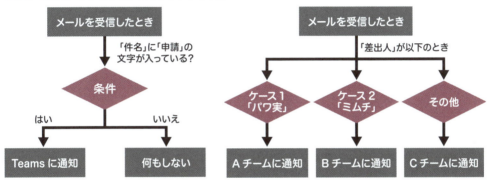

例えば画面1のように、Teamsメッセージが投稿されたとき、「条件分岐」で、「Teamsメッセージの件名に"申請"という文字が含まれていたら（contains）」を判定することができます。

▼画面1　条件分岐を使ったフローの例

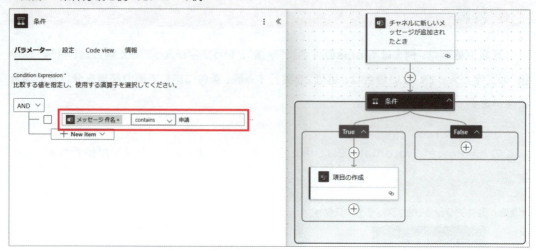

　判定の結果、メッセージに"申請"の文字が含まれている場合（True）、SharePointリストに項目を作成し、含まれていない場合（False）、何もしないという処理をしています。

　このように「分岐」を使うと、条件を判定し、条件に当てはまる場合（True）と、当てはまらない場合（False）で、後のアクションを変えることができます。

③ 反復

　「反復」処理は、前の節で解説したアレイ型データを1つずつ取り出して、同じ処理を実行したい場合に使います。
　例えば、["pawami", "mimuchi", "yamada"]という、アカウント名を記載したExcelテーブルがあるとします（図3）。

▼図3　アカウント名のExcelテーブル

アカウント名
pawami
mimuchi
yamada

このとき、各行のアカウント名の後ろに"@gmail.com"をつけて、メール送信したい場合等に、「反復」処理を使うことができます。

Power Automateで使える「反復」処理のアクションは「For each（それぞれに適用する）」と「Do until」の2つがあります。

For each（それぞれに適用する）とDo untilの違い

●For each　（それぞれに適用する）
- For eachに渡されたアレイデータを1つずつ取り出して、同じ処理を繰り返し実行する
- 例）Excelテーブルデータを渡した場合、1行ずつ取り出してSharePointリストに登録する

●Do until
- Do untilで設定した終了条件を満たすまで、同じ処理を繰り返し実行する
- 例）変数「counter」が10になるまで、ExcelテーブルのNo.列が変数「counter」の値と一致している行を更新する

「反復」処理を理解するため、アレイ型変数のデータを、Excelテーブルに追加するフローの例をみてみましょう。

[1, 2, 3]というアレイ型変数を作成し、「For each」（反復処理）を使い、その中で「Excelの表に行を追加」する処理を行った場合、どのように処理が進むのか見てみます（図4）。

▼図4　反復処理を使ったフローの例

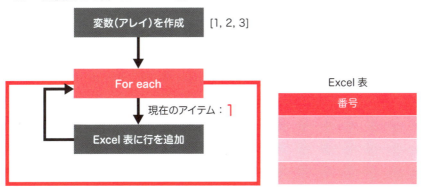

まず、繰り返しの1回目で、アレイの1つ目の要素、数字の1が処理されます。

「For each」の中に設定したアクション「Excelの表に行を追加」が実行され、Excel表の1行目に、1が追加されます（図5）。

▼図5　反復処理を使ったフローの例（反復1回目）

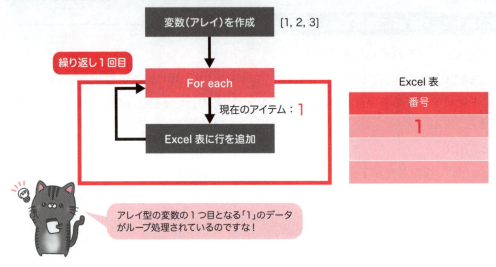

次に、繰り返しの2回目で、アレイの2つ目の要素、数字の2が処理されます。

「For each」の中に設定したアクション「Excelの表に行を追加」が実行され、Excel表の2行目に、2が追加されます（図6）。

▼図6　反復処理を使ったフローの例（反復2回目）

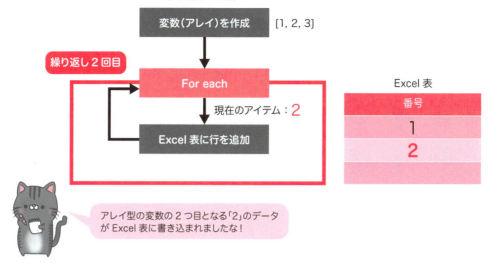

最後にアレイの3つ目の要素、数字の3が処理され、Excel表の3行目に、3が追加されます（図7）。

そしてアレイの3つすべての値の処理が終わると、「For each」の中の処理は終わります。

▼図7　反復処理を使ったフローの例（反復3回目）

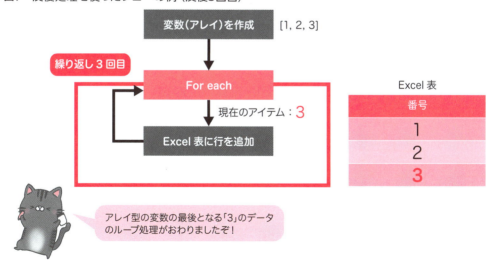

「For each」の後に、別の処理を設定している場合は、その処理の実行に移ります。

このように、「反復」処理は、アレイの要素を1つずつ取り出し、中の処理を繰り返し実行する

ことができます。

それでは、実際にPower Automateで上述のフローを作成してみましょう。

1 任意のSharePointフォルダーに任意のExcelファイルを作成し（画面2）、Excelに「番号」と入力し、「挿入」の「テーブル」をクリックして、テーブルフォーマットにします（画面3）。

※テーブルの作成で「先頭行をテーブルの見出しとして使用する」にチェックします。

▼画面2　SharePointフォルダーにExcelファイルを作成

▼画面3　Excelテーブルの作成

2 次の「Power Automate」のURLを開き、「作成」タブをクリックし、「インスタントクラウドフロー」を選択し、トリガーは「フローを手動でトリガーする」を選択します。
https://make.powerautomate.com/

3 「+アイコン」をクリックし、「アクションの追加」から「変数を初期化する」を選択し、画面4のように設定をします。

「変数の初期化」の設定

・名前：任意の変数名を入力（ここでは「数値のアレイ」）
・種類：Array（アレイ）
・値：[1, 2, 3]

※文字列の場合は、値を""で囲う必要がありますが、数値の場合は必要ありません。

▼画面4　変数の初期化の設定

これで数値のアレイ型変数ができました。

4 アクションの追加から「Control（コントロール）」の「それぞれに適用する」を選択します（画面5）。

▼画面5　Controlの「それぞれに適用する」を選択

5 追加したアクション「For each（それぞれに適用する）」で、入力ボックスを選択して、画面6のように設定します。

> **「それぞれに適用する」の設定**
> ・Select An Output From Previous Steps：「動的なコンテンツ」から3.で作成した変数（数値のアレイ）を設定

※このFor each（それぞれに適用する）の中にアクションを追加すると、数値のアレイ（1, 2, 3）が順番に1つずつ取り出され、中のアクションが実行されます。

▼画面6　「それぞれに適用する」のパラメーター設定

「For each」と「それぞれに適用する」

　アクションの追加で「Control」から、「それぞれに適用する」を選択すると、追加されたアクションの名前が「For each」となっている場合があります。
　これは、「それぞれに適用する」の英語名で、同じアクションです。
　また、旧デザイナーでは「Apply to each」と表示されていますが、これも同じアクションです。
　英語名、日本語名いずれも、「アレイ」型のデータを1つずつ取り出し、「それぞれに」対して、同じアクションを「適用する」という意味のアクション名となっています。

6　「それぞれに適用する」の中で、アクションの追加から「Excel Online(Business)」の「表に行を追加」アクションを選択し、次のように設定をします（画面7の①～②）。
　その後、詳細パラメーターの「すべてを表示」をクリックします（画面7の③）。

「変数の初期化」の設定

- 場所：**1**で作成したExcelファイルのSharePointサイトの場所
- ドキュメントライブラリ：Excelファイルのドキュメントライブラリ
- ファイル：Excelファイルの格納場所（パス）
- テーブル：Excelのテーブル名

Chapter 2　Power Automateの基礎を学ぶ

▼画面7　「Excel」の「表に行を追加」アクションのパラメーター設定

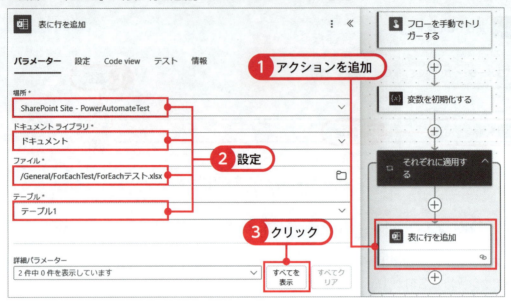

7　Excelテーブルで作成した列「番号」の入力ボックスを選択し、「動的なコンテンツ」を選択します（画面8）。

▼画面8　「Excel」の「表に行を追加」アクションの詳細パラメーター設定

8 動的なコンテンツで、「それぞれに適用する」アクションの「Current Item」を選択します（画面9）。

▼画面9　動的なコンテンツの選択

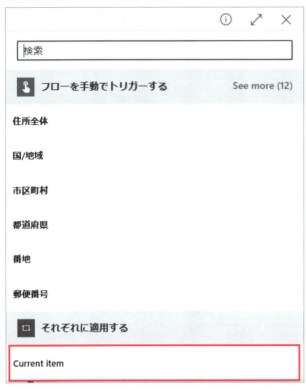

Current Itemって何？

　Current Itemとは、「それぞれに適用する」で「反復」処理している「そのときのデータ」です。

　今回は、アレイ型変数[1, 2, 3]に対して、「それぞれに適用する」処理をしています。このとき、1, 2, 3それぞれの値が「反復」処理されるため、3回「反復」処理が実行されます。

　Current Itemは、1回目の「反復（ループ）」処理では「1」、2回目の「反復（ループ）」処理では「2」、3回目の「反復（ループ）」処理では「3」の値となるわけです。

9 画面10のようなフローが完成したので、「保存」して「テスト」から、手動で実行してみます。

▼画面10　完成したフローの全体像

10 フローの実行が成功したら、「Excel」の「表に行を追加」アクションを選択して、「入力」データを見てみましょう（画面11）。

「それぞれに適用する」は、3回の「反復」処理がされ、画面11では、1回目（1/3）の処理になります。

▼**画面11** フローの実行結果（1回目の「反復」処理）

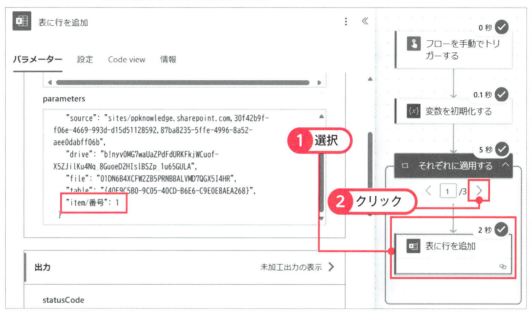

このとき、「入力」の「parameters」をみると「Item/番号」に「1」の値が入っていることが分かります。

これが、Excelテーブルの1行目に入った値（Current Item）です。

Chapter 2　Power Automateの基礎を学ぶ

フローの実行履歴を確認する

　フローを編集した後、テスト実行すると、同じ画面で実行履歴をみることができ、各トリガーやアクションの入力や出力もすぐに確認できます。
　あとから過去のフローの実行履歴を確認したい場合、フローを開いたときの「28日間の実行履歴」から確認することができます。

▼**画面**　フローの実行履歴の確認

　次に「それぞれに適用する」の「1/3」の右にある「>（次へ）」アイコンをクリックして、2回目の「反復」処理の実行結果も見てみます。

11 「それぞれに適用する」の2回目（2/3）の処理の結果をみると、「表に行を追加」の「入力」の「parameters」で、「Item/番号」に「2」の値が入っていることが分かります（画面12）。

▼画面12　フローの実行結果（2回目の「反復」処理）

12 実際にExcelのテーブルを見てみると、画面13のように数値型のアレイに入れた1～3までの数値が追加されています。

※データが更新されていない場合、更新ボタン（F5キー）を押してみましょう。

▼画面13　更新されたExcelテーブル

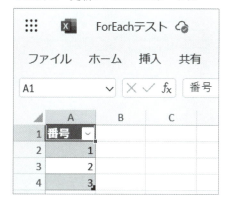

Chapter 2 Power Automateの基礎を学ぶ

このように、「反復」処理の「それぞれに適用する」を使うことで、アレイ型のデータを1つずつ取り出して、同じ処理を繰り返し実行することができました。

この「それぞれに適用する」アクションは、様々なフローで使うケースが出てくるので、ぜひ使い方を覚えておきましょう。

第3章以降でも、「反復」処理の実践的な使い方について、解説していきます。

Chapter 2　Power Automateの基礎を学ぶ

6 関数とは？

　Power Automate基礎研修で、ミムチは実際に簡単なPower Automateフローを作りながら、プログラミングの基本処理「順次」「分岐」「反復」についても理解することができました。
　次は、「関数」についてパワ実が解説するようです。
「関数はPower Appsでも使ったので、知っておりますぞ！」

「関数」とは何かデータ（引数）を入れたら、関数が処理して、何か結果（返り値）を返すものでしたな！

その通り！　Power Automateでも、関数を使うことで効率的にデータの処理ができるようになります。

関数とは、与えられた値（引数）を元に何らかの処理を行い、結果を返すものです。
簡単にいうと関数は、何か値を入れたら、何か値「返り値」を返してくれるものです（図1）。

▼図1　関数のイメージ

SUM(A,B,C…) ⇒A,B,C…を合計した値を返す

　例えばExcelのSUM関数は使っている人も多いと思いますが、SUM内に入れた値の合計を出してくれます。

　SUM関数に、1, 2, 3という値を入れたら（SUM(1, 2, 3)）、値を合計した6という値を返してくれます。

　この時SUM関数に入れた1, 2, 3の値を「引数」、返ってきた6の値を「返り値」と言います。

　一般的に関数とは、引数を入れたら、返り値が返ってくるものと考えればよいでしょう。

　Power Automateでも、多くの関数が用意されており、これらを使うことでフローの中でデータを加工したり、条件分岐を行ったりすることができます。

　例えば、次のような関数があります。

関数の例

・concat()関数: 複数の文字列を結合します。
　例: concat('Hello', ' ', 'World') は 'Hello World' を返します。
・length()関数: 文字列の長さを返します。
　例: length('Power Automate') は 14 を返します。
・if()関数: 条件に基づいて異なる値を返します。
　例: if(greater(10, 5), 'True', 'False') は 'True' を返します。
・formatDateTime()関数: 日時を指定したフォーマットで表示します。
　例: formatDateTime('2025-03-22T10:00:00Z', 'yyyy年MM月dd日') は '2025

6 関数とは？

年03月22日'を返します。

これらの関数を組み合わせることで、複雑なデータ処理や条件分岐を実現することができます。

関数の引数には変数や、動的なコンテンツも指定できる

　関数を使うとき、引数として指定できるのは、定数だけでなく、変数や動的なコンテンツも指定できます。
　例えば、formatDateTime関数を使うと、日時データを指定したフォーマットに変更することができます。
　例として、Outlookメールを受信したときをトリガーとしてフローを実行した際、メールを受信した日時を、動的なコンテンツから指定して、次のように設定することができます。
「formatDateTime(＜動的なコンテンツでメール受信日時を設定＞, 'yyyy年MM月dd日')」

　Power Automateでは、フローの中で式（fx）を入力する際に、これらの関数を使用することができます（画面1、画面2）。

▼画面1　関数のイメージ

Chapter 2　Power Automateの基礎を学ぶ

▼画面2　関数のイメージ

　関数式の入力をサポートする機能

　Power Automateで関数式を入力する際、画面のように、関数を途中まで入力すると、関数の候補が出てくる場合があります。
　この候補から関数を選択すると、スペルミスもなく、簡単に関数を入力することができますので、ぜひ有効活用してください！

▼画面　関数入力時の関数候補表示

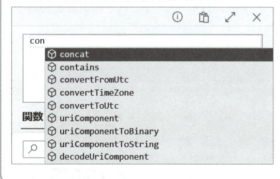

　関数を使いこなすことで、Power Automateのフローをより柔軟で効率的に実装することができます。
　第3章以降でも、色々な関数式を使った実装をしていくので、楽しみにしていてください。

Chapter 2　Power Automateの基礎を学ぶ

7　アルゴリズムの考え方

　Power Automate基礎研修も終わりが近づき、ミムチも何となくPower Automateの基礎的な知識を理解しつつありました。
　ミムチの所属する業務を思い返してみると、色々とPower Automateを活用して効率化できる部分がありそうです。
　さっそく、自分たちの業務でも活用してみようと思ったミムチですが、いざ自分でフローを実装することを考えると、何から手を付ければよいか分からなくなってしまいました。
　「…そもそもフローは、どうやって組み立てていけば良いのですかな？」

自動化したい業務はあるのですが、どのようにPower Automateを実装すればよいのか、完成したフローがイメージできませんぞ…

確かに「アルゴリズム」を考えるのは、最初難しいですね…最初は、やりたいことを実際にPower Automateで実装している記事等を検索して、真似してみるのがよいですよ！

Power Automateフローを作成する際、「アルゴリズム」を考えるのはとても重要です。
アルゴリズムとは、「目的を達成するための手順」のことです。
例えば料理のレシピも一種のアルゴリズムと言えます。

野菜炒めのレシピのアルゴリズム

1. 必要な材料を用意する（入力：玉ねぎ、にんじん、キャベツ、塩、コショウ）。
2. 決まった手順で調理する。
① 玉ねぎ、にんじん、キャベツを切る
② フライパンに油をしき、①を炒める
③ 塩、コショウで味付けする
3. 完成した料理を得る（出力：野菜炒め）。

　Power Automateを使う際も同様に、業務の自動化を実現するための手順（アルゴリズム）を考えていきます。

　例えば、Excelテーブルから「プロジェクト管理」のデータを取得し、進捗が遅れているプロジェクトがあった場合、プロジェクトマネージャーにTeams通知したいとします。

　このとき、次のようなアルゴリズムが考えられます。

進捗の遅れているプロジェクトを通知するアルゴリズム

1. Excelテーブルから「プロジェクト管理」データを取得（入力）
2. 「進捗」が「遅れ」となっているかを「条件」で判定（処理）
3. 2. の条件に一致する場合（進捗が遅れ）、プロジェクトマネージャーにTeams通知する（出力）

　このように、アルゴリズムを考えるときは、次のようなことを整理すると分かりやすいです。

・最初に何が必要か（入力）
・どのような処理をするか
・最終的に何を得たいか（出力）

アルゴリズムは必ずしも1つではありません。
　同じ目的を達成するのに、異なる手順が考えられるので、より効率的な（楽にできる）方法を見つけることも、アルゴリズムを考える上で大切です。

フローを作成する際は、次の手順で進めていくとよいでしょう。

フローを作成する手順

1. 業務フローの流れを整理する

・現状の業務フローを書き出す

2. 利用するサービスを洗い出す

・どのサービス(SharePoint、Teams等)が関係するか

・各サービス間でどのようなデータをやり取りするか

3. 判断のタイミングと基準を明確にする

・どのような条件、タイミングで判断が必要か

・判断に必要なデータは何か

4. データの流れを整理する

・フローの開始トリガーは何か

・どのようなアクションが必要か

・各アクションで必要な入力と、得られる出力は何か

5. 実装とテスト

・テスト実行で動作確認

・うまく動かない場合はWeb検索等で調べる

・必要に応じて機能を追加・修正

これらの検討を進める際は、この章で学んだ基礎知識は必須です。

このように、フローを作る前に全体の流れを整理し、必要な要素を組み合わせて設計することで、効率的なフロー開発が可能になります。

実際の開発では、最初から完璧なフローを作ることは難しいため、まずは簡単な形で作って動かしてみて、そこから徐々に改善していく進め方がおすすめです。

Chapter 2　Power Automateの基礎を学ぶ

コラム　フローの実装方法が分からないときは、Webで記事を探してみる！

アルゴリズムを考える…といっても、最初はよく分からない場合が多いかと思います。

私の場合、最初Power Automateを使い始めたときは、Google検索で自分が自動化したい業務フローを検索してみて、それに近いことをやっているフローを、記事を見ながら真似して実装してみることから始めました。

実装したフローをもとに、必要なアクションを追加したり、修正したりしていく内に、段々とPower Automateの理解が深まり、簡単なフローならば自力で1から作成できるようになりました。

さらに経験を積み重ねていく内に、これまでの経験の蓄積をもとに、新しく複雑なフローの作成もできるようになってきます。

このように、最初は本書や、他のWeb上の記事を真似してフローを作成するところから始めて、段々と経験値が溜まってくると、自分の力で自由にフローが作成できるようになってきます。

まだPower Automateを使い始めたばかりだと、色々なことが理解できず焦るかもしれませんが、私を含め、誰でも最初からできたわけではありませんので、焦らず一歩一歩頑張っていきましょう！

第2章のまとめ

　本章では、Power Automateの基本的な仕組みと用語、プログラミングの基本処理について学習しました。

　Power Automateは、何かのトリガーでフローの実行を開始し、設定したアクションを上から順に自動実行する作業自動化ツールです。

　主な基本用語として以下があります。

●トリガー：フロー実行のきっかけとなるもの（メール受信時等）

●アクション：トリガー後に実行する処理（SharePointへの保存等）

●フロー：トリガーからアクションまでの一連の流れ

●コネクタ：Power Automateと他のサービスをつなぐためのもの

●入力と出力：各トリガーやアクションで設定する値と、処理後に得られる値

●データ型：文字列、数値、日付等のデータの種類を定義するもの

●アレイ：複数の値をまとめて扱える構造

●関数：値（引数）を入れると結果（返り値）を返してくれるもの

　また、フローを作成する上で重要な基本的な処理として以下の3つがあります。

●順次：上から下に順番に処理を実行する

●分岐：条件によって処理を変える

●反復：条件を満たす間、同じ処理を繰り返し実行する

　フローを作成する際は、目的を明確にし、必要な処理を小さなステップに分解して考えることが大切です。

　最初は検索等で他の実装例を参考にしながら、徐々に複雑なフローにチャレンジしていくとよいでしょう。

　これらの基礎知識をベースに、第3章以降で実践的なフローの作成方法を学んでいきます。

基本編 ≫ Chapter

3

Power Automateで
実際にフローを作ってみる!

第3章のゴール

　本章では、第2章で学んだPower Automateの基礎知識を使い、業務でよく使う実践的なフローをいくつか作成してみます。

　この章を完了すると、第2章で学んだPower Automateの基礎知識が、実際のフロー実装においてどのように活用できるかが分かり、更に実際に業務に活用できるフローのヒントを得ることができます。

Chapter 3　Power Automateで実際にフローを作ってみる！

1　Power Automateの画面構成

情シスメンバー主催の「Power Automate基礎研修」で、Power Automateの基礎知識を学んだミムチは、さっそく自分で何かフローを作ってみたくなってきました。
「ミムチも実際に何か業務で役立つフローを作ってみますぞ！」
Power Automateの作成に意気込んだミムチは、最初に「Power Automate基礎研修」で習った基本的なフローの作成方法について復習をしながら、業務の自動化に取り組むことにしました。

Power Automateフロー作成の基本は、最初に「トリガー」を選んで、その後実行する「アクション」を追加していくのですな！

「トリガー」や「アクション」の組み合わせで、あらゆる業務が自動化できそうですぞ…！

　第2章で解説したように、Power Automateは基本的に、次の手順でフローを作成していきます。

Power Automateのフロー作成手順

1. フローの種類（自動化/インスタント/スケジュール済）を選んで、フローを作成する
2. トリガーを選択する
3. 自動化したいプロセスに必要なアクションを追加していく
4. フローが完成したら、保存してテストする

> 1 Power Automateの画面構成

5. テストで問題があったら、修正する

Power Automateフローを作成するときの編集画面は、画面1のようになっています。

▼**画面1**　Power Automateの画面構成

Power Automateの画面構成

① **キャンバス**：フローを実装する場所

・様々なコネクタから、トリガーやアクションを選択し、フローを編集できる

・「+アイコン」でアクションを追加することができる

② **アクション構成ペイン**：トリガーやアクションの設定をする場所

・キャンバスで選択したトリガーやアクションの設定ができる

③ **Copilotペイン**：Copilotを使う場所

・Copilotボタンをクリックしたときに表示され、Copilotを使ったフローの編集ができる

Power Automateフローを作成する際は、基本的に「キャンバス」部分で必要なトリガーや

アクションを選択し、「アクション構成ペイン」で、キャンバスに追加したトリガーやアクションの設定をしていく流れになります。

> **💡 Copilotとは？**
>
> Copilotとは、Microsoftが提供しているAIアシスタントです。
> 自然言語で会話をしながら、開発をサポートしてくれるAIツールで、Power Platformの各製品にも組み込まれています。
> Power AutomateのCopilot機能を使うと、フローの作成、アクションの作成や設定等を会話しながらサポートしてくれます。

また、フロー編集画面の上側にある各ボタンは、次のような機能があります（画面2）。

▼画面2　Power Automate画面のボタンの機能

Power Automateのボタンの機能

④ **戻るボタン**：前のページに戻る
⑤ **フローチェッカー**：フローにエラーがないかチェックする
⑥ **保存ボタン**：フローを保存する
⑦ **テストボタン**：フローをテスト実行する
⑧ **Copilotボタン**：Copilotペインを表示する
⑨ **デザイナー切り替えトグル**：新デザイナーと旧デザイナーを切り替える

最初は難しいかもしれませんが、使っていくうちに、徐々にPower Automate編集画面の操作に慣れていくと思います。

1 Power Automateの画面構成

次の節から、実際の業務で使う実践的なフローを作成していくので、ぜひ一緒に操作しながら学んでいきましょう！

Chapter 3　Power Automateで実際にフローを作ってみる!

2　Outlookで請求書のメールが届いたらTeams通知する

　ミムチは自分たち総務部の業務を見直し、Outlookで請求書のメールが来たときに、Teamsの総務部チームに通知するフローを作ろうと思い立ちました。
　「シンプルなフローですし、ミムチでもすぐに作れそうですぞ!」
　ミムチはさっそく、これまで学習したPower Automateの基礎知識を使って、請求書メールのTeams通知フロー実装に取り掛かりました。

ついにフローが完成しましたぞ!

今回はプログラミングの基本処理3つの内の「分岐」（条件分岐）を使うのがポイントですな。

1　今回作成するフローの概要

　Power Automateでよくある自動化のケースの1つ目として、次のような業務の自動化を考えてみましょう（図1）。

Outlookで請求書のメールが届いたらTeams通知する

2　Outlookで請求書のメールが届いたらTeams通知する

▼図1　自動化したい業務フローのイメージ

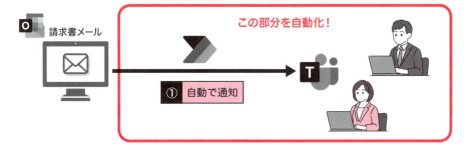

　図2のように、Outlookで受信したメールの件名に「請求書」という文字列が含まれていたら、Teamsの「請求書通知」チャネルに通知します。

▼図2　自動化したクラウドフローの作成

　上述の内容をふまえ、今回作成するフローは、図3のような流れになります。

Chapter 3　Power Automateで実際にフローを作ってみる！

▼図3　作成するフローの全体像

では、実際のフローを作成してみましょう。

2　フローの実装

1 次の「Power Automate」のURLを開き、「作成」タブをクリックし、「自動化したクラウドフロー」を選択します（画面1）。

https://make.powerautomate.com/

▼画面1　自動化したクラウドフローの作成

> 2 Outlookで請求書のメールが届いたらTeams通知する

2 フロー名を入力し、トリガーは「Outlook」で検索した結果の「新しいメールが届いたとき(V3)」を選択し、「作成」をクリックします（画面2）。

▼画面2　Outlookメール受信トリガーのフローを作成

3 Power Automateフローの編集画面が開くので、トリガー（新しいメールが届いたとき(V3)）の下の「＋アイコン」から「アクションの追加」を選択し、「Control」の「条件」を選択します（画面3）。

▼画面3　Controlの条件アクションの追加

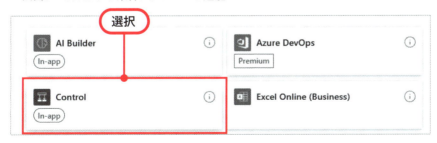

4 追加された「条件」アクションを選択し、左側に表示される「パラメーター」で、左側の「値を選択してください」の入力ボックスを選択したあと、「動的なコンテンツ」をクリックします(画面4)。

▼画面4　条件アクションで動的なコンテンツを選択

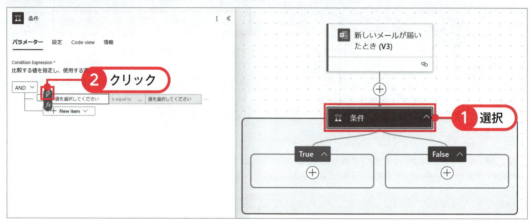

5 「動的なコンテンツ」から、「新しいメールが届いたとき(V3)」の「件名」を選択します(画面5)。

▼画面5　動的なコンテンツで「新しいメールが届いたとき(V3)」の「件名」を選択

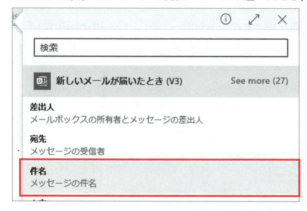

6 左側に動的なコンテンツで、トリガー（Outlookメール受信時の「件名」のデータ）が設定されます。

中央は、ドロップダウンから「contains（含む）」を選択します（画面6）。

▼画面6　条件アクションで「contains」を選択

7 「contains」の右の入力ボックスには「請求書」と手入力します（画面7）。

これで「条件」の設定は完了です。

▼画面7　条件アクションで「請求書」と入力

> ### 条件アクションの使い方
>
> 　条件アクションの設定は、「比較対象のデータ　比較演算子　比較する値」というように設定します。
> 　今回の場合は、「トリガーで受信したメールの件名　contains（含む）　"請求書"」と設定していますが、この条件の意味は、「トリガーで受信したメールの件名に、"請求書"という文字列を含むかどうか」を判定するものです。
> 　この条件で指定した判定の結果、「トリガーで受信したメールの件名に、"請求書"という文字列を含む」場合は「True」の値が返され、条件の「True（はい）」で設定したアクションが実行されます。
> 　一方で、「トリガーで受信したメールの件名に、"請求書"という文字列を含まない」場合は「False」の値が返され、条件の「False（いいえ）」で設定したアクションが実行されます。
> 　今回の場合、トリガーで受信したメールの件名に"請求書"の文字列を含むかどうかを判定し、含む場合に（True）、Teamsに通知するアクションを追加していきます。

8　「条件」の「True」の中の「＋アイコン」をクリックし、「アクションの追加」を選択します（画面8）。

▼画面8　条件アクションで「True」でアクションを追加

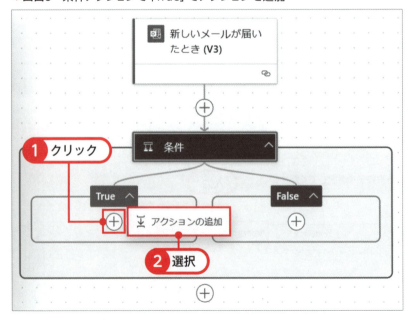

2　Outlookで請求書のメールが届いたらTeams通知する

9　アクションの追加から、「Microsoft Teams」を選択し、「チャットまたはチャネルでメッセージを投稿する」アクションを追加します（画面9）。

▼画面9　Teamsの「チャットまたはチャネルでメッセージを投稿する」アクションを追加

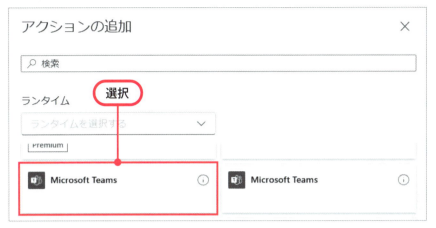

10　追加したTeams投稿のアクションを選択し、画面10のように設定します。

「チャットまたはチャネルでメッセージを投稿する」の設定

・投稿者：フローボット
・投稿先：Channel
・チーム：任意のチーム（ここでは、総務部チーム）
・チャネル：任意のチャネル（ここでは、請求書通知）
・メッセージ：
　請求書が届きました！
　件名：
　本文：

▼画面10　Teamsの「チャットまたはチャネルでメッセージを投稿する」アクションの設定

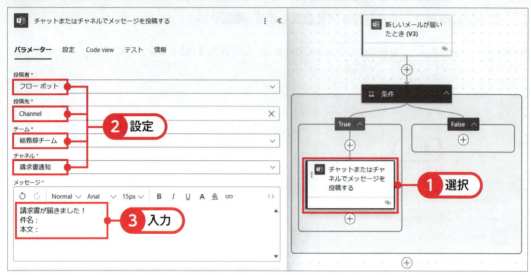

11 「件名：」の右側を選択し、動的なコンテンツから「新しいメールが届いたとき(V3)」の「件名」を選択します(画面11)。

　同様の操作で、「本文：」の右側には、動的なコンテンツで「本文」を設定します。

▼画面11　Teamsの「チャットまたはチャネルでメッセージを投稿する」アクションの設定

2　Outlookで請求書のメールが届いたらTeams通知する

③ テスト実行と実行結果の確認

1 これでフローが完成したので、「保存」をクリックしてテストしてみます（画面12）。

▼画面12　フローの保存

2 テストする際は、トリガーの「新しいメールが届いたとき（V3）」で接続しているメールアドレスにテストメールを送ります（画面13）。

※接続しているメールアカウントでメールを受信したときにフローがトリガーされます。接続を変更したいときは「接続の変更」から変更します。

Chapter 3　Power Automateで実際にフローを作ってみる！

▼画面13　トリガーやアクションの接続アカウント

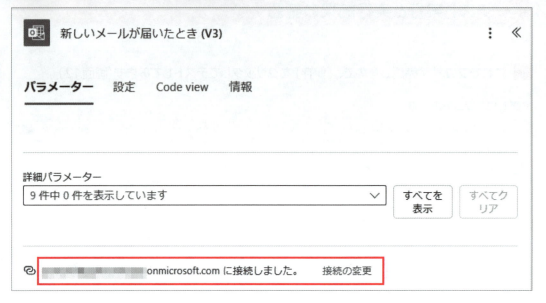

 トリガーやアクションで接続しているアカウント

　トリガーやアクションは、Microsoft 365サービス等、アカウントでの接続が必要なものもあります。
　Microsoft 365サービスならば基本的に、サインインしている「Microsoftアカウント」で接続することになります。
　例えば接続を他のユーザーのアカウントに変更したい場合、そのユーザーを共同所有者に追加し、接続を変更したいユーザーがフローの編集画面から「接続の変更」で変える必要があります（第8章で詳しく解説します）。
　また、Power AppsからPower Automateを実行するとき等、利用ユーザーのアカウントで実行したい場合は、「実行のみのユーザー」の設定をすることもできます（第8章で詳しく解説します）。

3 テストで、件名に「請求書」の文字が入っているメールと、入っていないメールを送ってみます（画面14）。

▼**画面14** テストメールを送信

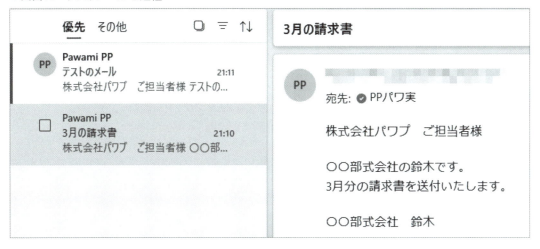

4 少し待つと、Power AutomateフローがOutlookメールの受信を自動的にトリガーして実行されます。

　Teamsで確認すると、指定したチーム（ここでは、総務部チーム）のチャネル（ここでは、請求書通知）に、件名に「請求書」の文字が入ったメールのみ通知されたことが確認できます（画面15）。

▼**画面15** 対象のメールがTeamsに通知される

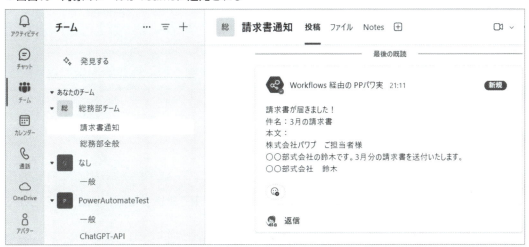

5 Power Automateフローで、「前のページに戻る」ボタンをクリックすると、画面16のように「28日間の実行履歴」で、最近の実行履歴が確認できます。

今回の場合、テストで送った2通のメールをトリガーし、2回フローが実行されたことが実行履歴で確認できます。

実行履歴は「〇月〇日 〇〇：〇〇（〇分前）」の部分をクリックすると、実行履歴の詳細を見ることができるので、今回の2つの実行履歴をそれぞれクリックして開いてみます（画面16）。

※実行履歴に表示されない場合、「リフレッシュアイコン」をクリックします。

▼画面16　実行履歴の確認

Power Automateの実行履歴の確認

Power Automateの実行履歴は、各フローで過去28日間分保存され、確認することができます。

フローの実行が成功したか、失敗したかは「状況」欄が「成功」か「失敗」かで、確認

2 Outlookで請求書のメールが届いたらTeams通知する

できます。
　特に失敗したフローについては、「開始」欄の「日付 時間」の部分を選択し、失敗の原因を特定するのに使います。
　また「28日間の実行履歴」には、はじめは一部の実行履歴しか表示されていませんが、「すべての実行」をクリックすると確認できます。

6 一つ目のフローの実行履歴を開くと、画面17のようになっています。
　「緑の✓アイコン」は、実行が「成功」したトリガーやアクションです。
　「条件」アクションを選択すると、「入力」の「expressionResult」が「true」になっています。
　すなわち条件分岐では、「受信したメールの件名に"請求書"の文字列が含まれていた」ため、「True」の方が実行され、Teamsにメッセージが投稿されたことが分かります。

▼**画面17** 実行履歴の確認（Trueが実行されたケース）

7 もう一方のフローの実行履歴を開くと、画面18のようになっています。
　「条件」アクションを選択すると、「入力」の「expressionResult」が「false」になっています。
　すなわち条件分岐では、「受信したメールの件名に"請求書"の文字列が含まれていない」

ため、「False」の方が実行され、Teamsにメッセージが投稿されなかったことが分かります。

「True」に設定しているTeamsメッセージ投稿アクションは、条件分岐の結果「実行がスキップ」されます。

「実行がスキップ」されたアクションは、「灰色のマイナス（−）」アイコンで表示されます。

▼**画面18** 実行履歴の確認（Falseが実行されたケース）

8　フローのテストも成功しましたが、このフローの場合、メールが来るたびに毎回フローが実行されてしまうため、少し無駄があります。

実は今回のフローの場合、もっと簡単に実装することができます。

再度フローの「編集」ボタンをクリックして、編集画面を開きます（画面19）。

▼画面19　フローの編集ボタンをクリック

9　トリガーの「新しいメールが届いたとき（V3）」を選択し、「詳細パラメーター」の「すべてを表示」をクリックします（画面20）。

▼画面20　フローの編集ボタンをクリック

10　「件名フィルター」に「請求書」と入力します（画面21）。

　この「件名フィルター」を設定すると、設定した文字列を含む件名のメールを受信したときのみ、フローが自動的にトリガーされます。

　そのため今回の場合、「件名」に「請求書」の文字列を含むメールのみ、このフローが自動で実行され、それ以外のメールではフローが実行されなくなります。

　これにより、不要なフローの実行を抑えることができます。

Chapter 3　Power Automateで実際にフローを作ってみる！

▼画面21　件名フィルターの設定

[画面: 新しいメールが届いたとき (V3) の詳細パラメーター設定画面。件名フィルターに「請求書」と入力されており、「入力」と注記されている]

詳細パラメーターを設定し、不要なフローの実行をなくす！

　Outlookメール受信時をトリガーにした場合、「詳細パラメーター」で次のような設定ができます。

・宛先

・CC

・差出人

・添付ファイルを含める

・件名フィルター

　このように「詳細パラメーター」を使うことで、条件に当てはまるメールのみをトリガーして、フローを実行させ、条件に当てはまらない場合はフローを実行させないことができます。

先ほど作成したフローでも、最終的に「条件」アクションで「件名」に"請求書"の文字列を含むかどうか判定しているため、結果は変わりません。

しかしPower Platformでは、ライセンスに応じて要求数（コネクタへのAPIリクエスト数や色々なアクション数）などの制限があります。

例えばMicrosoft 365のライセンス（低）では、24時間ごとの要求数の上限は、10,000回となっています（画面）。

▼画面 Power Platformの24時間ごとの要求数上限

件名	切り替え期間の制限	ノート
5分ごとのPower Platform要求	100,000	必要に応じて、ワークロードを複数のフローに分散します。
24時間ごとのPower Platform要求	低: 10,000、中: 200,000、高: 500,000、無制限の拡張は最大: 10,000,000	これらの制限は、1日に許可される要求の概算を表しており、保証ではありません。これらは保証されません。実際数はこれより少ない場合がありますが、ライセンス移行期間中の文書化された要求の制限と割り当てよりも多くなります。文書化された制限は、2021年後半に大幅に増加しました。Power Platform 管理センターで Power Platform リクエストの詳細な使用情報を見る（プレビュー）。文書化された制限値に基づいて高使用量を取り締まる可能性があるのは、報告書が一般に公開されてから6ヵ月後です。必要に応じて、ワークロードを複数のフローに分散します。
同時発信呼	低 の場合は 500、それ以外の場合は 2,500	必要に応じて、同時要求の数を減らすか、継続時間を短縮できます。

そのため、できるだけ不要なフローやアクションの実行は避けた方が良いでしょう。

更に、不要なフローの実行や、アクションをなくすことで、フロー自体もシンプルになり、メンテナンスも容易になります。

Power Platformの要求の制限については、次のページも参考にしてください。

参考：Microsoft Learn、自動化フロー、スケジュールされたフロー、インスタント フローの制限事項
https://learn.microsoft.com/ja-jp/power-automate/limits-and-config

11 トリガーで「件名フィルター」を設定したことで、「件名」に"請求書"の文字列を含むメールが以外は、トリガーされなくなるため、「条件」アクションは不要になります。

　「条件」アクションの「True」に入っているTeamsメッセージ投稿アクションをドラッグ＆ドロップで、「条件」アクションの上に移動します（画面22）。

　その後「条件」アクションを「右クリック」で「削除」しましょう。

▼画面22　「条件」アクションの削除

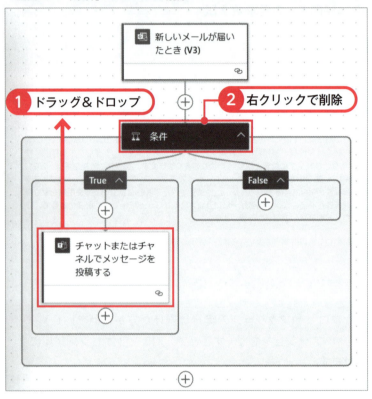

12 最終的に完成したフローは画面23のようになります。

修正前と比べて、かなりフローもすっきりとしました。

実際にテストしてみると、メールの件名に"請求書"の文字列が入っているときのみ、フローが実行されることが確認できます。

▼**画面23** 最終的に完成したフロー

このように基本的に「できるだけ上のアクションで必要なフィルターをかける」と、シンプルで効率的なフローを作成でき、メンテナンスも楽になります。

この後も、色々と実践的なフローの作成を通して、楽なフローを作成するポイントも紹介していくので、楽しみにしていてください！

Chapter 3　Power Automateで実際にフローを作ってみる！

3　Formsに回答がきたら、SharePointリストに登録する

　Outlookで請求書のメールが来たときに、Teamsの総務部チームに通知する簡単なフローを自分で完成させたミムチは、他にも業務を改善できるようなフローが作れないか考えてみました。
　「Power Automateで色々できそうですが、すぐには思いつきませんな…」
　何か業務改善に役立つ情報はないかと、SharePointの全社ポータルを見てみることにしました。

来週、情シス主催の「Power Platformを活用した業務改善の情報共有会」がありますぞ！

このイベントでミムチも他部署の人と、業務改善ケースの情報共有をしますぞ！

1　今回作成するフローの概要

　Power Automateでよくある自動化のケースの2つ目として、次のような業務の自動化を考えてみましょう（図1）。

Formsに回答がきたら、SharePointリストに登録する

3 Formsに回答がきたら、SharePointリストに登録する

▼図1　自動化したい業務フローのイメージ

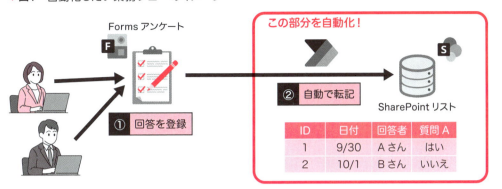

　図2のように、Formsにアンケート回答があったら、SharePointリストに自動で転記します。

▼図2　FormsからSharePointリストへの自動転記

　上述の内容をふまえ、今回作成するフローは、図3のような流れになります。

145

▼図3　作成するフローの全体像

　実際のフローを作成する前に、回答するFormsと、Formsの回答を登録するためのSharePointリストの準備をしましょう。

2　アンケート回答用のFormsを作成

　最初に、アンケートを回答するためのフォームを「Forms」で作成しましょう。

1 次の「Forms」のURLを開き、「新しいフォーム」をクリックします（画面1）。

https://forms.office.com/

▼画面1　新しいフォームを作成

2 フォームのタイトル（ここでは"Power Platformセミナー後アンケート"）を入力し、「以下でクイックスタート」をクリックした後、「評価」を選択します（画面2）。

▼画面2　フォームに評価の質問を追加

3 画面3のように、質問文（ここでは"今回のセミナーについて、満足度を5段階で評価してください"）を入力し、「新しい質問の追加」から「選択肢」を選択して追加します。

▼画面3　フォームに選択肢の質問を追加

Chapter 3　Power Automateで実際にフローを作ってみる！

4　画面4のように入力した後、「新しい質問の追加」から、「テキスト」の質問を追加します。

▼画面4　選択肢の質問の設定

3 Formsに回答がきたら、SharePointリストに登録する

5 テキストの質問文（ここでは"今回のセミナーについてのご感想、ご要望を自由に記入してください"）を入力し、画面5のようなアンケートフォームが完成しました。

▼**画面5** 選択肢の質問の設定

Power Platformセミナー後アンケート

1. 今回のセミナーについて、満足度を5段階で評価してください *

☆　☆　☆　☆　☆

2. このセミナーを知ったきっかけを教えてください *

○　公式X（旧Twitter）

○　公式ブログ

○　人づてに聞いた

○　その他

3. 今回のセミナーについてのご感想、ご要望を自由に記入してください

回答を入力してください

Chapter 3　Power Automateで実際にフローを作ってみる！

6　試しに「プレビュー」をクリックして（画面6）、アンケートに回答してみましょう（画面7）。

▼画面6　Formsのプレビュー

▼画面7　アンケート回答を送信

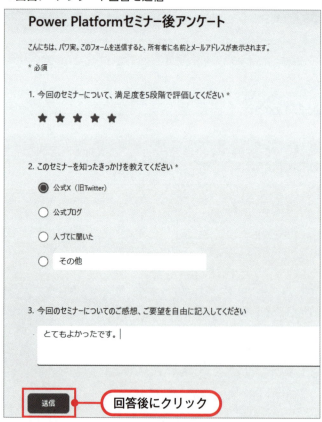

7 アンケートに回答したら戻って「応答」をクリックすると（画面8）、アンケートの応答が確認できるので「Excelで結果を開く」をクリックすると（画面9）、フォームの回答結果をExcelで見ることができます（画面10）。

▼**画面8** フォームの応用を確認

▼**画面9** Excelでフォームの回答結果を開く

▼**画面10** Excelで開いたフォームの回答結果

このようにして、アンケート回答用のFormsが作成できました。

> **Microsoft Formsとは？**
>
> 　Microsoft Formsとは、Microsoft 365サービスの一つで、完全にノーコード（プログラミングなし）でアンケートフォーム等を作成できます。
> 　今回作成したように、5段階の評価や、選択肢、テキスト、ファイルのアップロード等ができるので、回答形式を整える必要のあるフォームを作成したい場合に便利です。
> 　Formsは組織内外で共有できます。
> 　例えば、社内の研修後アンケートを収集したり、会社で企画するイベントの参加応募をしたりと、色々なことに活用できます。
> 　ただしこのFormsの回答結果は、Excelに格納されるので、後からデータを加工したり、Power BI等で集計したりするために、データベース化したい場合は、今回のようにPower Automateで、いったんSharePointリスト（SharePointサイトで使える簡易的なデータベース）を使うと便利です。

③ Formsの回答データを格納するSharePointリストを作成

次に、Formsで回答したアンケートのデータを格納するためのSharePointリストを作成します。

1 Formsの左上の「アプリ起動ツール」をクリックし、「SharePoint」を選択して、SharePointを開きます（画面11）。

▼画面11　SharePointを開く

3 Formsに回答がきたら、SharePointリストに登録する

2 任意のSharePointサイトの「ホーム」タブを選択し、「＋新規」から「リスト」をクリックします（画面12）。

▼画面12　SharePointリストを新規に作成

3 「空白のリスト」を選択して、新しいSharePointリストを作成します（画面13）。

▼画面13　空白のリストを作成

既存のデータからSharePointリストを作成する方法

　今回は、一から自分でSharePointリストを作成するため「空白のリスト」を選択しましたが、既存のデータから作成することもできます。
　「既存のリストから」を選ぶと、組織内の他のSharePointリストの構造をコピーして、新しいリストを作成することができます。
　また、ExcelやCSVファイルのデータを、そのままリストに取り込むこともできます。

4 「名前」に任意のSharePointリスト名（ここでは"PowerPlatformSeminarForm"）を入力し、「作成」をクリックすると（画面14）、新しいSharePointリストが作成されます。

▼画面14 空白のリストを作成

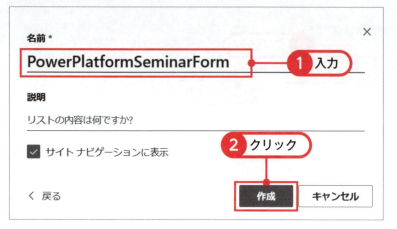

作成したSharePointリストに、表1のようにアンケート回答項目の列を追加していきます。

▼表1 SharePointリストに作成する列

列名（日本語）	列名（英語）	データ型（種類）
満足度	Evaluation	数値
知った経路	Channel	テキスト
コメント	Comments	テキスト

3　Formsに回答がきたら、SharePointリストに登録する

5 新規に作成されたリストで、「＋列の追加」から「数値」を選択し、「次へ」をクリックします（画面15）。

▼画面15　数値型の列を新規に作成

6 列の作成で次のように設定し、「保存」をクリックします（画面16）。

名前：任意の列名を英語で入力（ここでは"Evaluation"）
小数点以下の桁数：0を選択

Chapter 3　Power Automateで実際にフローを作ってみる！

▼画面16　数値型の列の設定

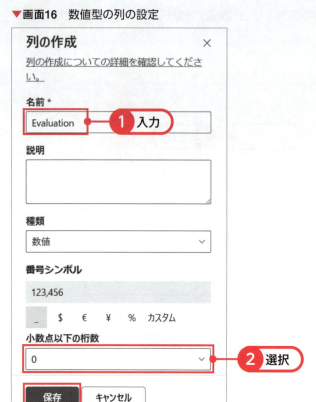

7　「Evaluation（満足度）」の列が新規に作成されましたが、列名を日本語に変えるため、「Evaluation」の列をクリックし、「列の設定」から「編集」を選択します（画面17）。

▼画面17　Evaluation列の編集

> 3　Formsに回答がきたら、SharePointリストに登録する

8 列の編集で「名前」を「満足度」に変更し、「保存」をクリックします（画面18）。

▼**画面18**　Evaluation列の編集

SharePointリストの列名のつけ方

　SharePointリストは、新規に列を作成する際、最初に「英語」で列名を作成し、あとから「日本語」の列名に変更しましょう。

　理由は、あとで詳しく説明しますが、Power AutomateでSharePointリストのデータを取得する際、基本的に列名は内部名で取得されます。

　列の内部名は、最初に列を作成したときの名前で自動的に作成され、このとき日本語で列名をつけてしまうと、とても分かりづらい内部名になってしまうためです。

Chapter 3　Power Automateで実際にフローを作ってみる！

9 同様の操作で、「列の追加」から「テキスト」を選択し、「次へ」をクリックして、「Channel」列と、「Comments」列を作成します（画面19）。

▼画面19　テキスト型の「Channel」列と「Comments」列の作成

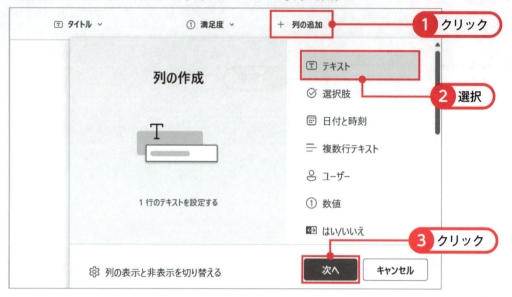

10 同様の手順で、「Channel」列を「Comments」列をクリックし、「列の設定」から「編集」を選択し、それぞれの列名を「知った経路」と「コメント」に変更します（画面20）。

▼画面20　「Channel」列と「Comments」列の列名を編集

3 Formsに回答がきたら、SharePointリストに登録する

11 また「タイトル」列は使わないため、非表示にします。
「タイトル」列をクリックし、「列の設定」から「列の表示/非表示」を選択します（画面21）。

▼画面21　列の表示/非表示の設定

12 「タイトル」列のチェックを外し、「ID」列にチェックを入れて上にドラッグ＆ドロップで移動した後「適用」をクリックすると、列の表示/非表示と並び順が変更されます（画面22）。

▼画面22　列の表示/非表示の設定変更

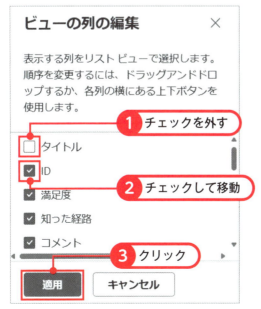

159

13 完成したSharePointリストは、画面23のようになります。

▼画面23　完成したSharePointリスト（PowerPlatformSeminarForm）

コラム　SharePointリストの列は、なぜ英語名で作成するの？

　SharePointリストで新規に列を作成した際、内部名と表示名が設定されます。
　表示名はSharePointリストに表示されている列名で、後から変更可能です。
　一方内部名は、列を作成したときの列名が自動で設定され、後から変更することができません。
　この時、列名を日本語で作成すると、内部名はUnicode形式にエンコードされてしまうため、日本語の列名をつけたい場合、一旦英語名で列を作成した後、日本語名に変更します。
　列の内部名を確認したい場合は、SharePointリストの右上の「⚙（ギアアイコン）」＞「リストの設定」を開き（画面1）、確認したい列名をクリックします（画面2）。

▼画面1　SharePointリストの設定画面

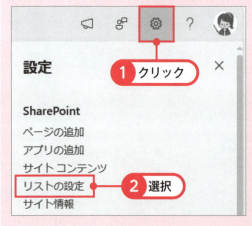

▼画面2　SharePointリストの列の設定確認

　その際にURLの最後に表示されている「Field=○○」の、○○が内部名となっています（画面3）。

　最初に英語名で列名をつけた場合、後から列の表示名を日本語に変更しても、最初に作成した列名がそのまま内部名になります（画面3）。

▼画面3　列の内部名（英語）

　一方で、最初から日本語で列名をつけた場合、画面4のように列の内部名がエンコードされたものになります。

▼画面4　列の内部名（日本語）

Power Automateでは、列の内部名を使うことが多く、画面4のようにエンコードされた内部名だと、設定する際にどの列だか分からなくなってしまうため、最初は英語で列名をつけ、あとから必要に応じて日本語に変更しましょう。

英語で列名をつける場合、「Manzokudo」のように日本語をローマ字にして、列名をつけても問題ありません。

4 Power Automateフローを作成

1 次の「Power Automate」のURLを開き、「作成」タブをクリックし、「自動化したクラウドフロー」を選択します。

https://make.powerautomate.com/

フロー名（ここでは"Formsのアンケート回答をSharePointリストに格納"）を入力し、トリガーは「Forms」の「新しい応答が送信されるとき」を選択し、「作成」をクリックします（画面24）。

▼画面24 Formsトリガーのフローの作成

> 3 Formsに回答がきたら、SharePointリストに登録する

Formsの新しい応答が送信されるときとは？

Formsの「新しい応答が送信されるとき」というトリガーを使うと、Formsの指定したフォームで回答が送信されるたびに、フローがトリガーされます。
Forms回答のたびに、何等かの操作を自動化したい場合に便利です。

2 Power Automate編集画面でトリガーを選択したとき、「接続されていません。」となった場合は、「接続の変更」をクリックし（画面25）、「新規追加」をクリックして、自分のアカウントで接続を追加します（画面26）。

▼**画面25** コネクタの接続の変更

▼**画面26** 接続の新規追加

3 「新しい接続の作成」で「サインイン」をクリックし（画面27）、「アカウントにサインイン」のポップアップが出てきたら、自分のアカウントを選択して接続します。

▼画面27　サインインして接続を作成

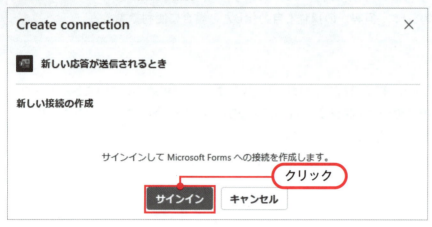

4 Formsへの接続がされたら、「フォームID」で先ほど作成したフォームを選択した後、トリガーの下の「＋アイコン」からアクションを追加します（画面28）。

▼画面28　作成したフォームの選択とアクションの追加

3 Formsに回答がきたら、SharePointリストに登録する

5 「アクションの追加」で「Forms」と入力して検索し、「Microsoft Forms」の「応答の詳細を取得する」アクションを選択します（画面29）。

▼画面29　Forms応答の詳細を取得するアクションの追加

6 追加したアクションを選択し、「フォームID」で先ほどと同じフォームを選択した後、「応答ID」の入力ボックスを選択し、「動的なコンテンツ」のアイコンをクリックします（画面30）。

▼画面30　Forms応答の詳細を取得するアクションの設定

7 動的なコンテンツで、トリガー「新しい応答が送信されるとき」で取得された「応答ID」を選択します（画面31）。

▼画面31 動的なコンテンツで応答IDを選択

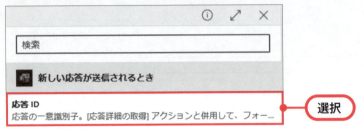

 なぜ、応答の詳細を取得するアクションが必要？

　Power Automateに少し慣れてきた人であれば、トリガーでFormsの「新しい応答が送信されるとき」があるから、ここで取得されたフォームの回答データをSharePointリストに入れるだけでは？　と思うかもしれません。

　実はトリガーの「新しい応答が送信されるとき」では、フォームの「応答ID」が取得されるだけで、そのときフォームで回答されたデータまでは取得できません。

　そのため、トリガーで取得された「応答ID」を使って、「応答の詳細を取得する」アクションを使うことで、フォームで回答された具体的なデータを取得する必要があります。

　このように、Formsのフォームや、1つ1つの回答は、それぞれ内部的にはIDで管理され、そのIDを使って、実際の回答データを取得する必要があります。

8 「応答ID」を設定したら、下の「＋アイコン」で更にアクションを追加します（画面32）。

▼画面32 アクションの追加

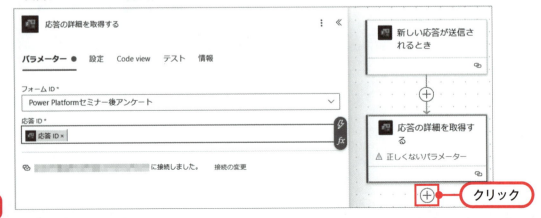

> 3 Formsに回答がきたら、SharePointリストに登録する

9 SharePointコネクタで「さらに表示」をクリックし（画面33）、「項目の作成」アクションを追加します。

▼**画面33** SharePointコネクタのアクションを選択

10 追加した「項目の作成」アクションを選択し、次のように設定します（画面34）。

┌─**「項目の作成」の設定**─────────────────────────┐
・サイトのアドレス：SharePointリストを作成したSharePointサイトを選択
・リスト名：作成したSharePointリストを選択
・詳細パラメーター：「すべてを表示」をクリック
└──────────────────────────────────┘

Chapter 3　Power Automateで実際にフローを作ってみる！

▼画面34　項目の作成アクションの設定

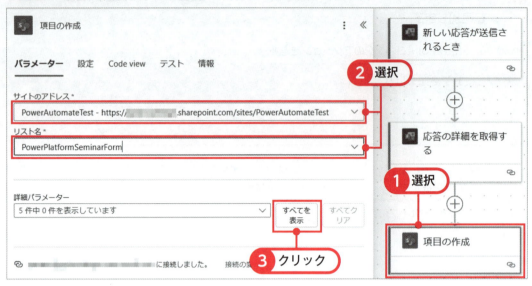

11　SharePointリストの列が表示されるので、列に入れるデータを設定します。

「知った経路」と「コメント」の列は、「動的なコンテンツ」をクリックして（画面35）、「応答の詳細を取得する」アクションのそれぞれの質問項目を選択します（画面36）。

▼画面35　動的なコンテンツをクリック

▼画面36　動的なコンテンツを選択

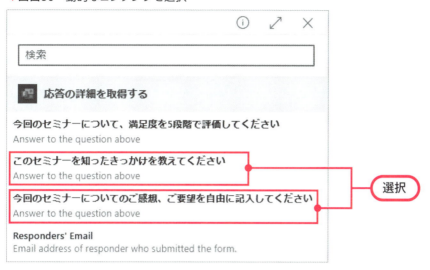

12　「満足度」の列の入力ボックスを選択し、「fx（関数）」のアイコンをクリックします（画面37）。

▼画面37　fx（関数）をクリック

13　「関数」の入力ボックスに「int」と入力して、候補に出てきた「int」を選択します（画面38）。

「int」の後ろに「()」を入力し、「()」内に引数をいれるため、「動的なコンテンツ」を選択します（画面39）。

Chapter 3　Power Automateで実際にフローを作ってみる！

▼画面38　関数の入力

▼画面39　動的なコンテンツの選択

14　「int()」内に、動的なコンテンツで「応答の詳細を取得する」アクションの、満足度の質問項目のデータを選択し、「追加」をクリックします（画面40）。

　　最終的に「項目の作成」の詳細パラメーターが画面41のように設定されます。

Formsに回答がきたら、SharePointリストに登録する

▼画面40　動的なコンテンツで満足度の項目を選択

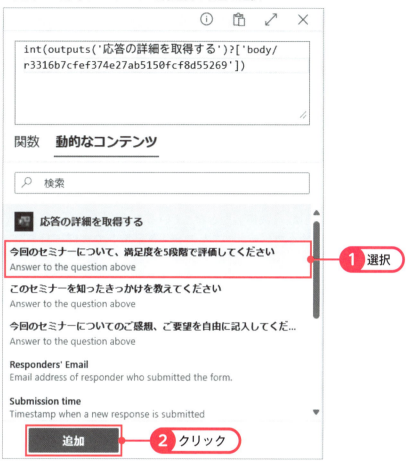

▼画面41　「項目の作成」の詳細パラメーターの設定

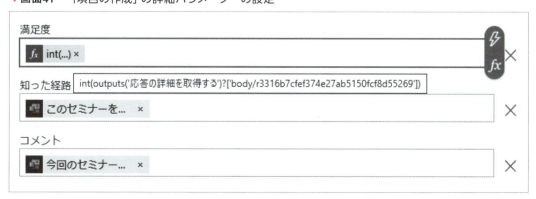

Chapter 3 Power Automateで実際にフローを作ってみる!

int関数ってなに?

「int」関数を使うと、「テキスト型」の数字を、「整数型」に変換することができます。

int関数の使い方

・構文：int(<変換するテキスト>)
・例：int('5')　⇒ 5（整数型）を返す

　今回、フォームの質問項目となっている「満足度5段階評価」では、1～5の数字が入力されますが、これは実は「テキスト型」として取得されます。

　SharePointリストの「満足度」列は、「数値」型となっているため、「テキスト型」のままでは、データを登録できず、動的なコンテンツでも直接「満足度」の質問項目を選択することはできません。

　そのため、int関数を使い「テキスト型」の数字を「整数型」に変換して登録する必要があるというわけです。

　そもそも、SharePointリストですべての列を「テキスト型」にしておけばいいのでは？と思うかもしれませんが、データを扱う際に「データの整合性」を保つ上で、適切なデータ型を選択することはとても重要です。

　SharePointリストを作成する際も、どのようなデータを入れるかによって、適切なデータ型を選択するよう、初めに検討しておきましょう。

5 テスト実行と実行結果の確認

1 フローが完成したので、「保存」ボタンをクリックしてテストします（画面42）。

　テストは、Formsのフォームの「プレビュー」から、回答を入力したあと「送信」ボタンをクリックします（画面43）。

3 Formsに回答がきたら、SharePointリストに登録する

▼画面42 最終的に完成したフローと保存

テスト実行でFormsを回答する

今回のフローは、Formsの「新しい応答が送信されるとき」がトリガーとなります。
そのため、フローの動作確認をするには、テストをクリックしたあと、実際にFormsからアンケート回答をします。

Chapter 3　Power Automateで実際にフローを作ってみる！

▼画面43　Formsアンケートに回答

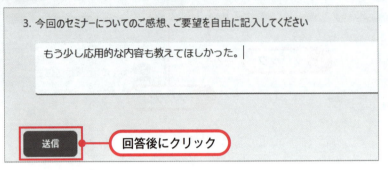

2　Formsアンケートに回答したら、Power Automateフローが自動でトリガー実行され、SharePointリストにデータが登録されます（画面44）。
　※データが登録されていない場合、画面の更新を何回かしてみます。

▼画面44　SharePointリストにデータが登録

3　実行履歴で成功したフローを「開始」欄の日時をクリックして確認します（画面45）。
　「応答の詳細を取得する」アクションを選択し、「出力」の「body」を確認すると、各質問で回答したデータが取得されていることが分かります（画面46）。
　※「r33…」等、「r」で始まる項目は、各質問の「ID」になります。

3　Formsに回答がきたら、SharePointリストに登録する

▼画面45　フローの実行履歴を確認

▼画面46　「応答の詳細を取得する」の出力を確認

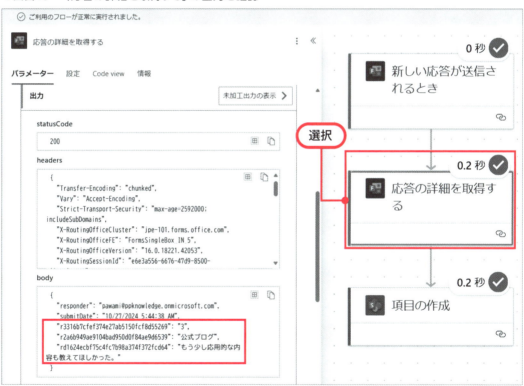

　このような感じでフローが作成できました。
　SharePointリストは簡易的なデータベースとして使うことができ、色々なデータを格納し、Power Apps、Power Automate、Power BIで使うことも多いです。

SharePointリストを作成する際は、適切なデータ型を選択して列を作成し、Power Automateからも、そのデータ型に合ったデータを登録するようにしましょう。

この後も、Power AutomateでSharePointリストを操作するフローをいくつか作りますので、少しずつ操作に慣れていきましょう！

Chapter 3　Power Automateで実際にフローを作ってみる！

4 SharePointのExcelデータを、定期的にSharePointリストに転記する

　情シス主催の「Power Platformを活用した業務改善の情報共有会」当日、Teams会議で参加したミムチですが、会議には色々な部署から100名以上の社員が参加していました。
　この情報共有会では、各部署から何人かがPower Platformを使った業務改善事例を発表し、情報共有をする場です。
　ミムチも発表者としてエントリーしていて、先日Power Appsで作った「申請アプリ」について発表する予定です。

実に色々な業務改善事例がありますな！

今経理部が発表しているPower Automateを使った改善事例は、ミムチの総務部でも活用できそうですぞ！

1 今回作成するフローの概要

　Power Automateでよくある自動化のケースの3つ目として、次のような業務の自動化を考えてみましょう（図1）。

> 毎日、社内の案件管理システムから、RPAで案件一覧データをExcelに出力している。
> 出力された案件一覧をSharePointリストに自動で転記したい。

177

▼図1　自動化したい業務フローのイメージ

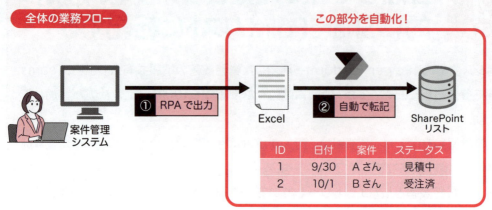

Excelから、SharePointリストに転記する際、図2のように、Excelで新規に追加された行（レコード）は、SharePointリストに新規にレコードを追加し、Excelで更新されたレコードは、SharePointリストのレコードを更新します。

▼図2　ExcelからSharePointリストへの自動転記のルール

上述の内容をふまえ、今回作成するフローは、図3のような流れになります。

4 SharePointのExcelデータを、定期的にSharePointリストに転記する

▼図3　作成するフローの全体像

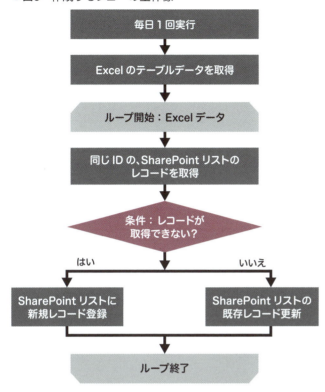

　実際のフローを作成する前に、転記元のExcelと、転記先のSharePointリストの準備をしましょう。

2 ExcelとSharePointリストの準備

　初めに、今回作成するフローに必要なExcelテーブル（転記元データ）と、SharePointリスト（転記先データ）を準備します。

1 あらかじめ、任意のSharePointサイトのドキュメントライブラリに、Excelファイル「案件一覧.xlsx」を作成します（画面1）。
※**本書の読者特典に含まれる「第3章」フォルダー内の「案件一覧.xlsx」をアップロードしてもOKです。本書の読者特典は、5ページ目に記載したURLからダウンロードしてください。**

Chapter 3　Power Automateで実際にフローを作ってみる！

▼画面1　SharePointサイトのドキュメントライブラリにExcelファイルを作成

[画面1の図：PowerAutomateTest、①選択＝ドキュメント、②作成＝案件一覧.xlsx]

2 ①で作成したExcel「案件一覧.xlsx」を開き、画面2のような「案件リスト」テーブルを作成します。

▼画面2　案件リストテーブル

ProjectID	Date	Project	Status
1	1/10/2025	案件A	見積中
2	1/24/2025	案件B	受注済
3	2/12/2025	案件C	失注
4	2/17/2025	案件D	見積中
5	3/11/2025	案件E	見積中

Power AutomateでExcelデータを操作する

　Power AutomateでExcelのデータを操作する際は、Excelの「挿入」＞「テーブル」をクリックし、Excelを「テーブルフォーマット」にする必要があります（画面）。

4　SharePointのExcelデータを、定期的にSharePointリストに転記する

▼**画面**　Excelデータをテーブルフォーマットにする

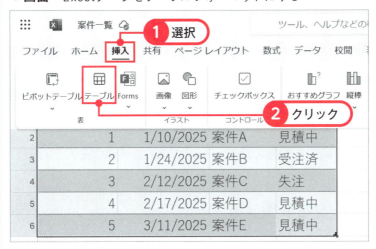

　Power Automateの、Excelコネクタを使って、データを取得したり、追加・更新したりするには、上述の手順でExcelをテーブルフォーマットにしておきましょう。
　テーブルフォーマットにしていないExcelのデータ操作をするには、「Officeスクリプト」等を使う必要があります。

3 任意のSharePointサイトに、画面3のようにExcelから転記をするSharePointリスト（ここでは「案件リスト」）を作成しておきます。

▼**画面3**　SharePointリストで案件リストを作成

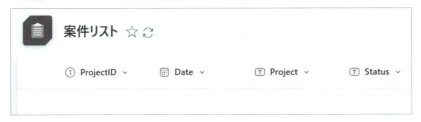

　SharePointリストの作成は、第3章3節の3．を参考に、表1の列を作成しましょう。

Chapter 3　Power Automateで実際にフローを作ってみる！

▼表1　案件リストで作成する列

列名	データ型（種類）
ProjectID	数値
Date	日付と時刻
Project	テキスト
Status	テキスト

これで、転記元のExcelテーブルと、転記先のSharePointリストの準備は完了です。

③ Excelテーブルデータを取得する

次に、Power Automateフローを実装していきましょう。

最初は、Excelテーブルデータの一覧を取得します。

1 次の「Power Automate」のURLを開き、「作成」タブをクリックし、「スケジュール済みクラウドフロー」を選択します。

https://make.powerautomate.com/

フロー名（ここでは"Excelデータを毎日SharePointリストに転記する"）を入力し、「開始日」、「時間」、「繰り返し間隔」を設定し、「作成」をクリックします（画面4）。

SharePointのExcelデータを、定期的にSharePointリストに転記する

▼画面4　スケジュール済みクラウドフローの作成

2. Power Automate編集画面が開くので、トリガー（Recurrence）の下の「+アイコン」から「アクションの追加」をクリックし（画面5）、Excel Online (Business) の「表内に存在する行を一覧表示」のアクションを追加します（画面6）。

▼画面5　アクションの追加

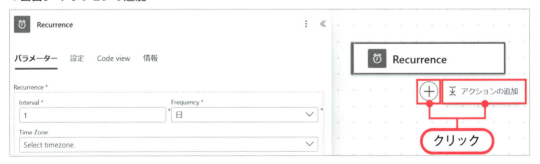

▼画面6　Excel Online (Business) の「表内に存在する行を一覧表示」を追加

3 追加したアクションを選択し、次のように設定します（画面7）。

┌─「表内に存在する行を一覧表示」の設定─────────────────┐
- 場所：Excelを格納したSharePointサイトを選択
- ドキュメントライブラリ：Excelを格納したドキュメントライブラリを選択
- ファイル：ファイルピッカーで対象のExcelファイルを選択
- テーブル：対象のテーブル名（ここでは「案件リスト」）を選択
└──────────────────────────────────────┘

4　SharePointのExcelデータを、定期的にSharePointリストに転記する

▼画面7　「表内に存在する行を一覧表示」のパラメーター設定

4　「詳細パラメーター」の「すべてを表示」をクリックし、「DateTime形式」を「ISO 8601」に変更します（画面8）。

▼画面8　「詳細パラメーター」の「DateTime形式」の設定

Chapter 3　Power Automateで実際にフローを作ってみる！

5 いったん、ここまでのフローを保存し、「テスト」をクリックして手動でテスト実行してみます。

実行後、「表内に存在する行を一覧表示」を選択し、「未加工出力の表示」をクリックして、取得されたExcelデータを確認してみましょう（画面9）。

▼画面9　「表内に存在する行を一覧表示」の「未加工出力」

6 取得されたExcelデータの「"body"」＞「"value"」内を見ると、画面10のように「オブジェクト（JSON）のアレイ型」のデータとして取得されています。

▼画面10　オブジェクトのアレイ型でのデータ出力

```
表内に存在する行を一覧表示                                        ×

表内に存在する行を一覧表示      オブジェクト（JSON）のアレイ（配列）型
    "body": {
        "@odata.context": "https://excelonline-jw.azconn-jw-001.p.azurewebsites.ne
        "value": [
            {
                "@odata.etag": "",
                "ItemInternalId": "8abc76b5-9e56-417a-a81c-7a23f8aeb413",
                "ProjectID": "1",
                "Date": "2025-01-10T00:00:00.000Z",
                "Project": "案件A",
                "Status": "失注"
            },
            {
                "@odata.etag": "",
                "ItemInternalId": "108464cb-7a3e-4a18-a2dd-1713c844e7df",
                "ProjectID": "2",
                "Date": "2025-01-24T00:00:00.000Z",
                "Project": "案件B",
                "Status": "受注済"
            },
```

4 SharePointのExcelデータを、定期的にSharePointリストに転記する

ExcelやSharePointリストを複数行取得したときのデータ

このように、Excelの「表内に存在する行を一覧表示」や、SharePointの「複数の項目の取得」など、複数行（複数レコード）のデータを取得したときは、オブジェクト（JSON）のアレイ型のデータとして出力されます。

出力データがアレイ型のため、この後データを処理する際は、「それぞれに適用する」のループ処理のアクションを使い、取得したデータを1行（1レコード）ずつ処理していくことが多いです。

4 取得したExcelデータを1行ずつループ処理する

Excelテーブルのデータが取得できたので、次にこのデータを処理するため、「ループ」処理を使い、Excelデータを1行ずつ取得して処理していきます。

1 アクションの追加から、「Control（コントロール）」の「それぞれに適用する（For each）」を追加します（画面11）。

※ フローの実行後、右上の編集ボタンをクリックして、編集画面に戻ります。

▼**画面11** 「Control」の「それぞれに適用する」を追加

2 追加したアクションを選択し、「パラメーター」で動的なコンテンツのアイコンをクリックし（画面12）、「表内に存在する行を一覧表示」の「body/value」を選択して設定します（画面13、画面14）。

　これにより、前のアクション「表内に存在する行を一覧表示」の出力に表示されていた、オブジェクトのアレイ型のデータを、1つ（Excelテーブルの1行）ずつ取り出し、「それぞれに適用する（For each）」内に追加するアクションを、Excelの行数分、実行することができます。

▼画面12　「それぞれに適用する」のパラメーターの設定

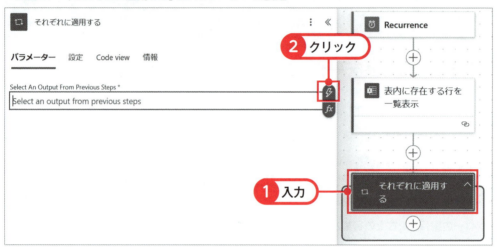

▼画面13　動的なコンテンツの選択

▼画面14　「表内に存在する行を一覧表示」の「body/value」（出力）を設定

4 SharePointのExcelデータを、定期的にSharePointリストに転記する

5 SharePointリストにExcelデータと同じデータが存在するか確認する

「それぞれに適用する」アクションで、Excelを1行ずつ取り出して処理できるようになったので、次に取得したExcelデータのProjectIDの値を使って、SharePointリストに同じProjectIDのデータが存在するかを確認していきます。

1 「それぞれに適用する（For each）」内に、アクションの追加から、SharePointコネクタの「複数の項目の取得」アクションを追加します（画面15）。

▼画面15　「それぞれに適用する」内でアクションの追加

2 「複数の項目の取得」アクションを選択し、パラメーターで、「サイトアドレス」、「リスト名」を設定した後、「詳細パラメーター」の「すべてを表示」をクリックします（画面16）。

▼画面16　「複数の項目の取得」のパラメーター設定

3 詳細パラメーターを表示したら、「フィルタークエリ」で次のように入力します（画面17）。

フィルタークエリの設定

ProjectID eq

※「eq」の前後は半角スペースを空けます。

入力したeq+半角スペースの後ろを選択し、「動的なコンテンツ」をクリックします。

▼画面17 「複数の項目の取得」のフィルタークエリの設定

4 動的なコンテンツから、「表内に存在する行を一覧表示」の「ProjectID」を選択します（画面18）。

▼画面18 動的なコンテンツの選択

4　SharePointのExcelデータを、定期的にSharePointリストに転記する

5 詳細パラメーターの「上から順に取得」には1（半角）を入力します（画面19）。

▼**画面19**　「複数の項目の取得」の上から順に取得の設定

フィルタークエリって？

　フィルタークエリは、ExcelやSharePointリストから複数の行（複数レコード）を取得する際に、条件を指定して、条件に当てはまるレコードのみを取得することができます。
　例えば、「削除フラグ」列の値が「true」となっているレコードを取得して、そのあとのアクションで、取得したレコードを削除したりできます。
　フィルタークエリは、基本的に次のような書き方をします。

列名（内部名）　比較演算子　比較する値

　※比較演算子の前後は半角スペースで区切ります。

　今回の場合、次のようにフィルタークエリを書きました。

ProjectID eq Excelで取得したProjectID列（動的なコンテンツ）

　「eq」というのは「等しい（equals）」という意味です。
　これは、SharePointリストの「ProjectID」列の値が、Excelで取得したProjectID列の値（「それぞれに適用する」アクションでループしているときの値）と一致するSharePointリストのレコードを取得しています（図）。

191

▼図　ループ内で「フィルタークエリ」を使って取得されるSharePointリストデータ

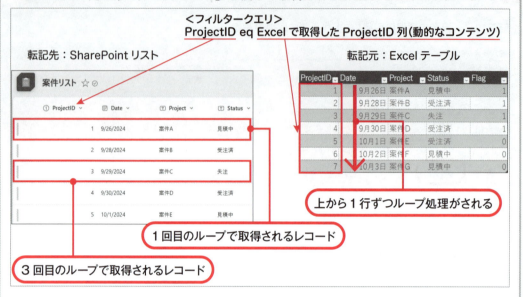

　このフィルタークエリを使って、ExcelのProjectIDと一致する、SharePointリストのレコードを取得することで、データが取得できた場合は（既存のデータ存在する）、データの更新、データが取得できない場合は（既存のデータが存在しない）、データの新規登録を後続のアクションで行います。

　また、フィルタークエリを使うと、「eq（等しい）」だけではなく、「ne（等しくない）」や「ge（以上）」等、様々な条件を指定して、データを絞りこむことができます（表）。

▼表　フィルタークエリの例

フィルタークエリ	フィルタークエリの意味
ProjectID eq 1	ProjectID列が1（数値）に等しい
ProjectID eq '001'	ProjectID列が001（文字列）に等しい
Task ne null	Task列がnullに等しくない
Cost ge 100	Cost列が100以上
Startswith (EmployeeID, 'AZ')	EmployeeID列がAZで始まる

6 SharePointリストにデータが存在する場合と、しない場合で分岐する

これまでのアクションで、SharePointリストから、Excelで取得したProjectIDと一致するレコードのデータを取得する処理を行いました。

次に、前のアクションでSharePointリストのデータが取得できたか（同じProjectIDのデータがあったか）を確認し、条件分岐で、データが取得できた場合と、できなかった場合で、データの更新か、新規追加かのアクションに分けます。

1「アクションの追加」から「Control（コントロール）」の「条件」アクションを追加します（画面20）。

※「条件」アクションについては、第2章第5節「プログラミングの基本処理3つ」で詳しく解説しています。

▼画面20 「条件」アクションの追加

2 「条件」アクションを選択し、パラメーターの左側で「fx（関数）」をクリックします（画面21）。

▼画面21　「条件」アクションの条件設定

3 関数式の入力ボックスに「empty()」と入力し、()内をクリックして、「動的なコンテンツ」から「複数の項目の取得」の「body/value」をクリックした後、画面22のようになっていることを確認し、「追加」をクリックします。

▼画面22　関数式の入力

4 条件の左側に関数式が追加されたら、中央の選択は「is equal to」にして、右側の比較する値は「true」と入力します（画面23）。

▼画面23　関数式の入力

empty関数って何？

　empty関数は、第一引数「()内」で指定したオブジェクト、配列、文字列が「空」の場合は「true」を返します。

　今回の場合、第一引数には、動的なコンテンツから、SharePointリストの「複数の項目の取得」の「body/value」（出力）を指定しています。

　前のアクションでフィルタークエリを使い、SharePointリストで、Excelと一致するProjectIDのデータを取得しました。

　このとき、ProjectIDが一致するデータがなければ、「body/value」（出力）が「空」になるため、このempty関数式の結果が「true」になります。

　そのため、条件分岐の結果「True」の場合は、SharePointリストにデータの新規追加、「False」の場合は、データ更新のアクションを追加していきます。

5 「条件」アクションの「True」の中に「アクションの追加」から、SharePointの「項目の作成」アクションを追加します(画面24)。

▼画面24　条件の「True」内にアクションを追加

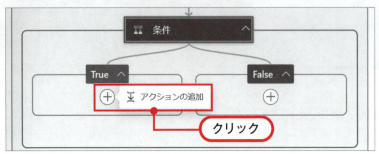

6 同様に、「False」の中にはSharePointの「項目の更新」アクションを追加します(画面25)。

▼画面25　条件の「True」と「False」内のアクション

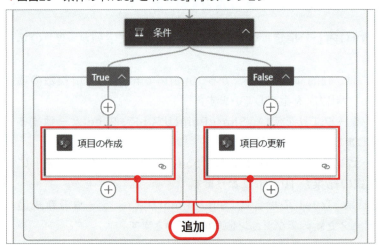

7 「項目の作成」アクションを選択し、「サイトのアドレス」と「リスト名」を設定した後、「詳細パラメーター」の「すべてを表示」をクリックし、「Date」列の「動的なコンテンツ」をクリックします（画面26）。

▼**画面26** 「項目の作成」アクションのパラメーター設定

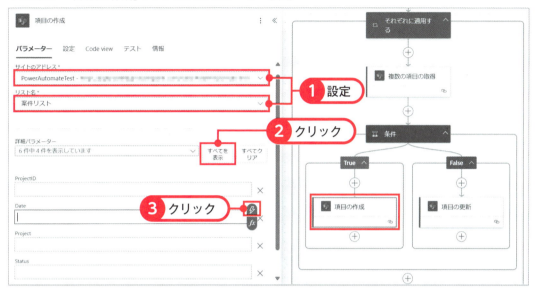

8 「Date」、「Project」、「Status」列は、動的なコンテンツでExcelの「表内に存在する行を一覧表示」から、それぞれ該当するデータを設定します（画面27）。

▼**画面27** 「項目の作成」アクションの詳細パラメーター設定

9 「ProjectID」列は、動的なコンテンツから直接選択することができないため、「fx（関数）」をクリックして、関数式を入力します（画面28）。

▼画面28 「項目の作成」の「ProjectID」の設定

10 関数の入力ボックスで「int()」と入力した後、「()内」を選択し、「動的なコンテンツ」から、Excelの「表内に存在する行を一覧表示」の「ProjectID」を選択し、「追加」をクリックします（画面29）。

▼画面29 「項目の作成」の「ProjectID」に関数式を設定

11 画面30のように設定できればOKです。

▼**画面30**　「項目の作成」の「ProjectID」に関数式を設定

関数式の設定を確認する

設定した後の関数式は、「int(...)」のように表示されます。
あとから設定した関数式の中身を確認したい場合、関数式の部分をクリックすると、再度「fx（関数）」の入力ボックスが表示されて、確認できます。
また、関数式にカーソルをあてるだけでも、画面30のように、ポップアップで関数式の全文が表示されるので、簡単に確認したい場合はこの方法が楽です。

12 同様に、「条件」の「False」の方に追加したSharePointの「項目の更新」アクションを選択し、パラメーター設定をします。

「サイトアドレス」、「リスト名」を設定した後、更新する対象のレコードを指定するため「ID」の「fx（関数）」をクリックして設定します（画面31）。

▼画面31　「項目の更新」のパラメーター設定

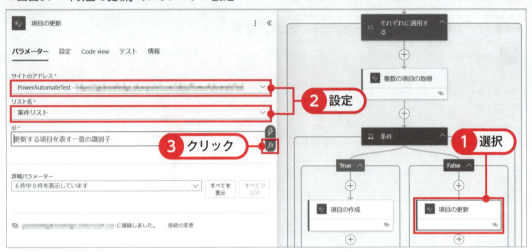

13　関数の入力ボックスに「first()」と入力し、「()内」を選択して「動的なコンテンツ」からSharePointの「複数の項目の取得」の「body/value」を選択します（画面32）。
そのあと、一番後ろに「?['ID']」と半角で入力し、「追加」をクリックします（画面33）。

▼画面32　「項目の更新」の「ID」の関数式を設定

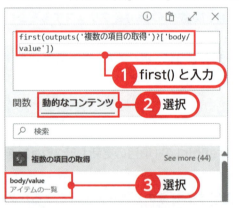

▼画面33　「項目の更新」の「ID」の関数式を設定

4 SharePointのExcelデータを、定期的にSharePointリストに転記する

なんでfirst関数を使うの？

first関数は、アレイ型データの1つ目の要素を取得する関数です。

IDの指定で、直接「動的なコンテンツ」から「複数の項目の取得」の「ID」を選択すればよいのでは？　と思った方も多いと思います。

実は、それでも最終的な動作は同じになるため、問題ありません。

ただし、直接動的なコンテンツで「ID」を設定すると、「項目の更新」アクションが、「それぞれに適用する（For each）」の中に自動的に入ります（画面）。

▼**画面**　動的なコンテンツで「ID」を直接設定した場合

なぜかというと、「複数の項目の取得」の出力は、取得できたデータが1件だけであっても「オブジェクトのアレイ型」として取得されるためです。

直接動的なコンテンツで「ID」を設定した場合、アクションが「それぞれに適用する（For each）」内に入りますが、実際に実行してみると、データが1件のみなので、このループは1回しか回りません。

実行上は問題ありませんが、今回「first」関数を使い、「複数の項目の取得」の出力の1つ目の要素を取得することで、不要なループ（For each）アクションが自動的に追加されないようにしたのです。

ちょっとしたテクニックなので、今回使わなくても問題ないですが、覚えておくと便利なので、ぜひ活用してみてください！

15 「ID」を設定したら「詳細パラメーター」の「すべてを表示」をクリックし（画面34）、「項目の作成」と同様の操作で、各列の値を設定します（画面35）。

▼画面34 「項目の更新」の詳細パラメーターを設定

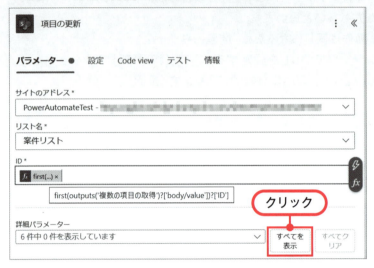

▼画面35 「項目の更新」の各列の値を設定

これでフローが完成しました。

4 SharePointのExcelデータを、定期的にSharePointリストに転記する

7 テスト実行と実行結果の確認

1 フローを保存し、「テスト」で手動実行すると（画面36）、SharePointリストにExcelテーブルのデータがすべて転記されます（画面37）。

▼**画面36** 完成したフローのテスト実行

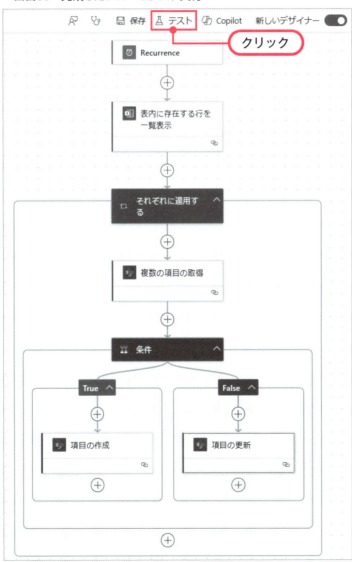

Chapter 3　Power Automateで実際にフローを作ってみる！

▼**画面37**　SharePointリストにExcelデータが登録される

① ProjectID ∨	🗓 Date ∨	🅣 Project ∨	🅣 Status ∨
1	1/10/2025	案件A	見積中
2	1/24/2025	案件B	受注済
3	2/12/2025	案件C	失注
4	2/17/2025	案件D	見積中
5	3/11/2025	案件E	見積中

案件リスト ☆ ⊘

2 そのあと、Excelテーブルのデータを一部変更して、再度フローをテスト実行してみます（画面38）。

この時、新規に行を追加するものと、既存データの更新をするものがあると、分かりやすいです。

▼**画面38**　Excelテーブルのデータを一部変更

ProjectID	Date	Project	Status
1	1/10/2025	案件A	失注
2	1/24/2025	案件B	受注済
3	2/12/2025	案件C	失注
4	2/17/2025	案件D	受注済
5	3/11/2025	案件E	見積中
6	2025/3/17	案件F	見積中
7	2025/3/21	案件G	見積中

204

3 テストが成功したら、「それぞれに適用する(For each)」内の＜1/N＞の「＞(次へ)」や「＜(前へ)」をクリックすることで、各ループ(ここでは、7回のループの内、N回目に処理された行)の処理結果を確認することができます(画面39)。

▼画面39　テストの実行結果を確認

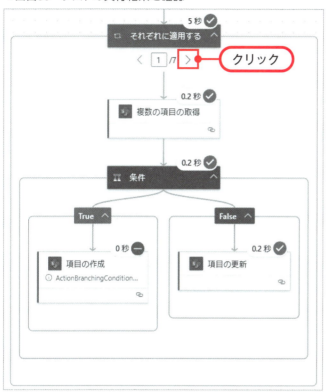

4 今回の場合、ループの「6/7」(Excelの6行目)は新規に追加されたデータのため、条件分岐(SharePointリストで、ExcelのProjectIDと同じレコードが無いかの判定)の結果が「True」になり、新規にデータが追加されます(画面40)。

一方で、ループの「5/7」(Excelの5行目)は、前のテスト実行ですでに追加されているデータのため、条件分岐の結果が「False」になり、データの更新がされます(画面41)。

Chapter 3　Power Automateで実際にフローを作ってみる！

▼画面40　既存のデータがない場合の動作

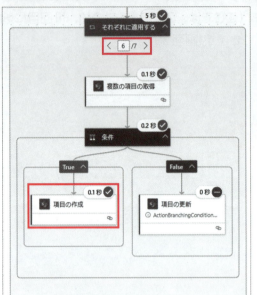

▼画面41　既存のデータがある場合の動作

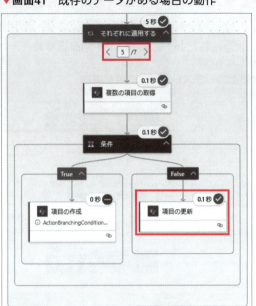

5　SharePointリストも確認すると、適切に新規データ追加と、既存データ更新がされています（画面42）。

▼画面42　SharePointリストにExcelデータが反映

このように、ループ処理や、条件分岐、関数など、第2章で紹介した基礎知識を組み合わせることで、実際の業務の自動化に活用できるフローが作成できます。

　この後は、色々な情報の通知を自動化する実践的なフローも作成していきます。

Chapter 3　Power Automateで実際にフローを作ってみる！

5　SharePointリストの会議リストに登録されたら、会議の通知をする

　「Power Platformを活用した業務改善の情報共有会」で、色々な部署の業務改善事例を聞いたミムチは、いくつかの事例は総務部や、他の部署でも広く活用できそうだと感じました。
　特にPower Automateを使ったTeamsや、Outlookへの通知は、様々な業務の自動化に応用できそうです。

ミムチも申請アプリで申請が登録されたとき、メンバーにメール通知するフローを作りましたぞ！

おや？　メール通知だけではなく、会議の作成もPower Automateで自動化できるのですかな？

1　今回作成するフローの概要

　Power Automateでよくある自動化のケースの4つ目として、次のような業務の自動化を考えてみましょう（図1）。

> SharePointリストに会議の情報が登録されたら、自動でOutlook会議の依頼を通知したい。

5 SharePointリストの会議リストに登録されたら、会議の通知をする

▼図1　自動化したい業務フローのイメージ

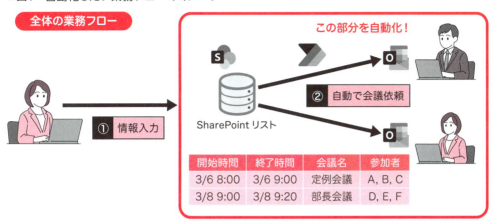

　図2のように、SharePointリストに開催する会議の情報を登録したら、自動でOutlookメールの会議依頼を通知します。

　今回は、手動でSharePointリストに回答情報を登録しますが、Power Appsと連携させることで、Power Appsアプリから、空き時間を探して登録できるようにすることも可能です。

▼図2　SharePointリストからOutlook会議依頼を通知

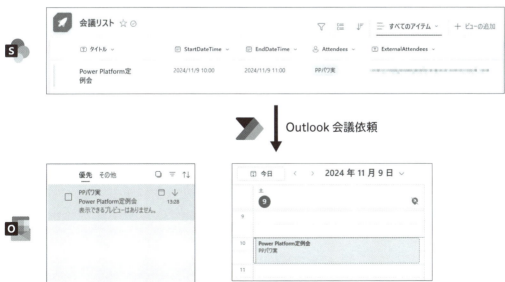

　上述の内容をふまえ、今回作成するフローは、図3のような流れになります。

▼図3　作成するフローの全体像

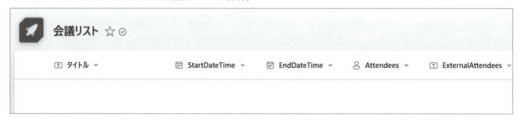

2　SharePointリストの準備

　実際のフローを作成する前に、会議情報を登録するためのSharePointリストの準備をしましょう。

1 任意のSharePointサイトに、画面1のように会議情報を登録するSharePointリスト（ここでは「会議リスト」）を作成しておきます。

▼画面1　SharePointリストで会議リストを作成

　SharePointリストの作成は、第3章3節の2. を参考に、表1の列を作成しましょう。

5 SharePointリストの会議リストに登録されたら、会議の通知をする

▼**表1** 会議リストで作成する列

列名	データ型（種類）	その他の設定	備考
タイトル（既存）	テキスト	既存の列を利用	会議のタイトル
StartDateTime	日付と時刻	時刻を含める	会議の開始日時
EndDateTime	日付と時刻	時刻を含める	会議の終了日時
Attendees	ユーザー	複数選択を許可	組織内の出席者
ExternalAttendees	テキスト	−	組織外の出席者

注意点として、StartDateTime列と、EndDateTime列は、「時間を含める」のトグルを「はい」にします（画面2）。

またAttendees列は、「複数選択を許可」のトグルを「はい」にします（画面3）。

▼**画面2** 「時間を含める」を"はい"にする

▼**画面3** 「複数選択を許可」を"はい"にする

これで、会議情報を登録するためのSharePointリストの準備は完了です。

Chapter 3　Power Automateで実際にフローを作ってみる！

💡 **ユーザー列って何？**

　SharePointリストの「ユーザー列」を使うと、組織内でMicrosoft Entra IDに登録されているユーザー情報を取得することができます。

　例えば「パワ実」を登録すると、パワ実の表示名、Email、部署等のユーザー情報を取得することができます。

　ただし、ユーザー列で登録したユーザーは、登録された最新情報のみを保持します。

　部署の異動や、名前の変更が生じた場合も最新のデータのみを保持し、過去のデータは保持されない点に注意してください。

　組織内のユーザーを登録する場合は、SharePointリストのユーザー列が便利なので、ぜひ活用してください。

　一方で、Microsoft Entra IDに登録されていない組織外のユーザーは、ユーザー列で登録することができません。

　そのため今回は、組織外の出席者を登録するため「ExternalAttendees」列をテキスト型で用意し、ここに「メールアドレス1;メールアドレス2;」というように、組織外の出席者のメールアドレスをセミコロン区切りで入力してもらうようにします。

③ ユーザー列からEmailを取得

1 次の「Power Automate」のURLを開き、「作成」タブをクリックし、「自動化したクラウドフロー」を選択します。

https://make.powerautomate.com/

　フロー名 (ここでは"SharePointリスト作成時にOutlookの会議依頼を通知する") を入力し、トリガーは「SharePoint」の「項目が作成されたとき」を選択し、「作成」をクリックします (画面4)。

5　SharePointリストの会議リストに登録されたら、会議の通知をする

▼画面4　自動化したクラウドフローの作成

2　トリガー「項目が作成されたとき」を選択し、次のように設定したあと、「＋アイコン」から「アクションの追加」をクリックします（画面5）。

「項目が作成されたとき」の設定

- サイトのアドレス：SharePointリストがあるSharePointサイトを選択
- リスト名：作成したSharePointリストを選択

▼画面5　「項目が作成されたとき」のパラメーター設定

213

3 検索ボックスに「データ」と入力し、「ランタイム」は「組み込み」を選択し、「データ操作」の「さらに表示」をクリックします（画面6）。

▼画面6　データ操作のアクションを追加

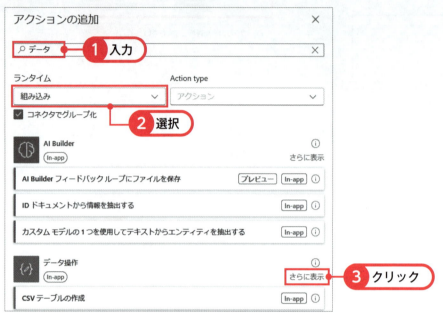

4 データ操作（Data Operation）の中の「選択」アクションをクリックして追加します（画面7）。

▼画面7　データ操作の「選択」アクションを追加

5 │ SharePointリストの会議リストに登録されたら、会議の通知をする

5 追加したアクションを選択し、次のように設定します（画面8）。

「選択」の設定

- From：動的なコンテンツで「項目が作成されたとき」の「Attendees」を選択
- Map：「テキストモードに切り替え」をクリックし、動的なコンテンツから「項目が作成されたとき」の「See more」をクリックし「Attendees Email」を選択（画面9）

▼画面8　「選択」アクションの設定

▼画面9　「テキストモードに切り替え」で設定

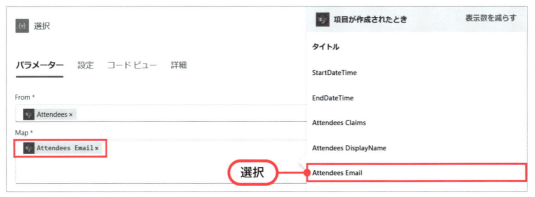

データ操作の「選択」アクションって何?

　データ操作の「選択」アクションを使うと、アレイ内のオブジェクト(JSON)の形状を変換することができます。

　今回の場合、トリガーとなるSharePointコネクタの「項目が作成されたとき」が実行されたときの出力で、Attendeesの情報は図の上側のように取得されます。

　今回Outlookで会議の出席者に通知するため、必要な情報は、Attendeesの「Email」情報のみです。

　そこで「選択」アクションを使うことで、Attendeesのオブジェクト(JSON)のアレイ型のデータから、「Email」のみを抽出したアレイ型のデータに変換することができます(図の下側)。

▼図　「データ操作」の「選択」アクション

```
"Attendees": [
    {
        "@odata.type": "#Microsoft.Azure.Connectors.SharePoint.SPListExpand
        "Claims": "i:0#.f|membership|            .onmicrosoft.com",
        "DisplayName": "PPパワ実",
        "Email": "            .onmicrosoft.com",
        "Picture": "https://            .sharepoint.com/sites/PowerAutomateT
        "Department": "情報システム部",
        "JobTitle": "管理人"
    }
],
```

↓ 「選択」で「Email」情報のみを取得

["Email1", "Email2", "Email3", …]

　「選択」アクションを使うと、そのほかにも、Emailと、DisplayNameの情報のみ取得したり、列名を"Email"ではなく"Mail"に変更したり、JSONの出力フォーマットを自由に変更することができます。

　今回は最終的に会議の出席者に設定するため、取得したEmailのアレイ型データをこの後、「;(セミコロン)」区切りで、1つの文字列型データに変換していきます。

4 アレイ型データをセミコロン区切りで結合

3. で取得した「Attendees（組織内の出席者）」の「Email」は現在、アレイ型のデータとなっています。

これを最終的にOutlookで会議の出席者として設定するため、「Email 1; Email 2; Email 3」のように、セミコロン区切りのテキスト型データにしていきます。

1 「アクションの追加」から、「データ操作」の「結合」アクションを追加し、次のように設定します（画面10）。

「結合」の設定

・From：動的なコンテンツで「選択」の「Output（出力）」を選択
・Join With：「;」（セミコロン）を入力

▼画面10　「データ操作」の「結合」アクションの設定

このアクションで、["Email 1", "Email 2", "Email 3"…]となっていたアレイ型のデータが、Email 1; Email 2; Email 3…のような、セミコロン区切りのテキスト型データに変換されます。

5 Outlookで会議依頼を通知する

最後に、Outlookで会議出席者に会議依頼の通知をします。

1 「アクションの追加」から、「Office 365 Outlook」の「イベントの作成(V4)」アクションを選択します(画面11)。

▼画面11 「Office 365 Outlook」の「イベントの作成(V4)」アクションの追加

2 追加したアクションを選択し、次のように設定します(画面12)。

「イベントの作成(V4)」の設定

- 予定表ID:「予定表」を選択
- 件名:動的なコンテンツから「項目が作成されたとき」の「タイトル」を選択
- タイムゾーン:「(UTC+09:00) Osaka, Sapporo, Tokyo」を選択
- 開始時刻・終了時刻:関数(fx)をクリックし、関数式を入力

SharePointリストの会議リストに登録されたら、会議の通知をする

▼画面12　「イベントの作成(V4)」アクションの設定

3 関数で「convertFromUtc()」と入力し、「()」内で動的なコンテンツから、「項目が作成されたとき」の「StartDateTime」を選択します（画面13）。

▼画面13　「開始時刻」の関数式の設定

4 動的なコンテンツを設定した後、「, 'Tokyo Standard Time'」と入力し、「追加」をクリックします（画面14）。

「終了時刻」の方も同様に「関数（fx）」から、関数式を設定します（画面15）。

▼画面14　「開始時刻」の関数式の設定

▼画面15　「終了時刻」の関数式の設定

convertFromUtc関数で何をしているの？

　convertFromUtc関数を使うと、UTC（協定世界時）の日時データを、別のタイムゾーンに変換することができます。

　UTC（協定世界時）は、世界の標準時間で、各国や地域で使われる時刻の基準となる時間です。

　日本の場合、UTC+9時間であるため、「2024/11/11の9時」は、UTCに変換すると「2024/11/11の0時」になります。

　Power Automateで取得される日時データは、基本的にこのUTC時刻のため、日本時間として扱いたい場合、時刻を+9時間するか、「convertFromUtc」関数などで、日本時間に変換する必要があります。

　「convertFromUtc」関数は、次のような構文で使うことができます。

> 5　SharePointリストの会議リストに登録されたら、会議の通知をする

・構文：convertFromUtc(＜計算元の日時＞, ＜変換後のタイムゾーン＞, ＜出力形式（任意）＞)
・例文：convertFromUtc('2024-11-11T00:00:00Z', 'Tokyo Standard Time')
⇒2024-11-11T09:00:00

5 「開始時刻」と「終了時刻」に関数式を設定したら、「詳細パラメーター」の「すべてを表示」をクリックし(画面16)、「必須出席者」と「任意出席者」の「詳細モードに切り替える」をクリックします(画面17)。

▼画面16　「詳細パラメーター」の表示

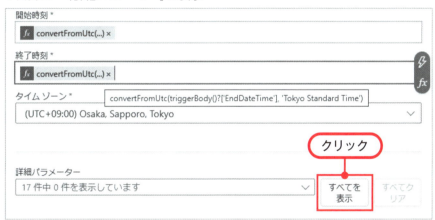

▼画面17　詳細モードに切り替える

6 「必須出席者」と「任意出席者」は次のように設定します（画面18）。

> **「イベントの作成（V4）」の設定**
> ・必須出席者：動的なコンテンツから、「結合」の「Output（本文）」を選択
> ・任意出席者：動的なコンテンツから、「項目が作成されたとき」の「External Attendees」を選択

▼**画面18** 必須出席者と任意出席者の設定

これでフローは完成です。テスト実行して動作確認してみましょう。

6 テスト実行と実行結果の確認

1 フローを保存して、テストしてみます。

今回はSharePointリストに新しい項目が追加されたときをトリガーにしているので、SharePointリストの「＋新しいアイテムを追加」をクリックし、会議情報を登録してみます（画面19）。

▼**画面19** 会議リストに新しいデータを登録

2 画面20のように任意のデータを入力し、「保存」をクリックすると、会議リストに新しいデータが登録されます（画面21）。

▼**画面20** 会議リストに新しいデータを登録

▼**画面21** 会議リストに登録されたデータ

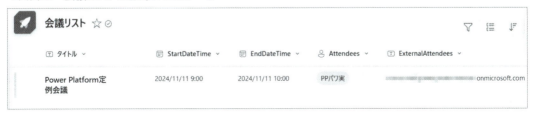

3 しばらくすると、Power Automateフローが自動実行され、AttendeesやExternalAttendeesに登録した宛先にOutlook会議の依頼が通知されます（画面22）。

▼画面22　Outlook会議依頼の受信

4 Power Automateフローの実行履歴もクリックして見てみます（画面23）。

▼画面23　Power Automateの実行履歴

5 SharePointリストの会議リストに登録されたら、会議の通知をする

5 トリガーの「SharePoint」の「項目が作成されたとき」の「出力」で「body」を確認すると、SharePointリスト（会議リスト）に登録されたデータが取得できています（画面24）。

▼**画面24** 「項目が作成されたとき」の「出力」

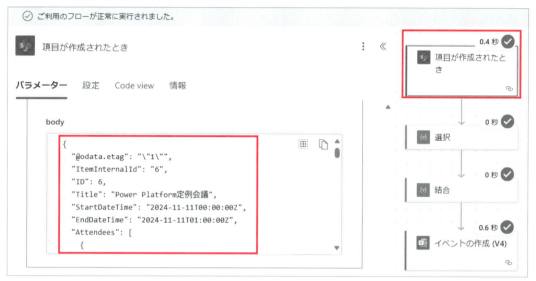

この時登録した"StartDateTime"は「2024/11/11の9:00」でしたが、取得されたデータはUTC（協定世界時）に変換され、「2024-11-11T00:00:00Z」となっています。

6 次に「選択」アクションの「出力」の「Output」をみると、「Attendees」に登録したユーザーの「Email」情報のみが、アレイ型データとして取得されています（画面25）。

▼**画面25** 「選択」の「出力」

7 次に「結合」アクションの「出力」の「Output」をみると、「選択」で出力した「Email」のアレイ型データが、「;」区切りのテキスト型データとして取得されています（画面26）。

※今回の場合、「Attendees」に登録したユーザーが1人しかいないので、1つのメールのみ出力されています。

▼画面26　「結合」の「出力」

8 最後に「イベントの作成（V4）」アクションの「入力」の「parameters」をみると、会議依頼の通知で設定した内容が確認できます。

このとき、「開始時間（start）」や「終了時間（end）」は、「convertFromUtc」関数式によって、日本時間に変換されています（画面27）。

5 SharePointリストの会議リストに登録されたら、会議の通知をする

▼画面27　「イベントの作成」の「入力」

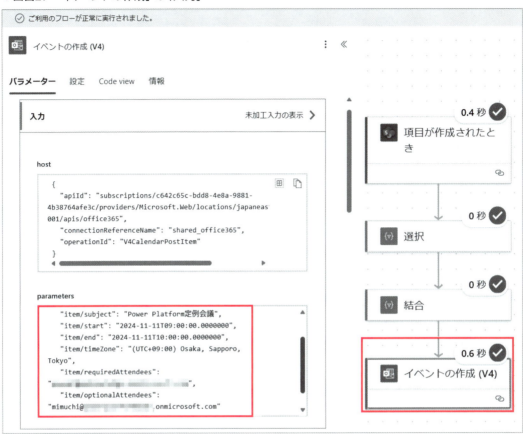

　このように、「データ操作」の「選択」や「結合」アクションを使うことで、出力されたデータから、必要な情報のみ取得したり、データ型を変換したりできます。

　また、Power Automateで取得される日時データは、基本的に「UTC（協定世界時）」になっているので、必要に応じてタイムゾーンの変換をしましょう。

　この後は、外部のWebサイトの最新ニュースを、RSSフィードを使って取得するフローを作成していきます。

Chapter 3　Power Automateで実際にフローを作ってみる！

6 RSSフィードで最新のニュースを取得し、Teams通知する

「Power Platformを活用した業務改善の情報共有会」で、色々な事例を聞きながら、ミムチはふと、外部のWebサイトからも最新情報を効率よく取得できないかと考えていました。

ミムチのいる総務部でも、情報収集のため、定期的にいくつかの外部サイトの更新情報を取得し、部署内のメンバーに共有する作業をしています。

その時ちょうど他の部署の事例で、「社外のニュースサイト」の最新情報を、RSSフィードを使って自動取得するフローの発表が始まりました。

なんと！　「RSSフィード」を提供しているサイトなら、Power Automateで情報を自動取得できるのですな！

これはすごいですぞ！　今まで手動で情報収集していた作業が、全部自動化できる可能性がありますぞ！

1　今回作成するフローの概要

　Power Automateでよくある自動化のケースの5つ目として、次のような業務の自動化を考えてみましょう（図1）。

> Webサイトの新着記事が投稿されたとき、Teamsで通知したい。

6 RSSフィードで最新のニュースを取得し、Teams通知する

▼図1　自動化したい業務フローのイメージ

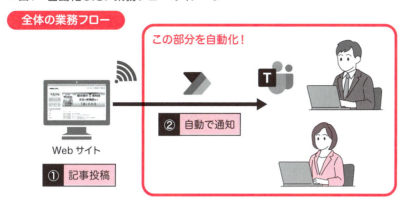

図2のように、任意のWebサイトで新着記事が投稿されたら、自動でTeamsに記事のタイトルやリンク等の情報を通知します。

Teamsではなく、Outlookメールや、Slack、Discord等に通知することも可能です。

※DiscordはPremiumコネクタのため、有償ライセンスが必要です。

▼図2　Webサイトの最新情報をTeamsで通知

上述の内容をふまえ、今回作成するフローは、図3のような流れになります。

今回、Teams投稿時にチームの「タグ」へのメンションもしてみます。

▼図3　作成するフローの全体像

> Chapter 3　Power Automateで実際にフローを作ってみる！

コラム　RSSフィードでWebサイトの最新情報を取得する！

　RSSは、ブログやニュースの見出し等、頻繁に更新されるコンテンツを公開するために使用されるWeb配信形式です。

　ブログやニュースサイトは、ユーザーが購読できるようにRSSフィードを提供していることが多いです。

　例えばYahoo!ニュース、ITmedia等ではRSSフィードを提供しています。

　Feedly等のRSSリーダーを使うことで、サイトを個別に訪問することなく、更新情報を確認することができます。

　著者の「業務効率化・データ活用ブログ」にもRSSフィードが用意されています（画面1）。

▼画面1　RSSフィード

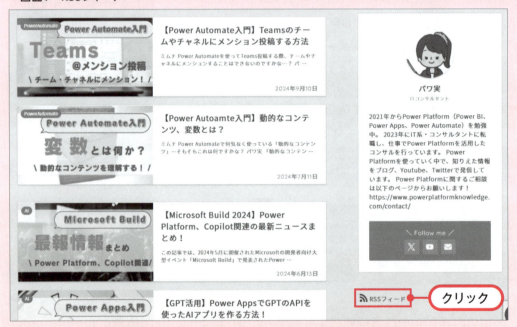

　RSSフィードをクリックし、URLをコピーして利用することができます（画面2）。

6 RSSフィードで最新のニュースを取得し、Teams通知する

▼画面2　RSSフィード

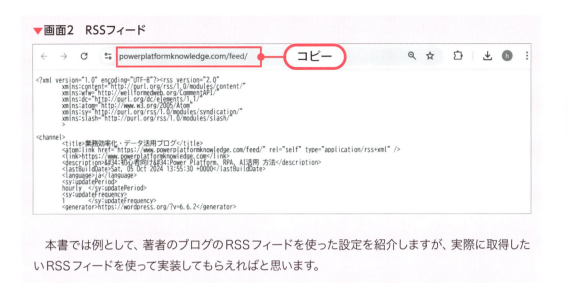

　本書では例として、著者のブログのRSSフィードを使った設定を紹介しますが、実際に取得したいRSSフィードを使って実装してもらえればと思います。

2 Power Automateフローの作成

1 次の「Power Automate」のURLを開き、「作成」タブをクリックし、「自動化したクラウドフロー」を選択します。

https://make.powerautomate.com/

　フロー名（ここでは"パワ実ブログの更新情報を通知"）を入力し、トリガーは「RSS」の「フィード項目が発行される場合」を選択し、「作成」をクリックします（画面1）。

Chapter 3　Power Automateで実際にフローを作ってみる！

▼画面1　自動化したクラウドフローの作成

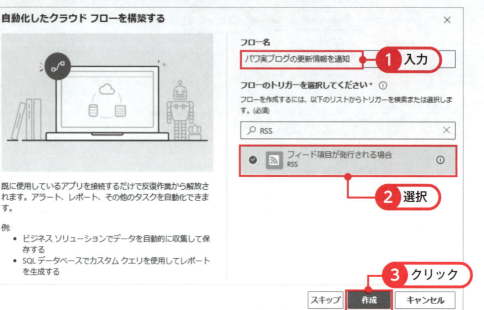

2　追加したトリガーを選択し、次のように設定したあと、「＋アイコン」から「アクションの追加」をクリックします（画面2）。

「フィード項目が発行される場合」の設定

・RSSフィードのURL：任意のRSSフィードのURLを設定
・選択したプロパティを使用して新しいアイテムを判断します。：「PublishDate」を選択

※「PublishDate」は新着記事のみ取得し、UpdatedOnは更新記事を取得します。

6 RSSフィードで最新のニュースを取得し、Teams通知する

▼画面2 「フィード項目が発行される場合」の設定

3 アクションの追加で「Microsoft Teams」を選択し、「タグの@mentionトークンを取得する」を追加します（画面3）。

▼画面3 「Microsoft Teams」の選択

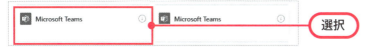

4 追加したアクションを選択し、対象の「チーム」と「タグ」をドロップダウンで選択します（画面4）。

▼画面4 「タグの@mentionトークンを取得する」アクションの設定

@メンショントークンって何？

Teamsに投稿する際に、メンションをつけたい場合があるかと思います。

ユーザーや、タグ、チーム等にメンションすると、Teamsがポップアップで通知され、相手が通知に気づきやすくなります。

Power Automateでは、標準のアクションを利用することで、Teamsの「ユーザー」と「タグ」の@メンショントークンを取得することができます。

取得した@メンショントークンを、Teams投稿アクションのメッセージに設定することで、投稿にメンションを付けることができます。

ただし、@メンショントークンを取得するアクションは、現時点では「ユーザー」と「タグ」しか用意されていません。

チームやチャネルにメンションしたい場合は、「HTTPリクエスト」というアクションを使う必要があります。

詳しい方法は、次の記事を参考にしてください。

＜参考＞
【Power Automate入門】Teamsのチームやチャネルにメンション投稿する方法
　https://www.powerplatformknowledge.com/powerautomate-team-channel-mention/

5　アクションの追加で「Microsoft Teams」の「チャットまたはチャネルでメッセージを投稿する」アクションを追加し、次のように設定します(画面5)。

「チャットまたはチャネルでメッセージを投稿する」の設定

- 投稿者：任意の投稿者 (ここでは"フローボット") を設定
- 投稿先：任意の投稿先 (ここでは"チャネル") を設定
- チーム：任意のチーム (ここでは"PowerAutomateTest")を設定
- チャネル：任意のチャネル (ここでは"General") を設定
- メッセージ：関数 (fx) をクリック

▼画面5 「チャットまたはチャネルでメッセージを投稿する」アクションの設定

Chapter 3　Power Automateで実際にフローを作ってみる！

6 画面6のように、「formatDateTime()」と入力し、「()」内に動的なコンテンツから「フィード項目が発行される場合」の「フィードの公開日付」を選択します。
　　そのあと、関数式で「, 'yyyy/MM/dd'」と入力し、「追加」をクリックします。

▼画面6　「公開日付」のフォーマットを関数式で指定

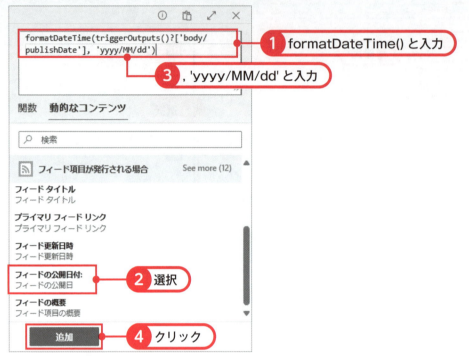

7 関数式を設定後、改行して、動的なコンテンツから「フィード項目が発行される場合」の「フィードタイトル」を設定します（画面7）。
　　そのあと、「コードビューの切り替え (<>)」アイコンをクリックします。

▼画面7　「Teams投稿」本文の設定

8 次のように、htmlを入力したあと「""」内を選択し、動的なコンテンツから「フィード項目が発行される場合」の「プライマリフィードリンク」を選択します（画面8、画面9）。

```
<a href="">記事のリンクはこちら</a>
```

▼画面8　「Teams投稿」本文の設定

▼画面9　「プライマリフィードリンク」を設定

コードビューって何？

　Teams投稿や、Outlookメールの送信で、「コードビュー」を使うと、「HTML」で入力ができます。
　「HTML」はWebページを作成するために使われるマークアップ言語で、<p>等のタグと呼ばれる要素を使って文書の構造を定義します。
　<a>タグを使うと、次のように指定した要素をハイパーリンクにすることができます。

```
<a href="指定したリンク先">クリックしてリンク先に飛ぶ</a>
```

コードビューに切り替えなくても、静的なリンク先を指定したり、太字にしたり、背景色を付けたり等はできるので、必要に応じて使ってみてください。

9 画面10のようなフローが完成したら、フローを保存します。

▼画面10　作成したフローの全体像

10 このとき、画面11のようなエラーメッセージが出た場合、トリガーの「接続の変更」をクリックし「RSS」に接続しなおします。

▼**画面11** トリガーの「接続の変更」

3 テスト実行と実行結果の確認

1 今回の場合、記事が新規に投稿されないとフローが実行されません。

そのため頻繁に更新されるWebサイトであれば1日くらい待つか、すぐにテストしたい場合は、手動実行で「RSS」の「すべてのRSSフィード項目を一覧表示します」というアクションを使います。

実行してみると、画面12のようにRSSフィードで情報を取得できます。

▼画面12　「RSSフィード」を使って取得されたデータ

2 最終的に、画面13のようにTeamsに取得された記事情報が通知できます。

▼画面13　Power Automateへの通知

このように、RSSフィードを提供しているWebサイトであれば、新着記事の投稿をPower Automateを使って自動で取得できます。

RSSフィードは、多くのニュースやブログページで提供されているので、ぜひ効率的な情報収集に役立ててください。

第3章のまとめ

本章では、Power Automateを使って実践的な5つの自動化フローを作成しました。これらの例を通じて、次のような重要なポイントを学びました。

1. 基本的な自動化の実装

- ・トリガーとアクションを組み合わせた基本的なフローの作り方
- ・条件分岐を使った処理の分岐方法
- ・データの取得と更新の基本的な手法

2. データ操作の応用

- ・Excelテーブルやデータベースとの連携方法
- ・SharePointリストとの連携による効率的なデータ管理
- ・日付データの扱い方やタイムゾーンへの対応

3. 通知機能の活用

- ・TeamsやOutlookを使った効果的な通知の実装
- ・RSSフィードを使った外部情報の自動取得
- ・メンションやリンクを含む高度な通知の作成方法

4. 実践的なノウハウ

- ・フローの効率的な設計方法
- ・エラー対策や実行履歴の確認方法
- ・実務で使える具体的な自動化のパターン

これらの知識とスキルを組み合わせることで、様々な業務シーンで活用できる自動化フローを作成できるようになりました。

次章以降では、さらに高度な機能や連携方法を学んでいきましょう。

まずは本章で学んだ基本的な実装パターンをベースに、自分の業務に合わせた自動化フローを考え、実践していくことをお勧めします。

応用編 ≫ Chapter

4

Power Platformによる業務改善の流れ

第4章のゴール

　本章では、Power Automateを含めた、Power Platformを使ったシステム開発全体の流れを5ステップで解説します。

　また、Power Platform開発に適した「アジャイル開発」という開発プロセスについても紹介します。

　この章を完了すると、Power Platform開発の大まかな流れと、各ステップで何をすればよいかの概要を理解することができます。

Chapter 4　Power Platformによる業務改善の流れ

1　システム開発の基本的な流れ

「Power Platformを活用した業務改善の情報共有会」に参加してきたミムチは、さっそく総務部でもPower Automateを活用した業務改善を考え始めました。

総務部での業務改善を考えていく中で、ミムチは、Power Automate単体で改善するよりも、Power AppsやPower BIも活用し、色々なツールを組み合わせた改善を考えた方が、より効果的な業務改善ができるのではないかと思いました。

Power PlatformやMicrosoft 365を使って業務改善するときは、どのように検討していけばよいのですかな？

まずは、Power Platformを使った基本的なシステム開発の流れを学びましょう！

第3章までは、主にPower Automate単体で完結する業務改善の例をあげてきました。

このように、シンプルな業務の自動化であれば、すぐにPower Automateフローを作成していっても問題ありませんが、本章以降では他のPower Platform製品も活用した、もう少し規模の大きい業務改善を検討していきます。

ある程度の規模があるPower Platform開発をする際は、基本的に次の5ステップを、繰り返し実施して進めていきます（図1）。

1 システム開発の基本的な流れ

> **Power Platform開発の基本的なステップ**
> ①要件定義：システムで何を実現したいか考える。
> ②システムの設計：どのようなシステムを作るか決める。
> ③システム開発：実際にフローを作っていく。
> ④テスト・デバッグ：実際にフローの動作を確認する。
> ⑤リリース：フローやアプリをメンバーに共有する。

▼図1　Power Platform開発の進め方5ステップ

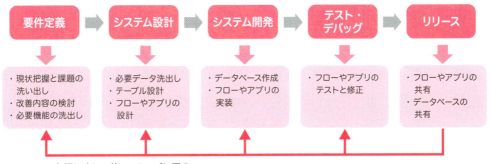

次に、この5ステップについて、各ステップで行うことを詳しく説明しています。

1 【要件定義】システムで何を実現したいか考える

初めに要件定義では、システムで何を実現したいか、次のような検討をします。

> **要件定義で検討する内容**
> ・現在の業務について課題を洗い出し、システムで解決したい問題を明確にする。
> ・業務の課題について、システム化の範囲や、改善内容を検討する。
> ・システムに必要な機能や、扱うデータの種類、ユーザーの範囲などを整理する

このとき、Power Automate以外のPower PlatformやMicrosoft 365、会社のシステム、その他ツール等もあわせた業務改善を検討します。

② 【システムの設計】どのようなシステムを作るか決める

次に、業務改善に伴い開発するシステムについて、簡単な設計を行います。
今回はPower Automateでのフロー実装に焦点を当て、次のような設計を行います。

システムの設計で検討する内容

- 業務で保管するデータを洗い出し、データベース設計をする。(既に用意されている場合は不要)
- 自動化したい業務ごとに、必要なフローの一覧を洗い出す。
- 各フローで、どのようなトリガー、アクションが必要か流れを書き出す (省略可)。

基本的に、あらゆる業務の自動化を行う際にはデータを用意する必要があるので、既存のデータベースがない場合、データベース設計をする必要があります。

単純なフローの場合、フローの設計は省略可能ですが、頭を整理したい場合は、最初にどのようなフローになるか簡単に流れを書いておくと分かりやすいです。

上述した設計内容を、OneNoteやメモ帳等に簡単にまとめておくだけでも、効率的な開発ができ、またメンバーとの情報共有もスムーズにできます。

Power Appsも一緒に使いたい場合はどうするの？

Power Appsも使った業務改善を検討したい場合、設計段階で、次のような内容もあわせて検討するとよいでしょう。

Power Appsで必要な設計

- アプリで必要な画面一覧と、画面の遷移を検討する
- 各アプリ画面のイメージを検討する

本書では、Power Appsについての詳しい設計や、実装は行いませんが、第6章でSharePointリストから簡単なPower Appsを自動作成し、Power Automateとの連携を実装していきます。

Power Appsアプリ開発について詳細を知りたい方は、拙著「ゼロから学ぶPower Apps 実践に役立つビジネスアプリ開発入門」もご参考ください。

1 システム開発の基本的な流れ

③ 【システム開発】実際にフローを作っていく

システムの設計を元に、次のようにデータソースの作成や、Power Automateフローの実装を行います。

システムの開発で実施する内容

・データベース設計を元に、SharePointリスト等のデータソースを構築する。

・フローの設計を元に、Power Automateフロー実装する。

・Power Apps、Power BI、他のシステムとの連携があれば実装する。

フローの実装を進め、テスト実行していく中で、エラーが起きたり、予想通り動作しなかったり、色々な問題が出てくるので、都度Web検索等で調べながら問題を解決していきます。

④ 【テスト・デバッグ】実際にフローの動作を確認する

システムの実装が終わったら、次のように動作確認のテストをします。

テスト・デバッグで実施する内容

・開発したフローやアプリを実際に動かし、必要な機能が意図した通りに動作するか確認する。

・ユーザーエクスペリエンスの観点から、操作性やデザイン性なども確認する。

・システムに問題があれば修正し、システムの品質を高める。

多くの場合、動かしてみると想定通り動作しない等の問題が出てきますので、適宜修正していきます。

因みにフローやアプリのテスト・修正は、開発をしながらも随時行っていきます。

⑤ 【リリース】フローやアプリをメンバーに共有する

テストが完了したら、最後に次のようにフローをメンバーに共有します。

Chapter 4　Power Platformによる業務改善の流れ

> **リリースで実施する内容**
>
> ・Power AutomateやPower Appsを他のメンバーに共有する。
> ・必要に応じて、データソースを利用者に共有する。

　フローやアプリを共有した後も、あとから不具合や、追加機能の要望等が出てくると思うので、その時はリリース後も、ユーザーからのフィードバックをもとに継続的にシステムの改善をしていきます。

　以上の5ステップに沿って進めることで、Power Automate初心者でもシステム開発を効果的に進められます。

　更に具体的なやり方は、第5章以降で、ハンズオン形式で解説していきます。

Chapter 4　Power Platformによる業務改善の流れ

2　Power Platformに適した開発プロセス

　総務部でもPower Platformを活用した業務改善ができないかと考えたミムチは、Power Appsで申請アプリを作った際の開発方法を思い返していました。
　Power Appsでは、要件定義〜リリースまでの一連のサイクルを短期間で行い、繰り返しながら開発していく「アジャイル型開発」が適していると学んだのを思い出したのです。

Power Automateを使った開発でも、Power Appsと同様に「アジャイル型開発」をしていくのですかな？

ケースバイケースですが、特にPower Appsも含めて業務改善を考える場合、「アジャイル型開発」をしていくケースは多いです。

　上述の説明では、上流（要件定義等）〜下流（リリース等）という流れでシステム開発をするウォーターフォール開発をイメージするかもしれませんが、実際は、リリース後も再度設計や開発等に戻って、繰り返し改修や、バグ修正等をしていくイメージです。
　ウォーターフォール開発とは、要件定義〜リリースまでの工程を順番に進めていく古典的なシステム開発手法です。
　一方で要件定義〜リリースまでの一連のサイクルを1〜2週間程度の短期間で行い、迅速にアプリをアップデートしていく手法をアジャイル型開発とよびます（図1）。

▼図1 アジャイル型開発のイメージ

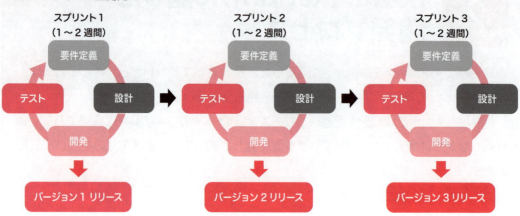

このアジャイル型開発手法は、次の理由で市民開発者による業務改善に特に適しています。

アジャイル型開発が業務改善に適している理由

- 現場のユーザーが実際にシステムを使いながら、必要な機能や改善点を見つけられる。
- 業務の変化に応じて、現場が迅速にシステムを改修できる。
- 小規模な改修を繰り返すことで、大きな手戻りのリスクを減らせる。
- 現場の要望を段階的に取り入れることで、より使いやすいシステムに改修していける。

Power Platformは、このアジャイル型開発を効果的に実現できる次のような機能を提供しています。

アジャイル型に適したPower Platformの機能

- ローコードによる開発で、現場のユーザーでも素早く開発ができる。
- Power Appsのバージョン管理機能を使い、問題が起きた際にすぐに前のバージョンに戻せる。
- 様々なサービスと連携できるコネクタが用意されており、効率的にサービス間のデータ連携が実装できる。

これらの特徴により、Power Platformでは必要な機能を素早く現場の社員でシステムを構築・改修し、継続的に改善していくことができます。

| コラム | 初心者にはPower Automateの開発は難しい？ |

「Power Automateはローコードというけど、実際の開発は難しそう…」

そのように感じる方も多いと思います。

実際に、プログラミング経験者がPower Automateを使うのは、比較的理解しやすく簡単に感じますが、プログラミング未経験者が、初めてPower Automateを使うと、難しく感じると思います。

私もPower Automateを最初使ってみたとき、詳しく教えてくれる人もいなかったため、何を設定しているのか自分では全く理解できず、感覚的に手探りで実装をしていました。

皆さんには、まずは本書の第3章までで、Power Automateの基本的な知識と操作を学んでいただき、第5章以降で、「備品貸出システム」を題材に、Power Platformを使った実装をハンズオン形式で体験していただきます。

本書を活用して一通りの基礎知識と、業務改善の進め方を学ぶことで、今後の業務改善がよりスムーズにできるようになると思います。

ぜひ本書でPower Automateを使った開発を体験し、身に着けたスキルを、皆さんの業務改善に役立ててください！

第4章のまとめ

本章では、Power Platformを使ったシステム開発全体の流れを5ステップで解説し、Power Platform開発に適した開発プロセスについて学習しました。

基本的なPower Platform開発は、次の流れで進めていきます。

Power Platform開発の基本的な流れ

1. 要件定義
- 現状の業務フローを見直し、システムで何を実現したいのか検討する
- 必要な機能や扱うデータの種類、ユーザーの範囲を整理する

2. 設計
- データベース設計を行う（既存のデータベースがある場合は不要）
- 必要なフローの一覧を洗い出し、トリガーやアクションの流れを検討する
- Power Appsも使う場合は、画面設計も行う

3. 開発
- 設計を元にデータソースを作成し、フローやシステムを実装する
- Power Apps、Power BI等との連携が必要な場合は実装する

4. テスト・デバッグ
- 開発したシステムを動かし、要件通り動作するか確認する
- 問題があれば修正し、システムの品質を高める

5. リリース
- システムをメンバーに共有する
- 必要に応じてデータソースも共有する

また、Power Platform開発の手法として、要件定義〜リリースまでの一連のサイクルを1〜2週間程度の短期間で行い、迅速にアップデートしていく「アジャイル型開発」が適してい

ることを学びました。

Power Platformはアジャイル型開発に適したプラットフォームとして提供されており、リリース後も必要な機能があれば素早く現場の社員で改修していくことができます。

特に小〜中規模なシステム開発等は、現場の社員が数日程度でプロトタイプを完成させ、運用しながら改善点を修正していくことが簡単にできますので、ぜひ気軽にPower Platform開発にチャレンジしてみてください！

応用編 ≫ Chapter

5

備品貸出システムを作ってみる！

第5章のゴール

本章では、第4章で学んだシステム開発の流れを実践して、Power Platformを使った「備品管理システム」の構築をしていきます。

本章では、システム全体の要件定義、設計を行い、Power Automateの実装〜リリースまでの一通りの流れを体験します。

また、第6章ではPower Apps、第7章ではPower BIの実装も体験します。

この章を完了すると、Power Automateを活用した開発の大まかな流れを体験することで、実践的な開発の進め方を理解することができます。

Chapter 5　備品貸出システムを作ってみる！

1 現状業務の流れを書き、どのように自動化するか考える
要件定義

　総務部のミムチは、「Power Platformを活用した業務改善の情報共有会」で得た様々な部署の業務改善例を思い返し、何か総務部でも活用できる業務がないかと考えていました。

　そんなとき、突然上司から声がかかりました。

　「ミムチ君、最近社内の備品管理が大変なんだ。特にノートPCやプロジェクターの貸出管理は、Excelの台帳だけでは限界がきている。」

　以前ミムチが作成した「申請アプリ」で、備品貸し出しもシステム化されましたが、実は一部の機材の貸し出しは、いまだExcelの台帳のみで管理されている状況です。

　これを機に、総務部が取り扱っているすべての備品の貸し出しをシステム化するため、ミムチは早速、シンプルで効率的な備品貸出管理システムの構築を再検討することにしました。

総務部で取り扱っている備品は数が多いので、Excel台帳に毎回手入力していると、貸出状況の把握や返却管理が大変ですな…

Power Appsを使って、簡単な備品貸出管理機能を別に作りますぞ！

　Power Platformを使用した開発を始める際、要件定義で何をしたらよいか悩む方も多いかもしれません。

　要件定義では、現状の課題を洗い出し、業務改善で実現したい内容を明確にすることが重要です。

1 要件定義　現状業務の流れを書き、どのように自動化するか考える

この目的を達成するために、次の3つのステップを踏んでいきます。

要件定義のステップ

① 業務の現状把握と課題の洗い出し
② 課題解決に適したツールの選定と改善案の検討
③ ツールごとの必要機能の洗い出し

第5章～第7章にわたる備品貸出システムの開発では、Power Automate以外にも、Power Apps、Power BIなど、Power Platformの各ツールを連携させた業務改善方法を検討し、具体的な開発手順も紹介していきます。

要件定義の段階で、これらのツールの活用を視野に入れることで、より効果的な業務改善を実現できるでしょう。

1 業務の現状把握と課題の洗い出し

まず、現状の備品貸出管理の業務の流れを確認します（図1）。

▼図1　現状の業務フロー

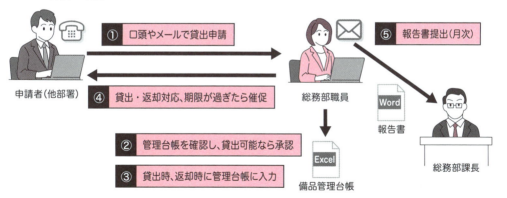

Chapter 5　備品貸出システムを作ってみる！

> **現状の業務フロー**
>
> ① 他部署の申請者が、総務部の職員に口頭やメールで備品貸出を申請する。
> ② 総務部の職員が、Excelの備品管理台帳で貸出状況を確認し、貸出可能な場合は申請を承認する。
> ③ 貸し出し時に貸出情報、返却時に返却日を管理台帳に記録する。
> ④ 備品の貸し出し、期限までの返却対応、期限超過時は催促を行う。
> ⑤ 月初に管理台帳を集計し、課長に利用状況を報告する。

　業務の流れのイメージ図を描く際のポイントは、登場人物、利用するPCやシステム、ExcelやWordなどのドキュメントを配置することです。
　そして、業務の開始から終了まで、各段階でどのような作業が行われているのかを線で結んで表現します。

> **業務の流れのイメージ図の書き方**
>
> 　エンジニアが開発する際は、登場人物で列を分けて、「誰が」「いつ、何をきっかけに」「どんな場合に」「どんな作業を行うか」を時系列書いていく「業務フロー図」をよく作成します。
> 　しかし、非エンジニア（シティズンディベロッパー）がPower Automateフロー開発をする場合は、そこまで厳密な業務フロー図を書かなくても、自分が分かりやすい形で、手書きでも、PowerPointでも自由にイメージ図を書くのが良いと思います。

　さて、この申請処理業務には、どこに課題があるのでしょうか？
　例えば、図2のような課題が潜んでいます。

1 **要件定義** 現状業務の流れを書き、どのように自動化するか考える

▼図2 現状の業務フローでの課題

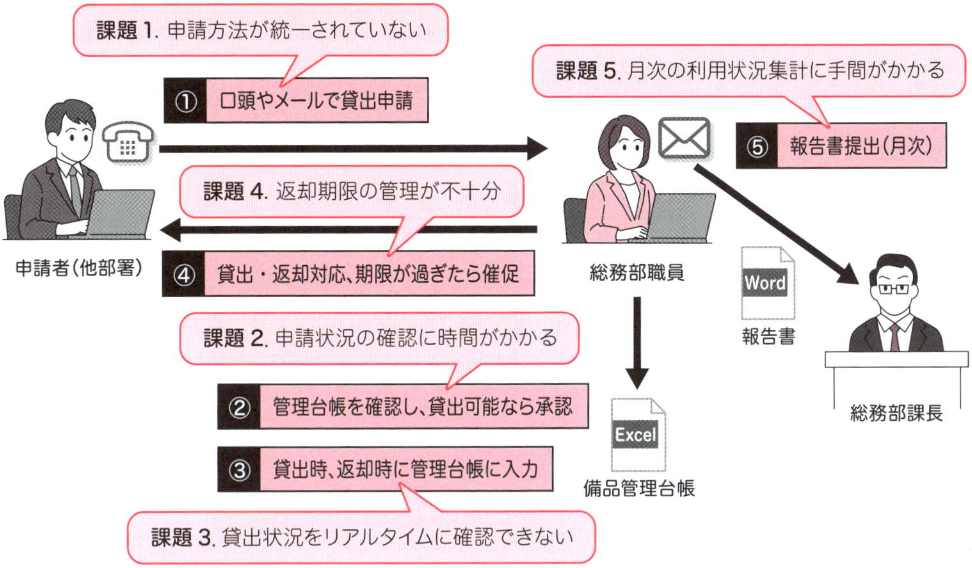

このように、現状の業務の流れを描き、課題を一覧で書き出してみましょう。

業務のイメージ図から明らかになる課題以外にも、問題点があれば漏れなく記載することが重要です。

総務部の備品貸出業務について、現状の業務の流れを把握し、次のような課題を洗い出すことができました。

洗い出された課題

・課題1. 申請方法が統一されておらず、申請内容の確認に時間がかかる。

・課題2. 申請状況の確認に時間がかかる。

・課題3. 備品の貸出状況をリアルタイムで把握できない。

・課題4. 返却期限の管理が不十分で、催促に手間がかかる。

・課題5. 月次の利用状況報告に集計の手間がかかる。

2 課題解決に適したツールの選定と改善案の検討

課題を洗い出した後は、これらの課題をどのように改善していくかを検討します。

例えば、先に挙げた課題に対して次のような改善案が考えられます。

課題に対する改善案

① 課題1に対して：申請フォーマットを統一し、申請内容を把握しやすくする。

② 課題2に対して：Excelを確認することなく、自動で申請状況を把握できるようにする。

③ 課題3に対して：備品の貸出状況をリアルタイムに把握できるよう可視化する。

④ 課題4に対して：返却期限が当日か、期限切れのものは自動で通知する。

⑤ 課題5に対して：Wordでの報告書作成作業をやめて、集計と報告を自動化する。

改善案を検討する際には、その作業が本当に必要なのかも吟味することが重要です。

不要な作業であれば思い切って省略するなど、業務プロセスの根本的な見直しも考慮に入れましょう。

次のステップでは、これらの改善案を実現するために、どのようなツールを活用できるかを検討します。例えば、次のようなツールの活用が考えられます。

各ツールを活用した改善案

① 課題1：Power Appsを使ってシステム化することで、申請フォーマットの統一が実現できます。

② 課題2：Power Automateで、申請状況を自動で確認し、新規の申請があった場合、自動で承認/否認通知をします。

③ 課題3：Power Appsに申請状況を可視化することで、申請者がリアルタイムに貸出状況を把握できます。

④ 課題4：Power Automateで、毎日SharePointリストから、期限当日のデータと、期限切れのデータを取得し、自動での催促通知を実現します。

⑤ 課題5：SharePointリストのデータをPower BIレポートで可視化し、課長に報告することで解決できます。

これらの改善案をイメージ図に反映させると、業務フローは図3のように変更されます。

1 要件定義 現状業務の流れを書き、どのように自動化するか考える

▼図3 改善後の業務フロー

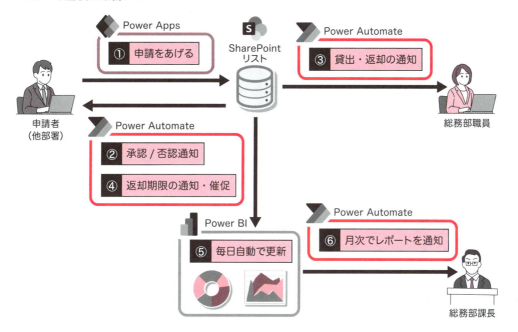

```
改善後の業務フロー
```

① 他部署の申請者がPower Appsアプリから備品一覧を確認し、貸出申請を登録すると、データはSharePointリストに直接保存されます。

② 貸出申請が登録されると、Power Automateが実行され、自動で貸出可能かを判断し、申請者に自動で承認／否認通知をして、SharePointリストの貸出状況を更新します。

③ 総務部の職員に、毎日自動でその日の貸出・返却予定の備品をPower Automateで通知します。

④ 返却期限当日か過ぎている場合、Power Automateで返却の催促をします。

⑤ SharePointリストのデータを、日次でPower BIレポートに反映させます。

⑥ Power Automateで毎月自動で、総務部の課長へ申請対応状況のPower BIレポートリンクと、簡易集計データを送ります。

このように、Power Platformの各ツールを効果的に組み合わせることで、業務改善を実現していきます。

Chapter 5　備品貸出システムを作ってみる！

3　ツールごとの必要機能の洗い出し

最後に、各ツールに必要な機能を具体的に検討します。

今回は、Power Apps、Power Automate、Power BIの3つのツールを使用し、データは SharePointリストに保管します。

設計段階で必要な機能を明確にしておくことで、必要なデータ構造などを決めていくことができます。

ツールごとの機能一覧

① SharePointリストの必要機能：

以下2つのリストを作成し、データを保管する。

1. 備品マスターテーブル

- 総務部で保管している備品の一覧を管理する

2. 貸出管理テーブル

- 総務部から他部署に貸し出した備品のログを記録する

② Power Appsの必要機能：

1. 他部署の職員が、備品一覧の閲覧・検索ができる

- 備品名、カテゴリ等で検索可能
- 現在の貸出状況をリアルタイムで確認可能

2. 他部署の職員が、貸出・返却の申請ができる

- 社員が直接システムから申請可能
- 予約機能で将来の利用も予約可能

③ Power Automateの必要機能：

1. 新規貸出時の通知フロー

- 承認結果の通知
- SharePointリストの更新

1 | **要件定義** 現状業務の流れを書き、どのように自動化するか考える

2. 貸出・返却予定の通知フロー
   - 毎日朝にその日の貸出・返却予定の備品情報を送付

3. リマインダーフロー
   - 返却期限当日の通知
   - 返却期限超過の通知

4. 貸出状況レポートフロー
   - 毎月1日の朝に貸出状況サマリーを送信

④ Power BIの必要機能：
1. SharePointリストのデータを自動で読み込み、レポートを毎日更新する。

2. 基本的な貸出状況の可視化し、総務部の課長が最新の利用状況を把握できるようにする。

　以上のように、要件定義の段階で必要な機能を可能な限り洗い出しておくことで、開発中に大幅な機能追加や改修作業が発生するリスクを抑えることができます。

　実際の開発を進める中で、機能追加等、要件の見直しが必要になることは多々ありますが、その場合は再度要件定義に戻って検討しなおすことも可能です。

　要件定義を適切に行うことで、後のアプリ開発作業の効率を上げることができるので、ぜひ、この手順を実践してみてください。

　本章（第5章）では、Power Automateを使った業務自動化を進め、第6章では、Power Appsを使った備品貸出アプリの開発、第7章では、Power BIレポートでデータの可視化をしていきます。

　要件定義では、Power Automate以外にもPower Apps、Power BIを含めた改善を検討しましたが、本章（第5章）では、その中でPower Automateのみに焦点を当てて、実際の実装を進めていきます（図4）。

Chapter 5 備品貸出システムを作ってみる！

　第6章（Power Apps）、第7章（Power BI）は、本書のオプションなので、先に本章と、第8章以降を進めていただき、さらにシステム拡張が必要になった場合に、第6章と第7章を読んでいただく形でも大丈夫です。

▼図4　本章で実現する業務改善

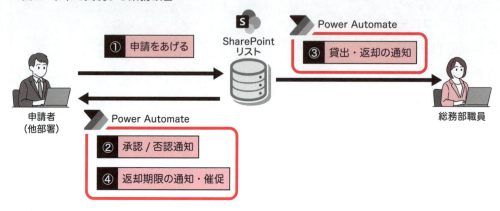

Chapter 5 備品貸出システムを作ってみる！

2 [設計] どのようなフローの流れになるか検討する

　総務部のミムチは、要件定義で洗い出した内容を元に、Power Automateでどのようなフローを作成するか考え始めました。
　「要件定義で分かった内容を元に、まずはSharePointリストの設計をして、その後フローの具体的な処理の流れを考えていけばよいのですな。」

フローの設計は、具体的にどのように進めればよいのですかな…？

フローの設計をするときは、処理の流れを整理することから始めてみましょう！

　Power Automateの設計手順は主にデータの設計とフローの設計の2つの側面から検討を進めていきます。

Power Automateの設計で検討する内容

1. データの設計：システムで扱うデータを格納するための構造を決定する
2. フローの設計：Power Automateでどのような処理をするかの流れを整理する

　これら2つの設計は、次のステップで進めていきます。

具体的な設計手順

①データの設計

  (1) 必要なデータの洗い出し

  (2) データベース設計

②フローの設計

  (1) 業務フローの流れを確認する

  (2) 入力内容 (トリガー) と最終的な出力を確認する

  (3) フローの処理の流れを整理する

　まずはデータ (SharePointリスト) の設計をして、その後、今回作成する4つのPower Automateフローの設計をしていきましょう。

1　データの設計

(1) 必要データの洗い出し

データの設計の第一段階として、必要なデータの洗い出しを行います。

　今回の場合、最終的にはPower AppsからSharePointリストに登録できるようにします。

　Power AppsからSharePointリストに登録する機能は、第6章で実装し、本章ではSharePointリストに直接登録する操作で、Power Automateフローの実装をしていきましょう。

　ここでは、SharePointリストに登録していくデータを洗い出していきましょう (図1) 。

2 設計 どのようなフローの流れになるか検討する

▼図1 データを格納するSharePointリスト

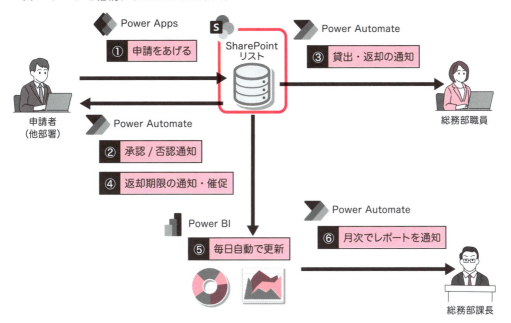

まずは、登録したい項目やデータを具体的に書き出してみましょう！

登録したいデータ

備品名、備品番号、カテゴリ、取得日、備品の状態
申請者、申請日、貸出予定日、返却予定日、実際の返却日
利用目的、備考など

データの洗い出しの際は、できるだけ網羅的に必要な項目を挙げることが重要です。

後から項目を追加することは可能ですが、Power Automateや、他のPower Platformの実装も修正が必要となり、手間がかかります。

 AIを使って必要なデータの洗い出しをする

データの洗い出しの際には、ChatGPTなどのAIツールを活用するのも効果的です。
貸出管理の業務の流れに沿って質問することで、必要なデータのたたき台を作ってくれるので、自分が見落していた点を発見できることもあります。
ただし、AIの提案をそのまま採用するのではなく、実際の業務に即しているか、運用

面で問題がないかなどを十分に検討することが大切です。

必要なデータの洗い出しは、正式な資料として綺麗にまとめなくて良い場合もあります。

正式な資料の作成をしない場合も、OneNote等に思いつくままに箇条書きで書き出し、その後チームメンバーと相談しながら項目を追加・修正していくとよいでしょう。

(2) データベース設計

データベース設計では主に、テーブル間のリレーションシップと、項目の列名・データ型を検討します。

具体的な手順は次のようになります。

データベース設計の手順

① 洗い出した項目をテーブルに分ける

② テーブル間のリレーションシップを検討

③ 項目の列名、データ型、必須かどうかの検討

データベース設計って必要なの？

Power Automateのみを使った簡単な業務改善の場合、データベース設計まで必要ないのでは？と思うかもしれません。

例えば、既にExcelテーブルや、SharePointリスト等の既存のデータがあり、それらのデータ処理をPower Automateで自動化したい場合は、このデータベース設計は不要かもしれません。

一方で新規にデータを用意する必要がある場合、どのようなデータが必要で、どのように保存しておきたいか等、しっかりとデータベース設計をしておいた方が、後で機能拡張したいときに楽です。

また、適切なデータ管理を考える上でも、ここで紹介するデータベース設計手順を知っておくと、今後いろいろな業務改善で役立つスキルを身に着けられると思います。

①洗い出した項目をテーブルに分ける

最初に、必要な項目やデータを関連する種類ごとにテーブルに分けます。

今回は次の2つのテーブルを作成します（図2）。

1. 備品マスターテーブル
- 備品の基本情報（備品名、備品番号、カテゴリーなど）を管理
- 現在の貸出状態も管理

2. 貸出管理テーブル
- 実際の貸出・返却履歴を管理
- 申請から返却までの一連の流れを記録

▼図2　洗い出した項目をテーブルに分ける

備品マスター	貸出管理
・備品番号 ・備品名 ・カテゴリ ・取得日 ・状態 ・備考	・申請日　・利用目的 ・申請者　・状態 ・貸出予定日　・承認日 ・返却予定日　・備考 ・返却日

「備品マスター」と「貸出管理」がそれぞれテーブル（リスト）になります。

データを洗い出す際には、備品の基本情報系のデータ（備品マスター）、貸出・返却対応に必要なデータ（貸出管理）などを考えながら作業を進めることが多いです。

テーブルの分け方の考え方

よくあるテーブルの分け方として、今回のように、頻繁に更新することがない基本情報を管理するマスターテーブル（備品マスター）と、頻繁に記録される取引情報を管理するトランザクションテーブル（貸出管理）の2つで分ける方法があります。

また場合によっては、カテゴリ等のデータを、さらにカテゴリマスタテーブルとして独立させ、カテゴリマスターを参照する形にする場合もあります。

今回はシンプルに、備品マスターと、貸出管理の2つのテーブルに分けました。

Chapter 5　備品貸出システムを作ってみる！

実際に備品の貸出申請が行われた場合は、貸出管理テーブルの方が更新され、備品そのものの情報が変更された場合は、備品マスターを更新する形になります。

● ②テーブル間のリレーションシップを検討

次に、**備品マスターと貸出管理のテーブル間のリレーションシップを検討します。**

リレーションシップとは、テーブル間の関係性を定義するものです。

例えば、備品マスターに登録されている「ノートPC(1)」（備品番号：PCN001）に対して、貸出管理で、3/5にAさん、3/10にBさん、3/14にCさんの3件の貸出申請が入ったとします。

このとき備品「ノートPC(1)」（備品番号：PCN001）1件に対して、3件の貸出管理データが登録されます（図3）。

▼**図3**　テーブル間の関係性を検討する

備品マスター

備品番号	備品名	カテゴリ
PCN001	ノートPC(1)	PC関連
WFM001	Wifi(1)	PC関連

1つの備品（ノートPC(1)）に対して貸出管理に3件登録

貸出管理

備品番号	申請日	申請者
PCN001	3/5	Aさん
PCN001	3/10	Bさん
PCN001	3/14	Cさん
WFM001	3/19	Aさん
WFM001	3/26	Dさん

このように、一方のテーブルの1レコードに対して、もう一方のテーブルが複数レコード紐づけられる関係性を「一対多のリレーションシップ」と呼びます。

今回の場合、備品マスターと貸出管理のテーブル間には、一対多のリレーションシップを作成します（図4）。

2 **設計** どのようなフローの流れになるか検討する

▼図4 一対多のリレーションシップの関係性

備品マスター

備品番号	備品名	カテゴリ
PCN001	ノートPC(1)	PC関連
WFM001	Wifi(1)	PC関連

貸出管理

備品番号	申請日	申請者
PCN001	3/5	Aさん
PCN001	3/10	Bさん
PCN001	3/14	Cさん
WFM001	3/19	Aさん
WFM001	3/26	Dさん

1 ＊（多）

一対多のリレーションシップ

●③項目の列名、データ型、必須かどうかの検討

　最後に、備品マスターと貸出管理のそれぞれの項目について、列名、データ型、必須かどうかなどを検討します。

　それぞれのテーブルには、洗い出した項目に加えて、ID列（デフォルトで存在）を追加します。

　また、貸出管理テーブルには、備品マスターテーブルとの一対多のリレーションシップを作成するため、備品番号列も追加します。

　これにより、どの備品に対する貸出申請なのかの紐づけが可能になります（図5）。

▼図5 データベース設計（赤字の列：2つのテーブルを紐づけるキーとなる列）

備品マスター（EquipmentMaster）

列名（英語）	データ型	必須
ID（ID）：デフォルト	オートナンバー	●
備品番号（ItemNumber）	テキスト	●
備品名（ItemName）	テキスト	●
カテゴリ（Category）	選択肢	●
取得日（PurchaseDate）	日付	●
状態（Status）	選択肢	●
備考（Notes）	複数行テキスト	

貸出管理（EquipmentLendingLog）

列名（英語）	データ型	必須
ID（ID）：デフォルト	オートナンバー	●
備品番号（ItemNumber）	テキスト	●
申請日（RequestDate）	日付	●
申請者（Requester）	ユーザー	●
貸出予定日（StartDate）	日付	●
返却予定日（EndDate）	日付	●
返却日（ReturnDate）	日付	
利用目的（Purpose）	複数行テキスト	
状態（Status）	選択肢	
承認日（ApprovalDate）	日付	
備考（Notes）	複数行テキスト	

1 ＊

271

では、この2つのテーブルごとに、列名、データ型、必須かどうかを検討していきます。

列名は、基本的に最初に洗い出した項目名をそのまま使用します。

ただし、列の内部名（第3章第3節で解説）は英語で付ける必要があるため、英語の列名も決めておきます。

データ型は、第2章第3節で解説したように、データがテキストなのか数値なのかなどを定義するものです。

申請者名には、Microsoft Entra IDに登録されているアカウントを検索できる「ユーザー型」（ユーザーまたはグループ）を使用すると便利です。

また、データ登録が必須か任意かを決めておくことをおすすめします。

必須入力に設定した項目は、入力なしで登録しようとした際に、自動でエラーを表示します。

その他、IDなどの重複を許さないデータや、数値の小数点以下の桁数など、必要に応じて詳細な設定を行います。

以上の手順で、データベース設計を進めることができます。

部署名や課名を登録する列は作らなくていいの？

最終的に、部署や課ごとの貸出数等を知りたい場合、部署名や、課名を登録する列も必要じゃないか？　と思うかもしれません。

しかし、これらの情報はユーザー列で登録される情報に含まれている場合があります。

ユーザー列は上述したように、「Microsoft Entra ID」に登録されているデータを保持します。

そのため、例えばユーザー列に「ミムチ」を登録すると、ミムチの「メールアドレス」「部署名」「表示名」等、「Microsoft Entra ID」に登録されているデータを取得することができます。

「Microsoft Entra ID」に部署や、課の情報が登録されている場合は、わざわざ別の列を作成してデータを登録する必要がないということです。

しかし、「Microsoft Entra ID」にこれらの情報が登録されていない場合はデータを取得できません。

さらには、ユーザー列では「Microsoft Entra ID」に登録されている最新情報が取得されるため、部署異動等があるとデータが更新されます。

申請時のユーザー情報をそのまま保持しておきたい場合等は、部署や課の列を別途作成しましょう。

2 **設計** どのようなフローの流れになるか検討する

2 フローの設計

　要件定義で検討した次の4つのPower Automateフローについて、具体的な処理の流れ
を整理していきます。

（1）新規貸出申請時の承認結果通知フロー

（2）貸出・返却予定の通知フロー

（3）返却期限のリマインダーフロー

（4）前月の貸出状況レポート通知フロー

　4つのフローそれぞれについて、次の3つの内容を確認していきましょう。

具体的なフローの設計手順

① 業務フローの流れを確認する

② 入力内容と最終的な出力を確認する

③ フローの処理の流れを整理する

（1）新規貸出申請時の承認結果通知フロー

　今回作成する1つ目のフローは、改善後の業務フローの中の図6の②の部分になります。

　**申請者がPower Appsから新規に貸出申請をあげて、SharePointリストに登録されたとき、
貸出申請の承認/否認結果をPower Automateで自動的に判定して通知します。**

▼図6　フローで自動化する箇所

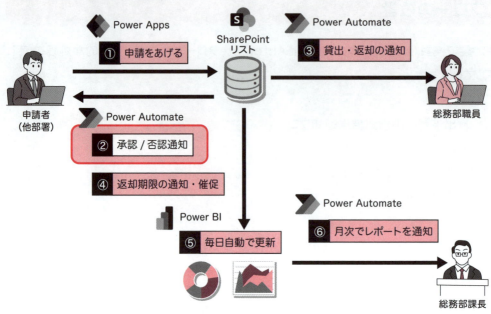

①業務フローの流れを確認する

　まずは自動化する箇所の業務フローの流れを確認します。

　Power Automateフローにより、図7のような業務フローに改善することを目指します。

---

1. Power Appsから、新規に貸出申請がSharePointリストに登録される
2. Power Automateフローで、貸出の承認/否認を自動で判定する
3. 申請者に承認/否認結果をTeamsで通知する

2 設計 どのようなフローの流れになるか検討する

▼図7 フローで自動化した業務フロー

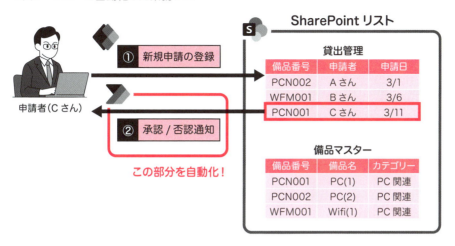

②入力内容と最終的な出力を確認する

次に、具体的な入力内容と、最終的に期待する出力内容（結果）を整理します。

今回の場合、図8のように、SharePointリスト（貸出管理）に新規の貸出申請が登録されたら、Power Automateで貸出の可否を自動判定し、承認/否認の結果を申請者のTeamsに自動で通知します。

▼図8 入力内容と最終的な出力

③フローの処理の流れを整理する

上述の内容をふまえ、今回作成するフローは、図9のような流れになります。

貸出の可否は、申請した備品について、申請期間に重複する申請がないかを判定します。

▼図9　作成するフローの全体像

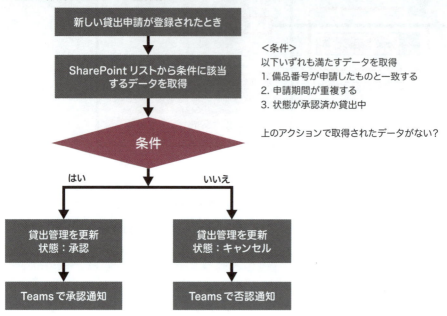

　　　　承認の可否はPower Automateを使わないと判断できない？

今回のフローをみて、再度業務フローを考えると、次のような疑問を感じる方もいると思います。

「Power Appsからの貸出申請時点で承認の可否は分からないの？　Power Automateは本当に必要？」

まさにその通りです。

実際には、Power Apps側での貸出申請を行う時点で、貸出期間が重複していないかを判定し、重複していない場合に限り、申請ができるようにした方が良いです。

しかし本書では、Power Appsの詳細な実装についてまでは触れないため、Power Automate側で、申請期間が被っていないか判定するロジックを組み込んでいきます。

Power Automateでこのロジックを使えば、他の業務フローの自動化を考える際にも役立ちますし、実際にPower Appsまでは使わず、SharePointリストとPower Automateのみで自動化したい場合にも使えます。

2 設計 どのようなフローの流れになるか検討する

> 　今回のフロー実装には、**Power Automateを今後活用していく上で、色々と役立つテクニックがつまっているので、ぜひ一緒に実装してみてください！**

　ここまで整理できれば、あとはPower Automateで実際のフローをしていくことが簡単になります。

コラム　フローの設計って本当に必要？

　Power Automateに慣れてきた方は、図9のフローチャートをみたとき、Power Automateフローそのものではないか？　と思ったかもしれません。

　私も実際には、図9のようなフローチャートを頭の中でイメージしながら、いきなりPower Automateフローを実装することも多いです。

　しかし、Power Automate初心者で、最初どのように実装したら分からない場合は、上述のような手順で、いったん業務フローを整理し、どのような流れで自動化するのかを箇条書き等でも書き出してみると、分かりやすくなります。

　また、実際に実装していくと設計通りにいかなかったり、修正していく必要があったりする場合もあります。

　その場合は、必要に応じて設計を修正したり、再度検討したりしていく必要があります。

　さらに将来的なことを考えると、部署の異動や退職で、自分の作ったフローを別の人に引き継ぐ必要性が必ず出てきます。

　Power Automateにまだ慣れていない人に引き継ぐ場合は、簡単な設計資料をまとめておくと、引継ぎやフローの理解がスムーズになるのでおすすめです。

（2）貸出・返却予定の通知フロー

　今回作成する2つ目のフローは、改善後の業務フローの中の図10の③の部分になります。

　毎日朝9時に、SharePointリストに登録されている貸出申請の内、その日が貸出予定日か返却予定日の申請を、自動的に総務部チームに通知します。

Chapter 5　備品貸出システムを作ってみる！

▼図10　フローで自動化する箇所

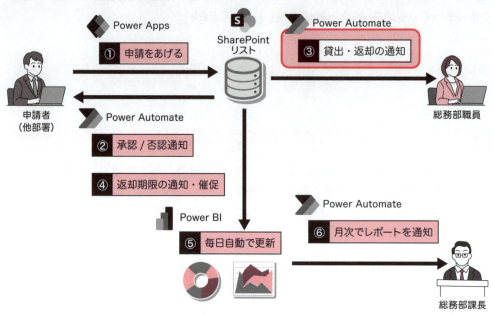

①業務フローの流れを確認する

まずは自動化する箇所の業務フローの流れを確認します。

Power Automateフローにより、図11のような業務フローに改善することを目指します。

> 1. Power Automateを毎日朝9時に実行する
> 2. その日に貸出か返却を予定している申請を、総務部のTeamsチャンネルに通知する

▼図11　フローで自動化した業務フロー

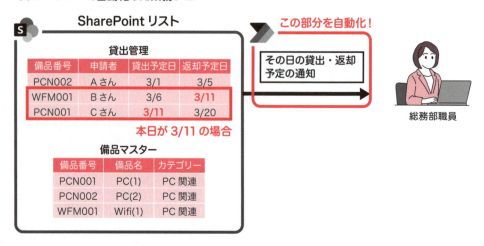

②入力内容と最終的な出力を確認する

次に、具体的な入力内容と、最終的に期待する出力内容（結果）を整理します。

今回の場合、図12のように、毎日、SharePointリスト（貸出管理）から、その日の貸出・返却予定となっている申請を、総務部チームのTeamsに自動で通知します。

▼図12　入力内容と最終的な出力

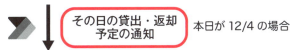

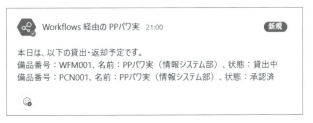

③フローの処理の流れを整理する

上述の内容をふまえ、今回作成するフローは、図13のような流れになります。

▼図13　作成するフローの全体像

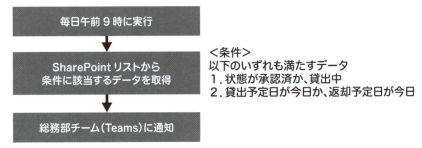

Chapter 5 備品貸出システムを作ってみる！

これで2つ目のフローの設計もできました。

（3）返却期限のリマインダーフロー

今回作成する3つ目のフローは、改善後の業務フローの中の図14の④の部分になります。

毎日朝9時に、SharePointリストに登録されている貸出申請の内、状態が貸出中で、返却日が今日か、過ぎている申請を、自動的に申請者に通知します。

▼図14　フローで自動化する箇所

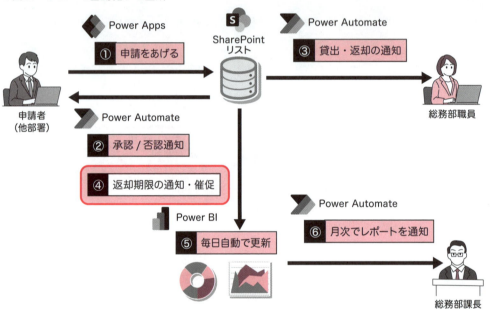

①業務フローの流れを確認する

　まずは自動化する箇所の業務フローの流れを確認します。

　Power Automateフローにより、図15のような業務フローに改善することを目指します。

---

1. Power Automateを毎日朝9時に実行する
2. 状態が貸出中で、その日が返却予定日か、返却予定日を過ぎている申請を、申請者のTeamsチャットで通知する

> **2** 設計　どのようなフローの流れになるか検討する

▼図15　フローで自動化した業務フロー

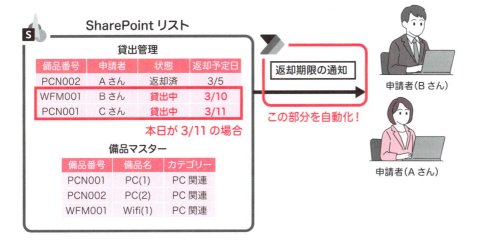

②入力内容と最終的な出力を確認する

　次に、具体的な入力内容（トリガー）と、最終的に期待する出力内容（結果）を整理します。

　今回の場合、図16のように、毎日、SharePointリスト（貸出管理）から、状態が貸出中で、返却予定がその日以前の申請を、申請者のTeamsチャットに自動で通知します。

▼図16　入力内容と最終的な出力

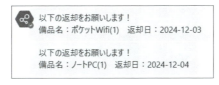

③フローの処理の流れを整理する

　上述の内容をふまえ、今回作成するフローは、図17のような流れになります。

▼図17　作成するフローの全体像

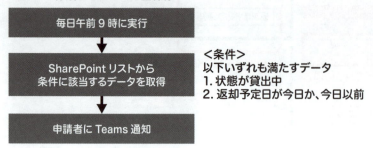

　これで3つ目のフローの設計もできました。

（4）前月の貸出状況レポート通知フロー

　今回作成する4つ目のフローは、改善後の業務フローの中の図18の⑥の部分になります。

　毎月月初めに、Power BIのデータから、前月の貸出実績集計データを取得し、Power BIレポートのリンクとともに総務部課長にTeamsで通知します。

　※⑤のPower BIと、⑥のPower Automateフローは、第7章で具体的な実装を解説します。

▼図18　フローで自動化する箇所

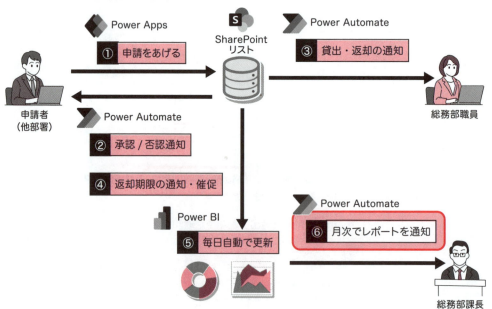

2 設計 どのようなフローの流れになるか検討する

①業務フローの流れを確認する

まずは自動化する箇所の業務フローの流れを確認します。
Power Automateフローにより、図19のような業務フローに改善することを目指します。

> 1. Power Automateを毎月1日に実行する
> 2. Power BIのデータから、前月の貸出実績集計データを取得し、Power BIレポートリンクと一緒に総務部課長へTeamsで通知する

▼図19　フローで自動化した業務フロー

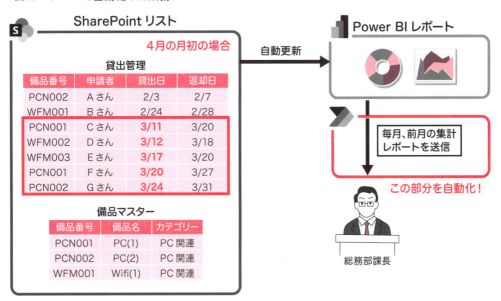

②入力内容と最終的な出力を確認する

次に、具体的な入力内容と、最終的に期待する出力内容（結果）を整理します。

今回の場合、図20のように、毎月月初めに、Power BIのセマンティックモデルから、前月の貸出実績集計データを取得し、自動で総務部課長へTeams通知します。

　　※第7章では図20よりも簡易な通知文のフローを作成します。

▼図20　入力内容と最終的な出力

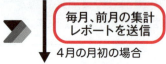

③フローの処理の流れを整理する

　上述の内容をふまえ、今回作成するフローは、図21のような流れになります。

▼図21　作成するフローの全体像

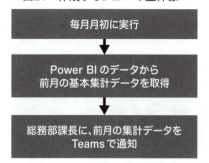

　これで4つ目のフローの設計もできました。

　今回は、以上の4つのPower Automateフローを実装していきます。

　フローの(1)〜(3)は本章で実装し、(4) のフローについてはPower BIを作成する第7章で

実装していきます。

 Power AutomateでPower BIのデータを取得できる？

　Power Automateでは様々なコネクタが用意されており、その中の1つにPower BIコネクタがあります。
　Power BIコネクタを使うと、Power BIサービスに発行されたセマンティックモデル（データモデル）に対して、クエリを発行して、必要なデータを取得することができます。
　実際にやってみないとピンと来ないかと思いますので、具体的な内容は第7章で紹介していきます。
　今回構築するシステムのように、Power Automateだけではなく、Power Apps、Power BIについても簡単に理解しておくと、より効果的な業務改善を実現できます。
　本書ではPower Apps、Power BIの実装についても簡単に触れますので、ぜひ参考にしてください。

Chapter 5　備品貸出システムを作ってみる！

3 実際にフローを実装する　【実装】

　今回のシステムの要件定義、設計をしたミムチは、設計した内容をみながら、Power Automateフローの実装に取りかかりました。
　「ふむ。最初に業務の流れを整理して、簡単なフローチャートを作っておけば、そのままPower Automateのトリガー、アクションを追加していけば良いのですな。」

動的なコンテンツ、条件、フィルタークエリ等、今まで勉強した知識を使えば実装できそうですぞ！

今回のフローは、今までの知識を活用した比較的シンプルなフローなので、ぜひ実装にチャレンジしてみてください！

① SharePointリストの作成

　まずは任意のSharePointサイトに、SharePointリストを作成します。
　前の節で検討したデータベース設計（図1）に沿って、「備品マスター」と「貸出管理」の2つのSharePointリストを作成しましょう。
　SharePointリストの作成は、第3章3節の3.を参考にしてください。

▼図1　データベース設計（赤字の列：2つのテーブルを紐づけるキーとなる列）

　それぞれのSharePointリスト（「備品マスター」と「貸出管理」）で、「必須」の項目が「●」になっている列は、画面1のように「その他のオプション」で「この列に情報が含まれている必要があります」を「はい」に設定します。

▼画面1　必須項目の設定

　備品マスターの「選択肢型」の列（カテゴリと状態）は、次のように入力しましょう（画面2、画面3）。

Chapter 5　備品貸出システムを作ってみる！

・カテゴリ：PC・周辺機器、文具・事務用品、書籍・資料
・状態：利用可、貸出中、修理中、廃棄

▼画面2　カテゴリ列の選択肢　　　　　　▼画面3　状態列の選択肢

備品マスターのSharePointリストですべての列を作成すると、画面4のようになります。

▼画面4　作成したSharePointリスト（備品マスター）

貸出管理の「選択肢型」の列（状態）は、次のように入力しましょう（画面5）。

・状態：申請中、承認済、貸出中、返却済、キャンセル

3 **実装** 実際にフローを実装する

▼画面5　状態列の選択肢

貸出管理のSharePointリストですべての列を作成すると、画面6のようになります。

▼画面6　作成したSharePointリスト（貸出管理）

　これで、SharePointリストの準備はできたので、次にいよいよPower Automateフローを実装していきます。

2　Power Automateフローの作成

　次の4つのPower Automateフローのうち、ここでは①〜③のフローを、前の節の設計を見ながら実装していきます。

> （1）新規貸出申請時の承認結果通知フロー
> （2）貸出・返却予定の通知フロー
> （3）返却期限のリマインダーフロー
> （4）前月の貸出状況レポート通知フロー　➡第7章で作成

（1）～（3）の3つのフローそれぞれについて、順番に実装を進めていきましょう。

（1）新規貸出申請時の承認結果通知フロー

　1つ目のフローでは、申請者がPower Appsから新規に貸出申請をあげて、SharePointリストに登録されたとき、貸出申請の承認/否認結果をPower Automateで自動的に判定して通知します。

　Power Appsの部分は第6章で実装していきます。

　前の節で、図2のようなフローの設計をしたので、これを参考にしながら、実際のフローを構築していきます。

▼図2　作成するフローの全体像

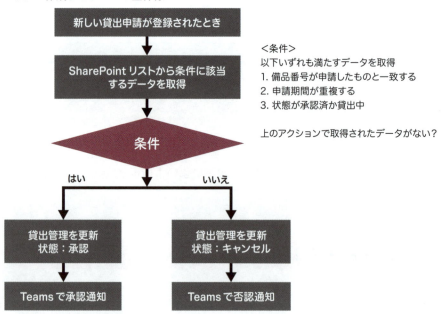

3 実装 実際にフローを実装する

1 次の「Power Automate」のURLを開き、「作成」タブをクリックし、「自動化したクラウドフロー」を選択します。

https://make.powerautomate.com/

フロー名（ここでは、"新規貸出申請時の承認結果通知フロー"）を入力し、トリガーは「SharePoint」の「項目が作成されたとき」を選択し、「作成」をクリックします（画面7）。

▼**画面7** 自動化したクラウドフローのトリガーの設定

2 トリガー「項目が作成されたとき」を選択し、次のように設定したあと、「+アイコン」から「アクションの追加」をクリックします（画面8）。

「項目が作成されたとき」の設定

- サイトのアドレス：SharePointリストがあるSharePointサイトを選択
- リスト名：「貸出管理」を選択

Chapter 5　備品貸出システムを作ってみる!

▼画面8　「項目が作成されたとき」のパラメーター

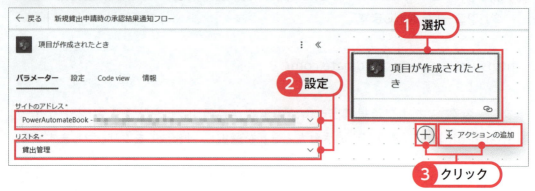

3 「SharePoint」コネクタの「複数の項目の取得」アクションを追加し、次のように設定します（画面9）。

「複数の項目の取得」の設定

・サイトのアドレス：SharePointリストがあるSharePointサイトを選択
・リスト名：「貸出管理」を選択
・詳細パラメーター：フィルタークエリを選択
・フィルタークエリ：取得するデータの条件を設定（具体的な式を以下に記載）

▼画面9　「複数の項目の取得」のパラメーターの設定

> 3 **実装** 実際にフローを実装する

なぜ「複数の項目の取得」アクションを使うの？

今回のフローは、登録された備品貸出申請に対して、最終的に貸出の可否を判定し、通知するものです。

この「貸出の可否」をどのように判定するか？ を考えてみましょう。

次の条件すべてを満たすデータは、貸出期間が重複するデータになります。

貸出期間が重複するデータの条件

・同じ備品番号で、状態が「承認済」か「貸出中」のもので、貸出予定日〜返却予定日の期間が被っている申請データ

そのため、複数の項目の取得でフィルタークエリを使い、上述の条件に当てはまるデータを取得し、結果的にデータが1件以上取得された場合は「貸出不可」、データが0件の場合は「貸出可」という判定をしていきます。

ちなみに今回の業務フローでは、いったん貸出申請をした後に、Power Automateで貸出可否の結果を通知していますが、実際にはPower Apps側から登録する際に判定できた方が、より良い業務フローになると思います。

フィルタークエリを使い、次の条件に当てはまるデータを取得します。

貸出期間が重複するデータの条件

次のすべての条件を満たすデータを取得

1. 「備品番号」が新規に登録された「備品番号」と一致する
2. 「返却予定日」が新規に登録された「貸出予定日」以降の日付となる
3. 「貸出予定日」が新規に登録された「返却予定日」以前の日付となる
4. 「状態」が「承認済」または「貸出中」である

基本的なフィルタークエリについては、第3章第4節をご参考ください。

今回の場合、AND（かつ）とOR（または）の条件も加わりました。

ANDやORは、図3のように、基本的なフィルタークエリの判定式を「and」や「or」を、半角スペースを空けてつなげることで判定できます。

Chapter 5　備品貸出システムを作ってみる！

▼図3　フィルタークエリの「AND」や「OR」条件

フィルタークエリ	フィルタークエリの意味
Project eq 'PJA' and Status eq '遅れ'	Projectが'PJA' かつ Statusが'遅れ'
Status eq '貸出中' or Status eq '承認済'	Statusが'貸出中'、または'承認済'

今回の場合、どのようになるでしょうか？

まずは上述で記載した4つの条件を、次のようにフィルタークエリの式で表し、これらをすべて「and」でつなげばよさそうです。

貸出期間が重複するデータの条件

次のすべての条件を満たすデータを取得

1.「備品番号」が新規に登録された「備品番号」と一致する

⇒ItemNumber eq '<備品番号>'　（※）

　※動的なコンテンツで「項目が作成されたとき」の備品番号を設定。

2.「返却予定日」が新規に登録された「貸出予定日」以降の日付となる

⇒EndDate ge '<貸出予定日>'　（※）

　※動的なコンテンツで「項目が作成されたとき」の貸出予定日を設定。

3.「貸出予定日」が新規に登録された「返却予定日」以前の日付となる

⇒StartDate le '<返却予定日>'　（※）

　※動的なコンテンツで「項目が作成されたとき」の返却予定日を設定。

4.「状態」が「承認済」または「貸出中」である

⇒(Status eq '承認済' or Status eq '貸出中')

最終的に、次のようなフィルタークエリの式になればOKです。

ItemNumber eq '<備品番号>' and EndDate ge '<貸出予定日>' and StartDate le '<返却予定日>' and (Status eq '承認済' or Status eq '貸出中')

フィルタークエリの式を考えるのが難しい…

最初、フィルタークエリに慣れないうちは、フィルタークエリでどのように式を書けばよいのか分からないこともあると思います。

そういったとき、ChatGPTやClaude等の生成AIサービスを利用するのもおすすめです。

例えば画面のように、先ほどの条件をあげて質問するだけで、ChatGPTが具体的なフィルタークエリの式を提案してくれます。

▼**画面**　ChatGPT（GPT4o）を使った質問例

> Power Automateで、SharePointの複数項目の取得アクションを使い、以下すべての条件を満たすデータを取得したい。フィルタークエリの式を教えて。
> 条件：
> 1.「備品番号」が新規に登録された「備品番号」と一致する
> 2.「返却予定日」が新規に登録された「貸出予定日」以降の日付となる
> 3.「貸出予定日」が新規に登録された「返却予定日」以前の日付となる
> 4.「状態」が「承認済」または「貸出中」である

Power AutomateでSharePointの「複数項目の取得」アクションを使用して、指定の条件を満たすデータを取得する場合、以下のようにフィルタークエリを設定します。

クエリはSharePoint REST APIのODataクエリに基づいて記述されます。

フィルタークエリ

```plaintext
備品番号 eq '新規登録された備品番号' and
返却予定日 ge 新規登録された貸出予定日 and
貸出予定日 le 新規登録された返却予定日 and
(状態 eq '承認済' or 状態 eq '貸出中')
```

また、条件自体が複雑な場合、次のようにざっくりとした条件を書いて質問することもできます。

> Power Automateを使い、SharePointリストに登録されたデータで、同じ備品番号の内、状態が承認済か貸出中で、貸出予定日～返却予定日の期間が被るデータがあるかを確認したい。

注意点として、上の画面の回答結果をみると、列名が日本語のままなので「備品番

Chapter 5 備品貸出システムを作ってみる！

号」→「ItemNumber」と列の内部名に修正したり、動的なコンテンツは自分で選択したりする必要があります。

　最終的にはAIの回答結果をそのまま信じるのではなく、自分で判断し、必要に応じて修正していくことが大切ですが、AIを有効活用することで、効率的に実装をすることができます。

4　「Control（コントロール）」の「条件」アクションを追加し、次のように設定します（画面10）。

　この「条件」アクションでは、前のアクション「複数の項目の取得」で、貸出期間が重複するデータが1件も取得されなかったかを判定します。

「条件」の設定
- 左側：「fx（関数）」からempty関数式を設定（後述）
- 中央：「is equal to」を選択
- 右側：「true」と入力

▼画面10　「条件」のパラメーター設定

　パラメーターの左側は、「fx（関数）」から、関数式の入力ボックスに「empty()」と入力し、()内をクリックして、「動的なコンテンツ」から「複数の項目の取得」の「body/value」をクリックした後、画面11のようになっていることを確認し、「追加」をクリックします。

▼画面11　「条件」に設定するempty関数式

　これにより、条件の結果がTrue（貸出期間が重複するデータが1件もない）場合は、Trueのアクションで承認通知を出し、False（貸出期間が重複するデータが1件以上ある）場合は、Falseのアクションで否認通知を出します。

　この条件の設定方法は、第3章第4節の6.でも詳しく解説しているのでご参考ください。

5　「条件」の「True」と「False」の中に、それぞれ次のアクションを追加します（画面12の①）。

追加するアクション

- 「SharePoint」コントロールの「項目の更新」アクション
- 「Teams」コントロールの「チャットまたはチャネルでメッセージを投稿する」アクション

　「True」内に追加した「項目の更新」アクションでは、次のように設定します（画面12の②、画面13、画面14）。

「項目の更新」の設定

- サイトのアドレス：SharePointリストがあるSharePointサイトを選択
- リスト名：「貸出管理」を選択
- ID：動的なコンテンツから「項目が作成されたとき」の「ID」を選択

- 備品番号〜返却予定日：動的なコンテンツから**「項目が作成されたとき」**の各データを選択
- 詳細パラメーター：
  - ●「状態」は「承認済」を選択
  - ●「承認日」は関数式で、「formatDateTime(addHours(utcNow(), 9), 'yyyy-MM-dd')」と設定

▼**画面12** 項目の更新アクションの設定（動的なコンテンツ）

▼**画面13** 項目の更新アクションの設定

3 実装 実際にフローを実装する

▼画面14　項目の更新アクション（True）の設定（状態）

6 同様の操作で「False」内に追加した「項目の更新」アクションも設定します（画面15）。
※「False」の方は、状態を「キャンセル」に設定し、承認日の設定はしません。

▼画面15　項目の更新アクション（False）の設定

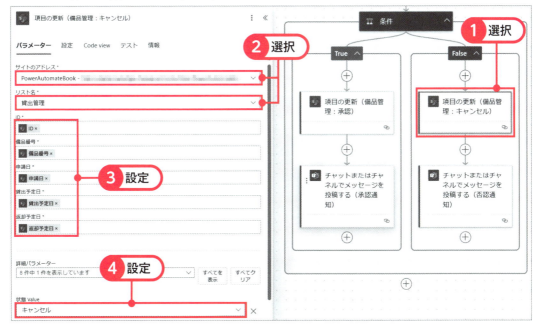

Chapter 5　備品貸出システムを作ってみる！

項目を更新しない列も設定が必要なの？

　今回、項目の更新では、「状態」を「申請中」→「承認済」か「キャンセル」に変更したいだけです。

　それなのに、なぜ変更しない「備品番号」や「申請日」等も設定が必要なのか疑問に思ったかもしれません。

　実は、SharePointリスト側で「必須」としている列は、「項目の更新」の際も、指定する必要があります。

　そのため今回の場合は、必須入力の列は、動的なコンテンツで、トリガーで取得されたデータをそのまま変更せずに設定している形です。

7　「True」内に追加した「チャットまたはチャネルでメッセージを投稿する」アクションでは、次のように設定します（画面16、画面17）。

「チャットまたはチャネルでメッセージを投稿する」の設定

・投稿者：「フローボット」を選択

・投稿先：「フローボットとチャットをする」を選択

・メッセージ：画面16を参考に、承認通知のメッセージを設定

・Recipient：「詳細モードに切り替える」を選択し、動的なコンテンツで**「項目が作成されたとき」**の「申請者 Email」を選択

▼画面16　チャットまたはチャネルでメッセージを投稿する（True）の設定

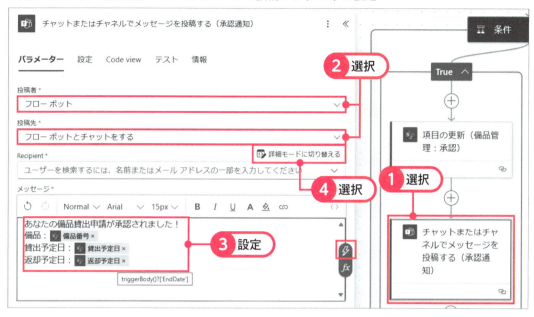

▼画面17　チャットまたはチャネルでメッセージを投稿するのRecipientの設定

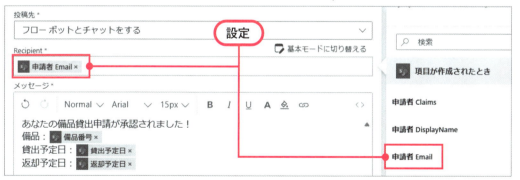

Chapter 5　備品貸出システムを作ってみる！

8 同様の操作で「False」内に追加した「チャットまたはチャネルでメッセージを投稿する」アクションも設定します（画面18）。

▼**画面18**　チャットまたはチャネルでメッセージを投稿する（False）の設定

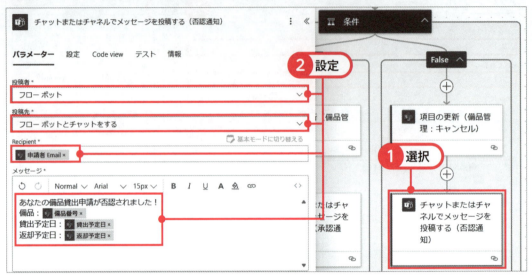

3 実装 実際にフローを実装する

9 画面19のようにフローが完成したら、フローを保存して、手動でテスト実行してみます。

▼画面19　完成したフロー

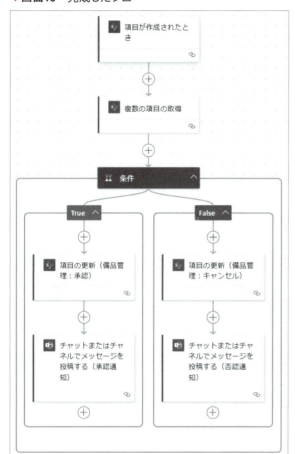

Chapter 5　備品貸出システムを作ってみる！

10　テストする際は、あらかじめいくつかデータを登録しておいた上で、「新しいアイテムの追加」をクリックし、同じ備品番号で貸出期間（貸出予定日〜返却予定日）が重複するデータと、重複しないデータをそれぞれ登録してみます（画面20〜画面22）。

※状態は「申請中」で登録します。

▼画面20　新しいアイテム（データ）の追加

▼画面21　新しいアイテム（データ）の追加

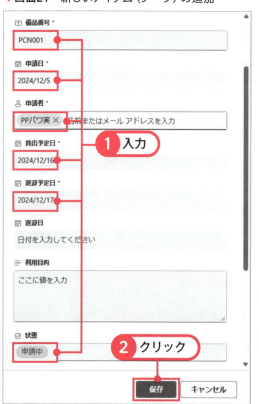

▼画面22　新しいアイテム（データ）の追加

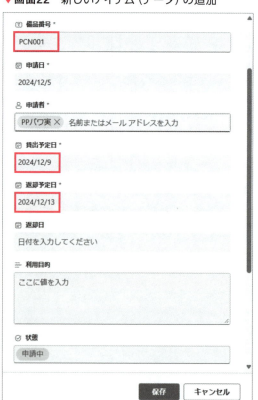

3 **実装** 実際にフローを実装する

11 しばらく待つと、画面23のようにTeamsチャットで自動的に貸出申請の承認/否認通知が届きます。

※SharePointリストにデータを追加後、5分程度待つ場合があります。

▼**画面23** Teamsへの承認/否認結果の自動通知

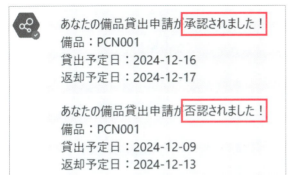

12 SharePointリストを確認すると、それぞれ「状態」列の値が「承認済」と「キャンセル」になっていることも確認できます（画面24）。

▼**画面24** SharePointリストの状態列の更新

| 9 | PCN001 | 2024/12/5 | PPパワ実 | 2024/12/16 | 2024/12/17 | 承認済 |
| 10 | PCN001 | 2024/12/5 | PPパワ実 | 2024/12/9 | 2024/12/13 | キャンセル |

13 Power Automateで、それぞれの実行履歴も見てみましょう（画面25）。

▼**画面25** Power Automateの実行履歴の確認

開始	時間	状況
12月6日 14:49 (1 分 前)	00:00:05	成功
12月6日 14:49 (1 分 前)	00:00:03	成功

28 日間の実行履歴

305

Chapter 5　備品貸出システムを作ってみる！

14 重複する貸出期間がない申請は、条件で「True」のアクションが実行され（画面26）、重複する貸出期間が存在する申請は、条件で「False」のアクションが実行されていることが分かります。

▼画面26　Power Automateの実行履歴の確認（承認）

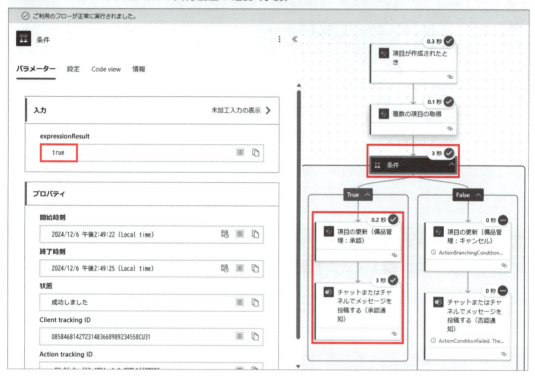

このように、1つ目の新規貸出申請時の承認結果通知フローが実装できました。

コラム　どのようにフローを作っていけばよいのか分からない…

　今回のフローの実装は難しかった…と思った方もいるかもしれません。

　1つ1つのステップを見てみると、第3章までに使ったアクションや、フィルタークエリ、関数式等のテクニックが多かったと思います。

　Power Automateのフローは、このような基本的なアクションや、知識、テクニックを組み合わせて組み立てていきます。

　最初は難しいと感じるかもしれませんが、フローをいくつも作っていく内に、段々と「パターン」のようなものが経験値として溜まっていき、また別の新しいフローを作る際にも、これまで経験した知識を組み合わせて、作っていくことができるようになります。

最初は私も、自分が実装したいフローと似たようなものを、Webの記事で探して真似してみることから始まりました。
　そしてエラーが出たときもなかなか自分で対処できず人に頼ったりすることも多かったです。
　今はまだ「難しい！」と感じている方も、色々なフローを実装していく中で、着実に経験値が溜まっていくので、一歩一歩一緒に頑張っていきましょう！

（2）貸出・返却予定の通知フロー

　2つ目のフローでは、毎日朝9時に、SharePointリストに登録されている貸出申請の内、その日が貸出予定日か返却予定日の申請を、自動的に総務部チームに通知します。
　前の節で、図4のようなフローの設計をしたので、これを参考にしながら、実際のフローを構築していきます。

▼図4　作成するフローの全体像

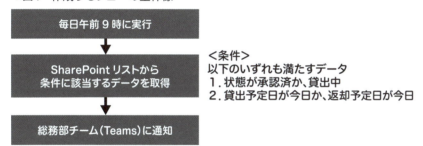

1 次の「Power Automate」のURLを開き、「作成」タブをクリックし、「スケジュール済みクラウドフロー」を選択します。

https://make.powerautomate.com/

　フロー名（ここでは、"貸出・返却予定の通知フロー"）を入力し、実行スケジュールを設定し、「作成」をクリックします（画面27）。
　今回のように、毎日月曜日〜金曜日に実行したい場合は、繰り返し間隔を「1週間」、設定曜日を「月〜金」で設定します。

▼画面27　スケジュール済みクラウドフローの設定

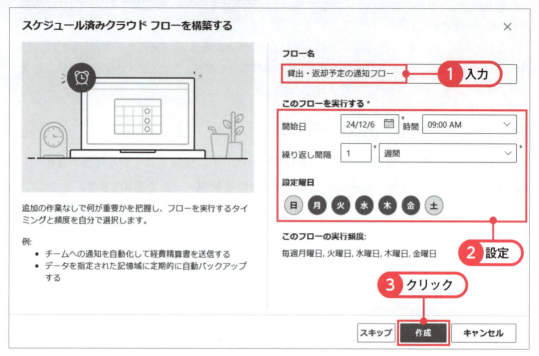

2 トリガーはこのままでもよいですが、あとから分かりやすいように、次のように変更します（画面28）。

「Recurrence（繰り返し）」の設定
- Time Zone：（TUC + 09:00）大阪、札幌、東京
- Start Time：yyyy-MM-ddT09:00:00.000　※後ろのZは削除する

3 **実装** 実際にフローを実装する

▼画面28 Recurrence（繰り返し）の設定

2 フローが実行されたときの日時を取得するため、「日時」で検索し、ランタイムを「組み込み」にしたときに表示される「日時」の「未来の時間の取得」をクリックします（画面29）。

▼画面29 「未来の時間の取得」アクションの追加

3 画面30のように、9時間後の時間を設定することで、日本時間の現在時刻（UTC+9時間）が取得できます。

▼画面30 「未来の時間の取得」アクションの設定

4 次に「SharePoint」の「複数の項目の取得」アクションを追加し、次のように設定します（画面31）。

```
「項目が作成されたとき」の設定

・サイトのアドレス：SharePointリストがあるSharePointサイトを選択
・リスト名：「貸出管理」を選択
・詳細パラメーター：フィルタークエリを選択
・フィルタークエリ：取得するデータの条件を設定（具体的な式を以下に記載）
```

▼画面31　「複数の項目の取得」アクションの設定

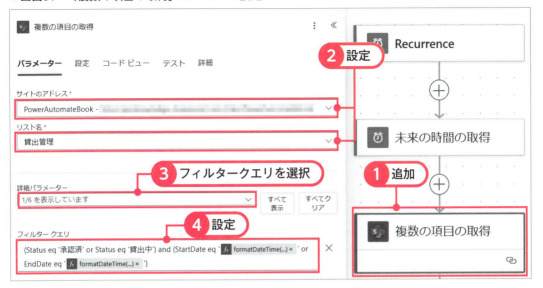

フィルタークエリでは、貸出予定日か、返却予定日が今日の日付となっているデータを取得したいため、次のように式を設定します（画面32）。

> (Status eq '承認済' or Status eq '貸出中') and (StartDate eq '＜未来の時間の取得＞' or EndDate eq '＜未来の時間の取得＞')

今日の日付は、fx（関数式）で画面32のように設定します。

▼画面32　「複数の項目の取得」アクションのフィルタークエリの設定

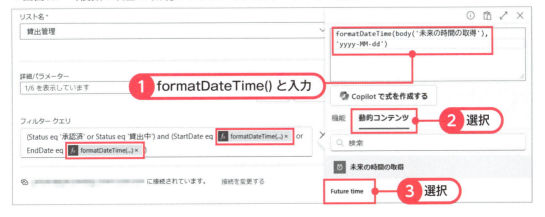

5 これでその日の貸出・返却予定のデータが取得されますが、データはアレイ型で取得されます。

各データを個別に通知したい場合は、「それぞれに適用する（For each）」でループ処理をしますが、今回は最終的に総務部のチームに1つのTeamsメッセージを投稿したいため、1つのメッセージにまとめるための「文字列型」の「変数」を作成します。

アクションの追加から、「ランタイム」で「組み込み」を選択し、「Variable（変数）」から「変数を初期化する」アクションを追加します（画面33、画面34）。

▼画面33 「変数の初期化」アクションの追加

3 実装 実際にフローを実装する

▼画面34 「変数の初期化」アクションの追加

6 「変数を初期化する」アクションで、次のように設定します（画面35）。

「変数を初期化する」の設定

- Name：任意の変数名（ここでは、貸出返却予定一覧）を設定
- Type：「String」（文字列型）を選択
    ※Valueは空のままにしておきます。

▼画面35 「変数の初期化」アクションの設定

7 アクションの追加から、「Control（コントロール）」の「それぞれに適用する（For each）」を選択し、パラメーターに動的なコンテンツから、「複数項目の取得」の「body/value」を設定します（画面36）。

▼画面36　「それぞれに適用する」の設定

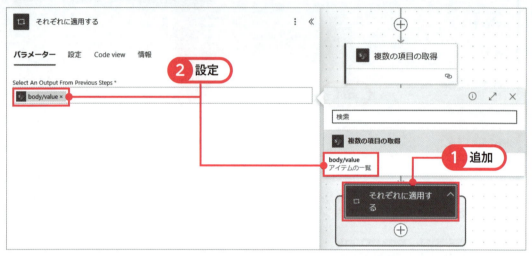

8 「それぞれに適用する」の中でアクションの追加から、「ランタイム」で「組み込み」を選択し、「Variable（変数）」から「文字列変数に追加」アクションを追加します（画面37）。

▼画面37　「文字列変数に追加」アクションの追加

9 「文字列変数に追加」アクションを選択し、次のように設定します（画面38）。

「文字列変数に追加」の設定

- Name：変数を初期化するアクションで作成した変数（ここでは、貸出返却予定一覧）を選択
- Value：以下のように入力

<p>
備品番号：＜備品番号＞、名前：＜申請者 DisplayName＞（＜申請者 Department＞）、状態：＜状態 Value＞
</p>

※ ＜備品番号＞、＜申請者 DisplayName＞、＜申請者 Department＞、＜状態 Value＞は、動的なコンテンツで「複数の項目の取得」からそれぞれのデータを選択します。

▼画面38　「文字列変数に追加」アクションの設定

Chapter 5　備品貸出システムを作ってみる！

文字列変数に追加アクションって何？

　「文字列変数に追加」アクションとは、その名の通り、文字列型の変数に、値を追加するためのアクションです。

　例えば、対象の文字列型変数に、「ばなな」という値が入っているとします。

　そのあと、「文字列変数に追加」アクションで、同じ変数に、「、りんご」という値を設定すると、この変数に値が追加され、「ばなな、りんご」という値が格納されます。

　今回の場合、複数の項目で取得した「今日が貸出または返却予定の備品データ」をループ（それぞれに適用する）で回し、「備品A, 備品B, 備品C…」と文字列型変数（貸出返却予定一覧）に一旦入れて、最後にTeamsのメッセージにこの変数を指定して投稿します。

　このとき<p></p>というのは何だろう？　と思ったかもしれません。

　これはHTMLと呼ばれる、Webサイト等の見た目を作成するために使用されるマークアップ言語です。

　TeamsやOutlookメールでは、HTMLを直接使ってメッセージを書くことができます。

　HTMLの中で<p>（pタグ）は、パラグラフの略で「段落」を意味します。

　それぞれに適用するアクションで、各行のデータを<p>備品データ</p>のように囲うと、各行のデータが段落ごとに改行されて、見やすくなるので、今回使用しました。

　ちょっとしたテクニックですが、HTMLを使うと、リンクや画像等の埋め込みも柔軟に設定できるので、覚えておくと便利です！

10 アクションの追加から、「Teams」コネクタの「チャットまたはチャネルでメッセージを投稿する」アクションを追加し、次のように設定します（画面39、40）。

「チャットまたはチャネルでメッセージを投稿する」の設定

・投稿者：「フローボット」を選択

・投稿先：「チャネル」を選択

・チーム：投稿先のチームを選択

・チャネル：投稿先のチャネルを選択

・メッセージ：任意のメッセージを設定し、動的なコンテンツから、変数「貸出返却予定一覧」を設定

3 実装 実際にフローを実装する

▼画面39 「チャットまたはチャネルでメッセージを投稿する」アクションの設定

▼画面40 変数の選択

11 画面41のようにフローが完成したら、フローを保存して、手動でテスト実行してみます。

※ テストの際は、SharePointリストに貸出予定日や返却予定日が本日日付で、状態が「承認済」か「貸出中」となるデータを登録しておきます。

Chapter 5 備品貸出システムを作ってみる！

▼画面41　完成したフロー

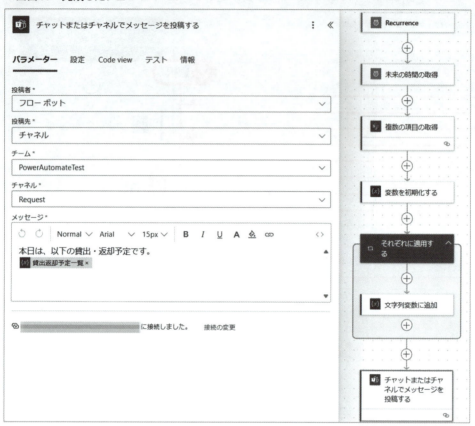

12　成功すると、設定したチャネルに画面42のようにメッセージが投稿されます。

▼画面42　Teamsメッセージで投稿された内容

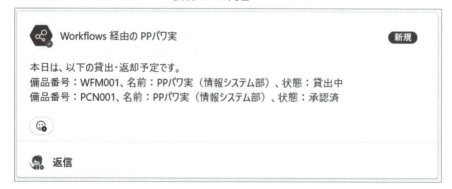

13 Power Automateの実行履歴も見てみます。

「それぞれに適用する」の1回目のループ（1/2）の「文字列変数に追加」アクションの「入力」の「Value」を見ると、画面43のようにデータが入っています。

「>」をクリックすると、2回目のループ（2/2）のデータも確認できます。

▼画面43　「文字列変数に追加」の入力

14 最終的にTeamsメッセージ投稿アクションの「入力」の「parameters」をみると、画面44のように、これら2つのデータが一緒になったものが入っています。

▼**画面44** 「チャットまたはチャネルでメッセージを投稿する」の入力

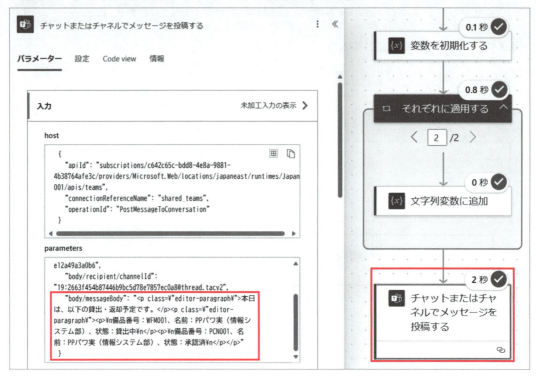

このように、2つ目の貸出・返却予定の通知フローが実装できました。

（3）返却期限のリマインダーフロー

　3つ目のフローでは、**毎日朝9時に、SharePointリストに登録されている貸出申請の内、状態が貸出中で、その日以前が返却予定日の申請を、自動的に申請者に通知します。**

　前の節で、図5のようなフローの設計をしたので、これを参考にしながら、実際のフローを構築していきます。

▼図5 作成するフローの全体像

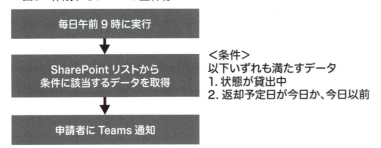

このフローの流れは、よく見ると2つ目の「貸出・返却予定の通知フロー」によく似ています。

そのため、先ほど作った2つ目のフローをコピーして使いましょう。

1 Power Automateの「マイフロー」から、先ほど作成した「貸出・返却予定の通知フロー」の名前をクリックし、上部の「名前をつけて保存」を選択します（画面45）。

▼画面45 フローを「名前を付けて保存」する

2 フロー名を「返却期限のリマインダーフロー」に変更し、「保存」をクリックします（画面46）。

▼画面46 フローに別名を付けて保存

3 「マイフロー」から「クラウドフロー」を選択し、2.で保存した「返却期限のリマインダーフロー」をクリックします（画面47）。

▼画面47　別名で保存したフローを開く

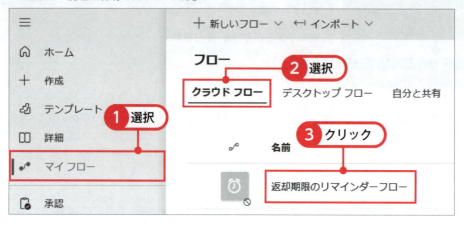

4 別名で保存したフローは最初、フローが「オフ」になっています。
　フローが「オフ」になっていると動かないので安心ですが、テスト実行もできなくなってしまうので、「オンにする」をクリックした後、「編集」を選択します（画面48）。

▼画面48　フローをオンにして編集

5 今回のフローでは、次のアクションは不要になるので、右クリックで削除します（画面49）。

削除するアクション

・変数を初期化する
・文字列変数に追加
・チャットまたはチャネルでメッセージを投稿する

▼画面49　アクションの削除

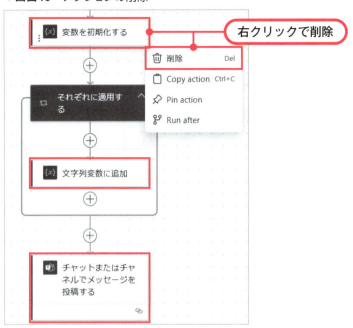

6　「複数の項目の取得」を選択し、次のように設定します（画面50）。

「複数の項目の取得」の設定

・サイトのアドレス：SharePointリストがあるSharePointサイトを選択
・リスト名：「貸出管理」を選択
・詳細パラメーター：フィルタークエリを選択
・フィルタークエリ：取得するデータの条件を設定（具体的な式を以下に記載）

▼画面50　「複数の項目の取得」アクションの設定

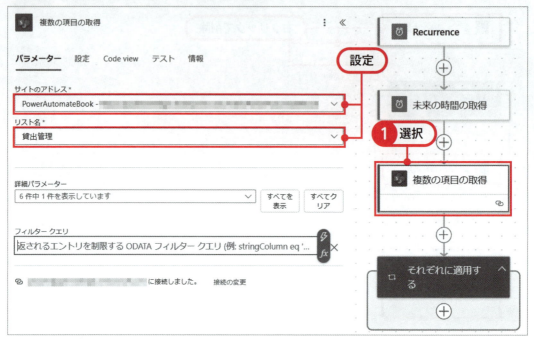

　フィルタークエリでは、状態が貸出中で、返却予定日が今日以前の日付となっているデータを取得したいため、次のように式を設定します（画面51）。

> Status eq '貸出中' and EndDate le '<未来の時間の取得>'

　※＜未来の時間の取得＞は、動的なコンテンツから設定。

▼画面51　「複数の項目の取得」アクションのフィルタークエリの設定

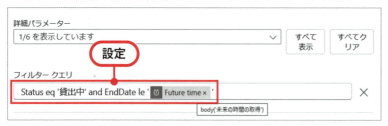

7 今回のフローでは、返却期限が今日か、過ぎている人にそれぞれリマインドメッセージを通知したいので、「それぞれに適用する（For each）」の中に、「Teams」の「チャットまたはチャネルでメッセージを投稿する」アクションを追加し、次のように設定します（画面52）。

「チャットまたはチャネルでメッセージを投稿する」の設定

・投稿者：「フローボット」を選択
・投稿先：「フローボットとチャットをする」を選択
・Recipient：「詳細モードに切り替える」をクリックし、動的なコンテンツで「複数項目の取得」の「申請者 Email」を設定
・メッセージ：任意のメッセージを設定

▼画面52 「チャットまたはチャネルでメッセージを投稿する」アクションの設定

8 「貸出管理」のSharePointリストには、「備品名」が登録されていないため、「備品名」をメッセージに入れたい場合、Teamsメッセージ投稿のアクションの前に、「SharePoint」の「複数の項目の取得」アクションを追加し、次のように設定します（画面53）。

「複数の項目の取得」の設定

- サイトのアドレス：SharePointリストがあるSharePointサイトを選択
- リスト名：「備品マスター」を選択
- 詳細パラメーター：フィルタークエリ、上から順に取得を選択
- フィルタークエリ：ItemNumber eq '<備品番号>' と入力　※備品番号は動的コンテンツで設定
- 上から順に取得：1を入力

▼画面53　「複数の項目の取得」アクション（備品マスター）の設定

3 実装 実際にフローを実装する

アクション名は変更できる

実は、アクション名はクリックして変更することができます。

今回のフローのように「複数の項目の取得」アクションが2つ存在すると、動的なコンテンツで選択する際、どちらのアクションから選択しているのか分かりづらくなります。

そこで、アクション名を「複数の項目の取得：備品マスター」のように変更しておくと、あとから動的なコンテンツで選ぶ際に間違いにくくなります。

ただし、アクション名が変更されると、「動的なコンテンツ」で設定される式が変更されるため、アクション名を変えるならば、一番最初から変えておく方がよいです。

すでに別のアクションで動的なコンテンツを使っている場合、アクション名を変更したことで、使われている動的なコンテンツを変更する必要が生じる場合があります。

また、完全にアクション名を変えてしまうと、元々何のアクションを使っていたのか分からなくなってしまうため、「元々のアクション名：説明」としたり、「メモ」を活用したりするなどの工夫も必要です。

9 「チャットまたはチャネルでメッセージを投稿する」アクションを選択し、メッセージの「備品：」の後ろの動的なコンテンツを削除して、fx（関数式）をクリックして式を入力します（画面54）。

▼画面54 「チャットまたはチャネルでメッセージを投稿する」アクションの設定

10 関数式の入力欄に「first()」と入力した後、動的なコンテンツから「複数項目の取得：備品マスター」の「body/value」を選択します。

そのあと、関数式の後ろに「?['ItemName']」と入力し、追加します（画面55）。

first(＜複数の項目の取得：備品マスターのbody/value＞)?['ItemName']

▼画面55　関数式で備品名を設定

11 画面56のようにフローが完成したら、フローを保存して、手動でテスト実行してみます。

※ テストの際は、SharePointリストに返却予定日が本日以前日付となるデータを登録しておきます。

▼画面56　完成したフロー

Chapter 5　備品貸出システムを作ってみる！

12 フローが成功すると、画面57のように、返却期限が今日か、過ぎているデータの申請者に対して、リマインド通知が届きます。

▼画面57　Teamsリマインド通知

現在貸出中の、以下の備品の返却をお願いします！
備品：ポケットWifi(1)、返却予定日：2024-12-06

現在貸出中の、以下の備品の返却をお願いします！
備品：ノートPC(1)、返却予定日：2024-12-04

13 Power Automateの実行履歴を見てみます。

「複数の項目の取得」の「未加工出力の表示」から、返却予定期限が過ぎたものとして取得されたデータが確認できます（画面58、59）。

▼画面58　複数の項目の取得の出力

3 【実装】 実際にフローを実装する

▼**画面59　返却予定日が過ぎたものとして取得されたデータ**

```
複数の項目の取得                                          ×

複数の項目の取得
        "body": {
            "value": [
                {
                    "@odata.etag": "\"4\"",
                    "ItemInternalId": "3",
                    "ID": 3,
                    "ItemNumber": "WFM001",
                    "RequestDate": "2024-12-02",
                    "Requester": {
                        "@odata.type": "#Microsoft.Azure.Connectors.SharePoint.SPListE
                        "Claims": "i:0#.f|membership|pawami@ppknowledge.onmicrosoft.co
                        "DisplayName": "PPパワ実",
                        "Email": "pawami@ppknowledge.onmicrosoft.com",
                        "Picture": "https://ppknowledge.sharepoint.com/sites/PowerAuto
                        "Department": "情報システム部",
                        "JobTitle": "管理人"
                    },
                    "Requester#Claims": "i:0#.f|membership|pawami@ppknowledge.onmicros
                    "StartDate": "2024-12-02",
                    "EndDate": "2024-12-06",
                    "Purpose": "外出先での利用のため",
                    "Status": {
                        "@odata.type": "#Microsoft.Azure.Connectors.SharePoint.SPListE
                        "Id": 2,
                        "Value": "貸出中"
                    },
```

14 「複数の項目の取得：備品マスター」を選択し、「入力」の「parameters」をみると、フィルタークエリや、上から順に取得で設定された値が確認できます（画面60）。

▼画面60　返却予定日が過ぎたものとして取得されたデータ

また、「出力」の「body」を確認すると、実際に取得された備品のデータも確認できます（画面61）。

▼画面61　返却予定日が過ぎたものとして取得されたデータ

　実行した結果、適切なデータが取得できていなかった場合は、実行履歴からこのように、適切にフィルタークエリの入力がされているか、実際にどのデータが取得されたかなどを確認していきます。

　このように、3つ目の返却期限のリマインダーフローが実装できました。
　4つ目のPower BIから前月のデータを取得して通知するフローは、第7章で紹介していくので、楽しみにしていてください！

Chapter 5　備品貸出システムを作ってみる！

4 フローをテストし、問題があれば デバッグをする

テスト・デバッグ

　Power Automateの3つのフローについて、設計に沿って一通りの実装と動作確認が完了したミムチは、次にテストに取りかかることにしました。
「1つ1つのフローについて、個別の動作確認はすでに終わっていますぞ。」

あとは、実際の業務フローに沿って、全体的な動作を確認していけばよいのですかな？

実際のシナリオに沿ったテストを通じて、システムが仕様通り動くかと、システムが本来の目的を達成しているかの2つの観点で確認していきましょう！

　Power Platformでシステム開発する際、最も重要なステップの1つが「テストフェーズ」です。
　テストフェーズでは、主に次の内容を確認していきます。

> **テストフェーズで確認すること**
> 1. システムの要件と設計に沿っているか確認する
> 2. システムが業務改善の目的を達成するか確認する
> 3. 急ぎでない改善点は次の改修に回す

　システムがPower Automateのみで、これまでのテストで動作確認している場合は、このテストフェーズはスキップしても問題ありません。

しかし、Power Appsや他のシステムと連携している場合は、Power Appsを含めて慎重にテストをしていく必要があります。

1 システムの要件と設計に沿っているか確認する

この段階では、開発したシステムが本章の第1～2節で検討した「要件」と「設計」に沿って正しく動作するかを確認します。

テストフェーズでは、要件と設計をもとに、システムの各機能が正しく動作するかを確認していきます。

具体的には、次のような点をチェックします。

・フローをテスト実行したとき、エラーが起こらずフローの実行が成功するか

・フローの実行が成功したとき、設計通りの動作となるか

・エラーが発生した場合は、適切にエラーの処理がされるか

・条件に応じて正しい処理が行われるか

・他のシステムと連携している場合、他のシステムも設計通りに動くか

これらの確認を行うために、簡単なテストケースを作成すると効果的です。

テストケースとは、テストする内容と手順、期待される結果を記載したドキュメントです。

テストケースに沿ってテストを行うことで、網羅的かつ効率的にアプリの動作を確認できます。

動作確認の結果、要件や設計との差異が見つかった場合は、修正を行い、修正後、再度テストを行い、問題がないことを確認します。

Power Automateは、業務改善のシステムの一部としてよく組み込まれており、Power Appsと連携しているケースも多いです。

その際は、Power Automate単体でのテストだけでなく、実際にPower AppsからPower Autoamteを実行した際に、問題なく動作するかの確認も重要です。

このように、要件と設計に沿った動作確認は、アプリの品質を保証するために欠かせない工程なので、リリース前に必ずテストを行うことを心がけましょう。

2 システムが業務改善の目的を達成するか確認する

Power Platformで開発する目的は、多くの場合、業務の効率化や問題解決です。

テストフェーズでは、システムが当初の目的を達成できるかどうかを確認することが重要です。

まず、システム開発の目的を明確にしておく必要があります。

例えば、次のような目的が考えられます。

> **システム開発の目的の例**
>
> ・手作業で行っていた処理を自動化し、時間を節約する
> ・複数のシステムに散在していたデータを一元管理し、情報の見通しを良くする
> ・紙の帳票をデジタル化し、入力ミスを防ぐ
> ・モバイルデバイスでの業務を可能にし、場所の制約を解消する

テストフェーズでは、これらの目的に沿って、システムが期待通りの効果を発揮するかを検証します。

Power Automateでは、複数のサービスを連携させる処理が多いため、全体的に意図したような動作になっているか確認することが重要です。

他のユーザーにも協力してもらい、実際の業務を行ってもらいながら、システムの有効性を評価します。

リリース後も、実際に使ってみると、意図したようにデータ連携ができていなかったり、予期せぬエラーが生じたりするので、ユーザーからのフィードバックを収集し、システムの使用感や、改善点など、ユーザーの意見を聞きながら、改善していくのもよいでしょう。

検証の結果、もしシステムが業務改善の目的を十分に達成できない場合は、設計や要件を見直す必要があるかもしれません。

ユーザーの意見を参考にしながら、システムの改善を図ることで、より良いシステムにしていくことができます。

コラム 「正しく作られているか」と「正しいものを作っているか」の違い

上述した「**システムが要件と設計に沿っているか？（正しいものを作っているか）**」と、「**システムが業務改善の目的を達成するか？（正しいものを作っているか）**」は、どちらがより重要でしょうか？

答えは「システムが業務改善の目的を達成するか？（正しいものを作っているか）」です。

これらは、Verification（正しく作られているか）と、Validation（正しいものを作っているか）と呼ばれ、テストフェーズでは、この2つの観点で確認することが重要です。

Verification（正しく作られているか）は、フローが仕様通りに動作するかを確認するプロセスで、例えば次のようなものがあげられます。

- ・トリガーが適切なタイミングで起動するか
- ・条件分岐が意図した通りに動作するか
- ・データの受け渡しに問題がないか

一方、Validation（正しいものを作っているか）は、フローが利用者のニーズを満たしているかを確認するプロセスで、例えば次のようなものがあげられます。

- ・通知のタイミングは業務に適しているか
- ・承認フローは実際の承認プロセスと合っているか
- ・システムによる運用が実際の現場に合っているか

両者は密接に関連していますが、Power Automateによる自動化の最終的な目的は、業務改善や問題解決です。

そのため、Validationの観点、つまり「正しいものを作っているか」により重点を置く必要があります。

たとえ技術的には完璧なフローを開発できたとしても、それが本来の業務改善の目的を達成できなければ、自動化の意義は薄れてしまいます。

利用者のニーズを満たし、業務の効率化や問題解決に寄与するフローを提供することが肝要です。

したがって、フロー開発のテストフェーズでは、「正しいものを作っているか」ということを常に意識し、利用者の視点に立ってフローの有効性を評価していくことが重要です。

3 急ぎでない改善点は次の改修に回す

システムを開発し、テストを行う際、様々な改善点が見つかることがあります。

しかし、すべての改善点を一度に対応することは、時間的にも労力的にも現実的ではありません。

そこで重要なのが、改善点の優先順位付けです。

優先度の判断基準は、次のようなポイントが考えられます。

・システムの基本的な機能に影響するか

・ユーザーの業務に大きな影響を与えるか

・セキュリティ上のリスクがあるか

・改修に要する時間と労力の大きさ

これらの観点から、改善点を「優先度高」「優先度中」「優先度低」などのカテゴリに分類します。

優先度の高い改善点は、システムのリリースまでに対応します。

システムの根幹に関わる問題や、ユーザーの業務に大きな支障をきたす問題は「優先度高」として、早急に解決する必要があります。

一方、優先度の低い改善点は、次回以降の改修で対応することを検討します。

例えば、次のような改善点が該当します。

・UI（ユーザーインターフェイス）の細かな改善（Teams通知文の装飾等）

・便利だが必須ではない機能追加

・パフォーマンスのわずかな改善

・運用上の利便性向上に関わる改善

これらの改善点は、システムの基本的な機能には影響しないため、リリース後に対応しても問題ありません。

ただし、ユーザーから強い要望があった場合は、優先度を上げて対応することも考えましょう。

4 テスト・デバッグ　フローをテストし、問題があればデバッグをする

　改善点の優先順位付けに際しては、開発チームだけでなく、ユーザーの意見も取り入れることが大切です。

　ユーザーの視点から見た優先度を把握することで、より効果的なアプリ改修が可能になります。

　テストフェーズで見つかった改善点をすべて一度に対応するのではなく、優先度の高くないものは後の改修に回すことで、段階的にアプリ改善していきましょう！

Chapter 5　備品貸出システムを作ってみる！

5 フローをメンバーに共有する

リリース

　ミムチは、Power Automateの3つのフローのテストも完了し、あとはリリースを残すのみです。
　「おや？　Power Automatの場合は、自動でトリガーされるので、ユーザーに共有する必要がないのですかな？」

リリース作業としては、後は何をすればよいのですかな？

同じ部署のメンバー等、フローの共同編集者にしたい人がいたら、追加しておきましょう！

Power Automateの場合、リリースに向けた作業はあまり多くありません。
具体的には次の3つの作業が必要です。

リリースに向けた作業

1. フローを「オン」にする
2. フローの共同所有者を追加する
3. SharePointリストをメンバーに共有する

それぞれの手順について、具体的に説明していきます。

340

> 5 　リリース　フローをメンバーに共有する

1 フローを「オン」にする

　例えば毎日スケジュール実行するPower Automateフロー等は、実装中に勝手に動いてしまうのを防ぐため、「オフ」にしていることも多いです。

　Power Automateフローの稼働開始する際は、フローが「オン」になっているか確認しましょう。

1 Power Automateの「マイフロー」で、稼働を開始するフローを確認します。

　アイコンが薄くなっていて、「🚫（オフ）」マークがついているフローは、「オフ」になっており、実行されない状態です。

　「オン」にしたいフローの「…（三点リーダー）」から「オンにする」をクリックしましょう（画面1）。

▼画面1　フローを「オン」にする

2 フローが「オン」になると、画面2のようにアイコンがはっきりと表示され、フローが実行されるようになります。

フローがオンになったら、フロー名を選択しましょう。

▼画面2　フローを選択

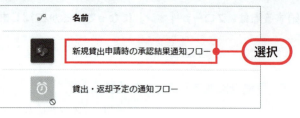

3 上の「…（三点リーダー）」から、フローを「オン」にしたり、「オフ」にしたりすることもできます（画面3）。

▼画面3　フローを選択

これで、フローを「オン」にすることができました。

コラム　アクションを一時的に無効化する方法

　例えば、毎日のリマインドフローや、毎週上司に自動で報告を通知するフロー等は、まだフローが完成していない内に自動で動いてしまっては困ることが多いです。

　その際、完成まではフローを「オフ」にしておくと安心です。

　しかし、フローを「オフ」にしておくと、テスト実行ができないため、動作確認したい場合は、フローを「オン」にする必要があります。

　フローのアクションで、自分以外の人へのチャット投稿等がある場合、稼働開始前は、例えば次のような対応が可能です。

---

1. 送付先を、実際の相手ではなく、一時的に自分に設定しておく

2. 静的な実行として設定しておく

　1.では、実際には上司宛に通知をしたいけど、テスト中は、宛先を一時的に自分宛に設定しておくなどです。

　この場合、稼働開始前に忘れずに、本来の設定に変更しておく必要があります。

　2.では、テスト中は、Teamsチャット通知等の実行したくないアクションを、一時的に無効化することができます。

　方法は、実行したくないアクションを選択し、「テスト」から「Disable static result」を「オン」にします（画面1①～③）。

　「Select fields」は「Outputs」を選択し、「Status」を「Succeeded」にした後、「保存」をクリックします（画面1④～⑤）。

　静的な実行を設定しているアクションは、アクションの右下に「三角フラスコ」アイコンが表示されています。

Chapter 5　備品貸出システムを作ってみる！

▼画面1　静的な実行の設定

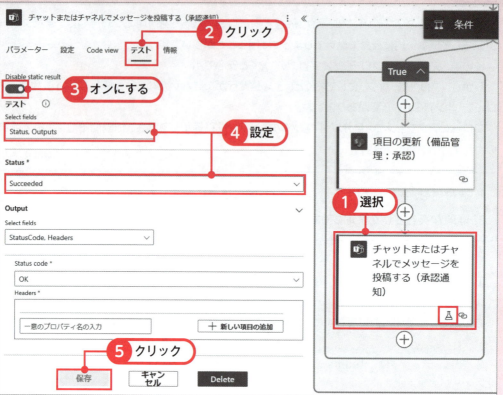

　静的な実行を設定した状態で、フローを実行すると、画面2のように、アクションは実行され、「出力」に設定した「Status Code」（ここでは「OK」）が表示されますが、実際にはTeams投稿はされません。

▼画面2　静的な実行の結果

344

静的な実行を設定した場合も、稼働開始時には忘れずに「オフ」にしておくことに注意しましょう。

　稼働開始まで、Power Automateフローや、一部のアクションを実行したくない場合、上述のような対応が可能なので、ぜひご活用ください。

❷ フローの共同所有者を追加する

次に、Power Automateの共同所有者を追加しておきます。

　自分だけで管理すると、自分が休みのとき等にフローに何かあった場合、すぐに対応ができません。

　そのため、同じ部のメンバー等、何人かで共同所有者としてフローを管理していくことをおすすめします。

1 共有したいフローを選択し、「共有」をクリックします（画面4）。

▼画面4　フローの共有

2 ユーザーとグループで「ユーザーのアカウント」や、「セキュリティグループ」等で検索し、共有する相手を選択します（画面5）。

▼画面5　フローの共有先の設定

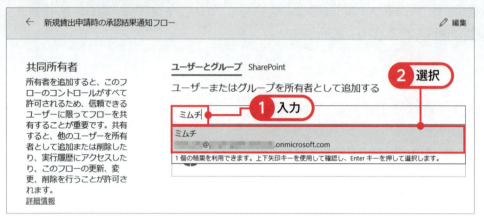

3 画面6のようなポップアップが出るので、「OK」をクリックします。

▼画面6　共有するアクションの確認

5 リリース フローをメンバーに共有する

4 共有されると、画面7のように追加された共同所有者が表示されたことを確認します。

▼画面7 フローを選択

セキュリティグループで共有する

共同所有者には、個人のアカウントを設定することもできますが、その場合、社員の異動等があると、都度メンテナンスが必要になります。

そのため、例えばチームメンバーで共有したい場合、組織のMicrosoft Entra IDで管理しているセキュリティグループ等を使って共有することもできます。

セキュリティグループで共有しておくと、メンバーの異動があった場合も、セキュリティグループのメンバー設定を変更すればよいので、Power Automate側の共有設定を変更する必要がなくなります。

5 下にスクロールして、「使用中の接続」がすべて緑のチェックがついていることも確認しておきます（画面8）。

▼画面8 接続の確認

アクションやトリガーを実行する接続者

　SharePointや、Teamsコネクタ等のトリガーやアクションは、「アクセス権のある誰かのアカウント」で接続し、実行されます。

　デフォルトでは、Power Automateフローを作成した人の接続で実行されます。

　すなわち、誰がフローを開始しても、SharePointリストの更新、Teams投稿等の各トリガーやアクションの実行は、設定されているアカウントの接続で実行されます。

　稼働開始前には、使用中の接続を必ず確認し、もしすべて緑のチェックになっていなかった場合は、接続の確認と修正が必要です。

　ちなみに、トリガーやアクションを実行する接続を、作成者以外に変更することもでき、詳しくは第8章第4節で解説します。

3 SharePointリストをメンバーに共有する

　上述したように、Power Automateフローの中で、SharePointリストへの書き込みがある場合も、実際にはフローのアクションで設定されているアカウントの接続（作成者か共同所有者）で実行されるため、フローの利用者すべてにSharePointリストを共有しない場合も多いです。

　ただし、**Power Appsからユーザーが**SharePoint**リストに登録や更新をする場合は、基本的にアプリユーザー全員に、**SharePoint**リストへのアクセス権を付与する必要があります。**

　ここでは、SharePointサイトや、SharePointリストを共有する手順を解説します。

　SharePointサイトと、SharePointリストを共有する場合で、次の点が異なります。

（1）SharePointサイトを共有する場合

・SharePointサイト全体を共有するため、SharePointリスト以外も、ドキュメント等すべてのコンテンツが見られる。

（2）SharePointリストを共有する場合

・SharePointリストのみが共有されるため、共有したSharePointリスト以外のコンテンツは見られない。

(1) SharePointサイトを共有する場合

1 SharePointサイトの右上の「ギアアイコン」をクリックし、「サイトのアクセス許可」をクリックします（画面9）。
「メンバーの追加」をクリックし、「メンバーをグループに追加する」か「サイトの共有のみ」かを選択し、ユーザーアカウントやセキュリティグループを設定して共有します（画面10）。

▼画面9　接続の確認

▼画面10　接続の確認

これで、SharePointサイトの共有ができます。
しかしSharePointサイトの共有では、上述したように、サイト内のすべてのコンテンツがみられるようになってしまうため、SharePointリストのみを共有したい場合は、次の手順でアクセス権を付与しましょう。

Chapter 5　備品貸出システムを作ってみる！

（2）SharePointリストを共有する場合

1 共有するSharePointリストを選択し、「共有」をクリックします（画面11）。

▼画面11　接続の確認

2 左下の「アカウント」のアイコンをクリックします（画面12）。

▼画面12　接続の確認

5 **リリース** フローをメンバーに共有する

3 現在付与されているアクセス権の状態が確認できます。

　アクセス権を新たに付与したい場合、「ユーザー」か「グループ」を選択し、右上の「アクセス許可を付与」をクリックします（画面13）。

▼画面13　接続の確認

4 アクセス権を付与する権限を選択した後、ユーザーアカウントや、セキュリティグループを選択して、アクセス権を付与します（画面14）。

▼画面14　接続の確認

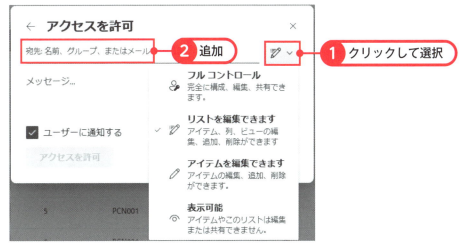

どのレベルのアクセス権が必要？

SharePointリストのアクセス権には、次の4種類があります。

1. フルコントロール
2. リストを編集できます
3. アイテムを編集できます
4. 表示可能

アクセス権を付与する相手が、単にPower Apps等からSharePointリストへデータを登録したいだけであれば、「アイテムを編集できます」で十分です。

SharePointリストの管理者側のユーザーであれば、「リストを編集できます」や「フルコントロール」を付与することになります。

ユーザーや、セキュリティグループごとに適切なアクセス権を付与しましょう。

第5章のまとめ

　本章では、社内の備品貸出管理システムを例に、要件定義〜リリースまでの一連の流れを体験しました。

　基本的なシステム開発は、次の流れで進めていきます。

1. 要件定義
・現状の業務フローを把握し、課題を洗い出す
・課題解決に適したツールを選定し、改善案を検討する
・ツールごとの必要機能を洗い出す

2. 設計
・データの設計：必要なデータの洗い出しとデータベース設計
・フローの設計：具体的な処理の流れを整理する

3. 実装
・SharePointリストでデータソースを作成する
・Power Automateで自動化フローを実装する
・フローの動作確認をする

4. テスト
・システムが要件と設計に沿っているか確認する
・システムが業務改善の目的を達成するか確認する
・優先度の低い改善点は次回の改修に回す

5. リリース
・フローを「オン」にする
・フローの共同所有者を追加する
・SharePointリストをメンバーに共有する

　今回作成した備品貸出管理システムのような自動化フローは、他の業務改善にも応用できます。

　本章で学んだ開発の進め方を参考に、ぜひ皆さんも業務改善にチャレンジしてみてください！

応用編 ≫ Chapter

6

備品貸出システムを作ってみる!〜Power Appsとの連携

第6章のゴール

　本章では、第5章で作成した備品管理システムのフローにPower Appsを追加し、Power Automateとの連携を実装していきます。

　まずSharePointリストから備品貸出アプリを自動作成し、その後Power AppsからPower Automateフローを呼び出す機能を実装します。

　この章を完了すると、Power AppsとPower Automateの連携方法を理解し、2つのツールを組み合わせてより効果的な業務改善を実現できるようになります。

Chapter 6　備品貸出システムを作ってみる！〜 Power Appsとの連携

1 Power Appsとの連携を考える

　総務部のミムチは、備品管理システムのPower Automateフローの実装が完了し、テスト・リリースも無事終えました。
　しかし、このままでは総務部がSharePointリストに直接データを登録する必要があり、少し使いづらそうです。
　「Power Appsでアプリを作れば、申請者が直接システムから申請できますぞ！」

でも今までのPower Automateフローとの連携は、どうすればよいのですかな…？

Power AppsとPower Automateの連携のためには、少しフローの修正も必要です。まずはSharePointリストからアプリを自動作成してみましょう！

　本書では、Power Appsについての詳しい解説は省略します。
　Power Appsは、高度なプログラミングの知識がなくてもビジネスアプリを作れる「ローコードプラットフォーム」です。
　今回は簡単に、SharePointリストから自動作成されるPower Appsアプリを少し編集し、Power AppsとPower Automateの連携を体験してみましょう！

　第5章第1節で検討した要件定義を思い出してみましょう（図1）。

1 Power Appsとの連携を考える

▼**図1** 今回Power Appsで実装する箇所

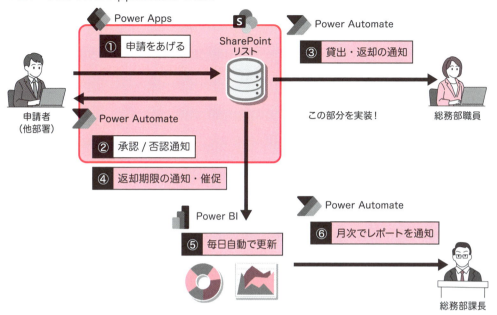

Power Appsで実装したい機能について、次の内容を洗い出しました。

Power Appsで必要な機能

1. 他部署の職員が、備品一覧の閲覧・検索ができる
   - 備品名、カテゴリ等で検索可能
   - 現在の貸出状況をリアルタイムで確認可能
2. 他部署の職員が、貸出・返却の申請ができる
   - 社員が直接システムから申請可能
   - 予約機能で将来の利用も予約可能

まずはSharePointリストから、基本的なPower Appsアプリを自動作成します。

そのあと、Power Appsからの申請をトリガーに、Power Automateの「新規貸出申請時の承認結果通知フロー」を実行するように、第5章第3節で作成したフローを編集していきます。

Chapter 6　備品貸出システムを作ってみる！〜 Power Appsとの連携

2　SharePointリストからPower Appsを自動作成する

　ミムチはひとまず、既に作成したSharePointリスト「貸出管理」をもとに、Power Appsアプリを自動作成することにしました。
　「ポチっとな。これで、基本的なPower Appsアプリが自動作成できましたぞ！」
　しかし、Power Appsも自動作成したままでは、Power Automateとの連携もできず、機能が不足しています。

このままでは使えませんな…どのようにアプリを修正していく必要がありますかな？

第5章の要件定義や、設計を見直しながら、アプリに必要な修正を加えていきましょう！

1　SharePointリストからPower Appsを自動作成

　Power Appsアプリを一から開発していくのは時間がかかります。
　そのため今回は、SharePointリストから自動作成できるスマホ画面サイズのPower Appsアプリを少し改修していく形でアプリを作っていきます。
　まずは、SharePointリストからPower Appsアプリを自動作成してみましょう。

2 SharePointリストからPower Appsを自動作成する

1 第5章で作成したSharePointリスト「貸出管理」を開き、「統合」から「Power Apps」＞「アプリの作成」を選択します（画面1）。

▼画面1　SharePointリストからPower Appsを自動作成

2 しばらく待つとPower Appsアプリが自動作成されます。

画面2のようなポップアップが表示されたら、「今後このメッセージを表示しない」にチェックを入れて、「スキップ」をクリックします。

▼画面2　自動作成されたPower Apps

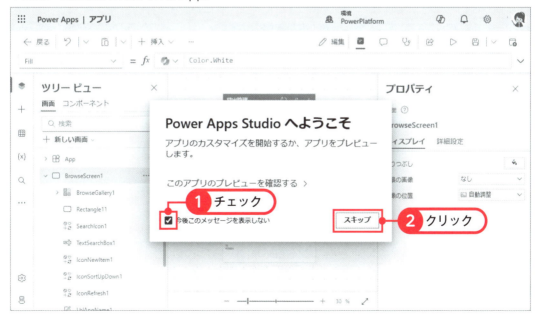

Chapter 6　備品貸出システムを作ってみる！〜 Power Appsとの連携

3　Power Appsアプリの編集画面が表示されます。

Power Appsアプリは、表1に示す4つの要素で構成されています。

▼表1　Power Appsの基本的な構成要素

構成要素	役割	例
データソース	アプリで使うデータを保管する場所	貸出管理リスト
画面	アプリで表示する画面	一覧画面、編集画面、詳細画面
コントロール	アプリのデザインを作る	ギャラリー（申請一覧の表示）、登録ボタン
プロパティ	画面やコントロールの見た目や動作を設定する	ボタンをクリックしたときの動作、ギャラリーに表示するデータ、文字の色

Power Appsでは、データソースにデータを格納し、画面とコントロールで、アプリのデザインを作り、プロパティで、画面やコントロールの見た目や、動きを設定します（画面3）。

▼画面3　Power Appsの編集画面

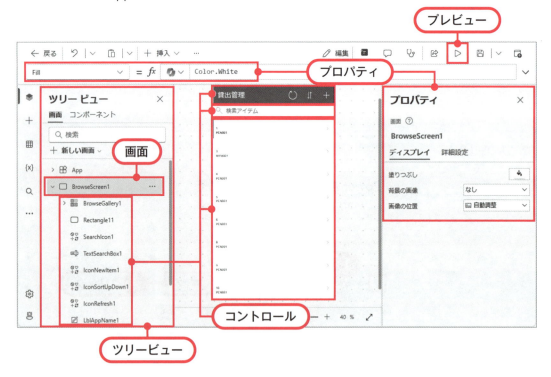

右上の「アプリのプレビュー（F5）」をクリックすると、アプリの動作確認ができます。

2 SharePointリストからPower Appsを自動作成する

　SharePointリストから自動作成されたPower Appsは、図1のように、「一覧画面」、「申請画面」、「詳細画面」の3画面で構成され、基本的なデータの登録、表示、更新、削除（CRUD）機能が既に実装されています。

▼図1　自動作成されたPower Appsの画面遷移

2 自動作成したアプリを編集する

　これでPower Appsアプリは作成できましたが、編集画面でデザイン等を少し変更してみます。

Chapter 6　備品貸出システムを作ってみる！～ Power Appsとの連携

1　右上の「×」ボタンでプレビューモードを閉じた後、ツリービューで「EditScreen1」画面の「EditForm1」コントロールを選択し、プロパティで「フィールドの編集」をクリックします（画面4）。

▼画面4　Formコントロールのフィールドの編集

2　ここでは、登録・編集フォームに表示するSharePointリストの列の編集ができます。
　「タイトル」列は不要なので、「…（三点リーダー）」から「×削除」を選択します（画面5）。

▼画面5　Formからタイトル列の削除

362

> **2** SharePointリストからPower Appsを自動作成する

3「＋フィールドの追加」から「状態」「備考」列にチェックを入れて「追加」をクリックし、Formへ表示する列を追加した後（画面6）、「×」をクリックしてフィールドを閉じます（画面7）。

▼**画面6** Formへ状態列と備考列の追加

▼**画面7** Formのフィールドの編集を閉じる

Chapter 6　備品貸出システムを作ってみる！〜 Power Appsとの連携

4 画面8のようにフォーム（EditForm1）に表示される列が変更されます。

※申請者に名前が表示されない場合、申請者の「DataCardValue」（ドロップダウン）を選択し、右側のプロパティの「フィールド」の編集から、「主要なテキスト」を「DisplayName」に変更します。

▼画面8　変更されたFormのフィールド

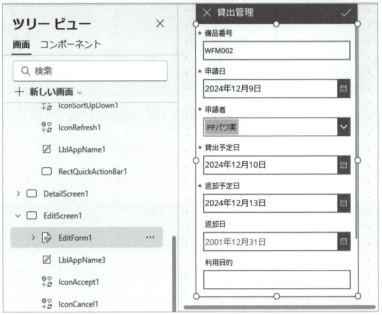

5 次に、「BrowseScreen1」画面の「BrowseGallery1」コントロールを選択し、フィールドの「X件選択済み」（フィールドの編集）をクリックします（画面9）。

▼画面9　ギャラリーのフィールドの編集

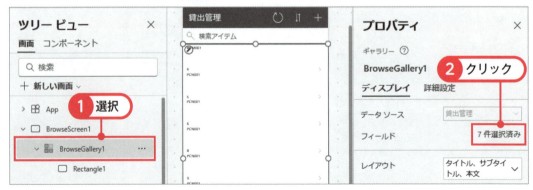

2 SharePointリストからPower Appsを自動作成する

6 データには、ギャラリーに追加されている「ラベル」コントロール（Body1、Title1、Subtitle1等）が表示され、ドロップダウンから、SharePointリストの表示する列を変更することができます（画面10）。

▼画面10　ギャラリーのフィールドの編集

7 ギャラリー（BrowseGallery1）の左上の「ペン」アイコンを選択し、「＋挿入」から「テキストラベル」を選択すると、ギャラリー内にデータを表示するラベルを追加できます（画面11）。

▼画面11　ギャラリーにラベルコントロールを追加

8 ラベルを選択し、プロパティからフォントのサイズや、太さを変更できます（画面12）。

▼画面12　ギャラリーのフォントを編集

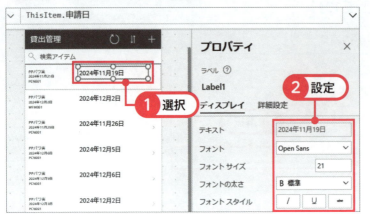

9 例えば、ラベルを選択し、左上のドロップダウンで「Text」プロパティを選択し、関数式（fx）に、次のように入力することで、貸出期間のデータを表示できます（画面13）。

"期間：" & ThisItem.貸出予定日 & "〜" & ThisItem.返却予定日

▼画面13　ギャラリーに貸出期間を表示

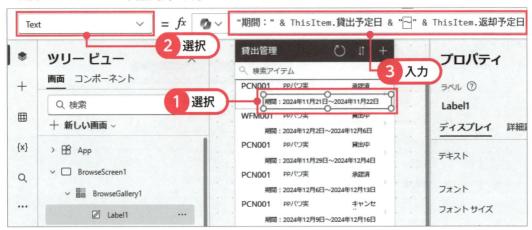

10 再度ギャラリー（BrowseGallery1）を選択し、「8件選択済み」（フィールドの編集）をクリックし、「状態」列の「Value」も表示してみましょう（画面14）。

　その他にも、自由にギャラリーに表示するデータや、位置を変更してみてください。申請者が名前でうまく表示されない場合、テキストラベルの「Text」プロパティで、「ThisItem.申請者.DisplayName」と入力してください。

▼**画面14**　ギャラリーのフィールドを編集

11 左側の「データ」タブをクリックし、もう一つのSharePointリスト「備品マスター」も追加します（画面15）。

▼**画面15**　アプリにデータを追加

Chapter 6　備品貸出システムを作ってみる！〜 Power Appsとの連携

12　「＋データの追加」から「sharepoint」で検索し、「SharePoint」＞「SharePoint」を選択します（画面16、17）。

▼画面16　SharePointデータを追加

▼画面17　SharePointデータを追加

13　SharePointリストを作成した「SharePointサイト」を選択し（画面18）、「備品マスター」にチェックを入れて、「接続」をクリックします（画面19）。

▼画面18　SharePointサイトを選択　　▼画面19　SharePointリストに接続

14 「備品マスター」が追加されたことを確認し、「ツリービュー」タブをクリックしてもどります（画面20）。

▼**画面20** ツリービューに戻る

15 ギャラリー（BrowseGallery1）に追加したラベルで、「備品番号」が表示されているラベルを選択し、「Text」プロパティを選択します（画面21）。

※新しくギャラリーにラベルコントロールを追加してもよいです。

▼**画面21** ギャラリー内のラベルを選択

Chapter 6 　備品貸出システムを作ってみる！〜 Power Appsとの連携

16 関数式（fx）の「ThisItem.備品番号」を削除し、次のように書き換えると、備品名が表示できます（画面22）。

```
LookUp(備品マスター, 備品番号 = ThisItem.備品番号, 備品名)
```

▼画面22　ギャラリーに備品名を表示

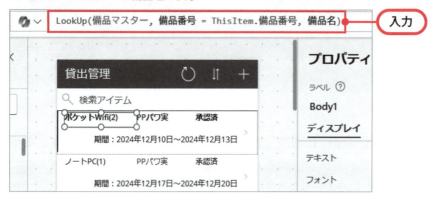

17 「EditScreen1」画面の「EditForm1」コントロールを選択し、プロパティで「フィールドの編集」を選択します（画面23）。

▼画面23　Formのフィールドの編集

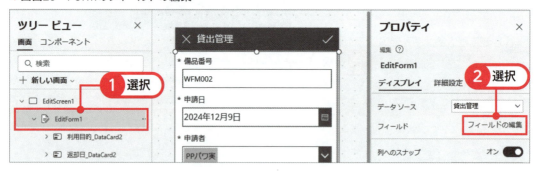

18 「備品番号」をクリックし、「コントロールの種類」を「許可値」に変更します（画面24）。

▼画面24　Formの備品番号を許可値に変更

19 Form内の「備品番号」のドロップダウンを選択し、プロパティの「詳細設定」で「プロパティを変更するためにロックを解除します。」をクリックします（画面25）。

▼画面25　プロパティのロックを解除

20 「備品番号」のドロップダウンを選択し、「Items」プロパティを選択し、関数式（fx）に次のように入力すると、ドロップダウンで備品名を選択できるようになります（画面26）。

備品マスター.備品名

▼画面26　ドロップダウンのItemsプロパティの設定

21 「赤い×」アイコンを選択し、「数式バーで編集」をクリックすると、エラーが出ているプロパティの関数式が赤波線で確認できます（画面27）。

▼画面27　関数式のエラーの確認

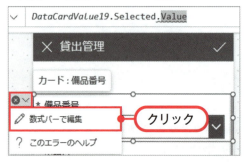

22 「備品番号_DataCardX」の「Update」プロパティを選択し、関数式（fx）を次のように書き換えます（画面28）。

LookUp(備品マスター, 備品名 = DataCardValueXX.Selected.備品名, 備品番号)

※XXの部分は、元々関数式に記載されているDataCardValueの番号を使います。

▼画面28　DataCardのUpdateプロパティの編集

23　「備品番号」のドロップダウンを選択し、「Default」プロパティを選択し、関数式（fx）を次のように書き換えます（画面29）。

LookUp(備品マスター, 備品番号 = Parent.Default, 備品名)

▼画面29　ドロップダウンのDefaultプロパティの編集

これでPower Appsアプリの編集は一旦完了です。

この後、Power Automateを編集後に、再度アプリを修正しますが、一旦作業を中断する場合はここでアプリを保存しておきましょう。

Chapter 6　備品貸出システムを作ってみる！～ Power Appsとの連携

3 Power AppsからPower Automateを実行する

　SharePointリストから自動作成したPower Appsアプリに少し修正を加えたミムチは、次にPower Automateフローの修正に取りかかりました。
　「新規貸出申請時の承認結果通知フロー」の修正をしようとしていたミムチは、あることに気づきました。
　「Power Appsでチェックアイコン（登録）をクリックしたとき、Power Automateフローを実行するように修正したいですぞ。」

もしや、このフローのトリガーが変わるのですかな？

Power Appsから、Power Automateを実行したい場合、フローのトリガーは「Power Apps」コネクタになります。

　第5章で作成した1つ目のPower Automateフロー「新規貸出申請時の承認結果通知フロー」を修正し、Power Appsの「EditScreen1」画面で、右上の「✓」（登録・更新ボタン）をクリックしたときをトリガーに、フローが実行されるようにしましょう。

❶ 新規貸出申請時の承認結果通知フローの修正

　まずは、Power Automateフロー「新規貸出申請時の承認結果通知フロー」を修正していきます。

3 Power AppsからPower Automateを実行する

1 第5章で作成した「新規貸出申請時の承認結果通知フロー」の編集画面を開き、トリガー「項目が作成されたとき」を右クリックして「削除」を選択します（画面1）。

▼**画面1** トリガーを削除

2 「トリガーの追加」をクリックし（画面2）、新しく「Power Apps」コネクタの「Power Appsがフローを呼び出したとき（V2）」のトリガーを追加します（画面3）。

▼**画面2** トリガーの追加

▼画面3　Power Appsトリガーの追加

3 Power Appsトリガーのパラメーターで「+入力の追加」をクリックし（画面4）、Power Appsから渡す値（引数）のデータ型として「数値」を選択します（画面5）。

これは、Power Appsで登録したデータの「ID」を数値型の引数として受け取るためです。

▼画面4　Power Appsトリガーの入力の追加

▼画面5　数値型の引数を選択

3 Power AppsからPower Automateを実行する

4 引数の名前を「ID」、説明を「IDを入力します」と入力します(画面6)。

▼**画面6** IDの引数を設定

5 トリガーの下に「アクションの追加」から「SharePoint」コネクタの「項目の取得」アクションを追加します(画面7)。

このアクションで、受け取った引数の「ID」を使って、SharePointリストに登録されたデータを取得します。

▼**画面7** SharePointの「項目の取得」アクションの追加

6 追加した「項目の取得」アクションを選択し、次のように設定します(画面8)。

> 「項目の取得」の設定
>
> ・サイトのアドレス：SharePointリストがあるSharePointサイトを選択
> ・リスト名：「貸出管理」を選択
> ・ID：動的なコンテンツから、Power Appsトリガーの「ID」を選択

Chapter 6　備品貸出システムを作ってみる！〜 Power Appsとの連携

▼画面8　「項目の取得」アクションの設定

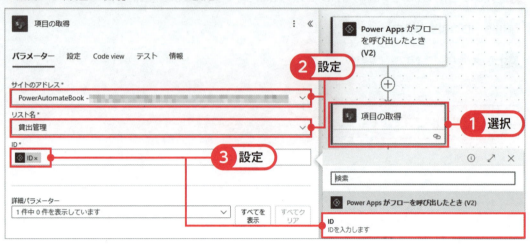

7 「複数の項目の取得」アクションを選択し、「フィルタークエリ」で設定している動的なコンテンツと関数式（＜＞で囲われた箇所）を変更します（画面9）。

> ItemNumber eq '<備品番号>' and EndDate ge '<貸出予定日>' and StartDatele '<返却予定日>' and (Status eq '承認済' or Status eq '貸出中')

　＜＞の部分は、動的なコンテンツから、「項目の取得」の「備品番号」、「貸出予定日」、「返却予定日」を設定します（画面9の②）。

Power AppsからPower Automateを実行する

▼画面9 「複数の項目の取得」アクションの設定変更

8 条件の中で設定したTrue、False内にそれぞれ設定した「項目の更新」アクションを選択し、「ID」、「備品番号」、「申請日」、「貸出予定日」、「返却予定日」の項目の設定を削除し（画面10）、動的なコンテンツから**「項目の取得」**のそれぞれの列のデータを設定しなおします（画面11）。

▼画面10 「項目の更新」アクションの設定変更

Chapter 6　備品貸出システムを作ってみる！〜 Power Appsとの連携

▼画面11　「項目の更新」アクションの設定変更

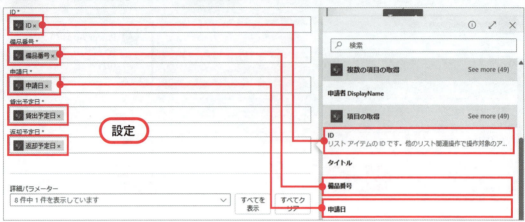

9　条件内のTeamsのメッセージ送信アクションも同様に変更していきますが、メッセージ文に「備品番号」ではなく「備品名」を入れたいため、Power Appsトリガーの設定で「入力の追加」から「テキスト」を選択します（画面12）。

▼画面12　「Power Apps」トリガーの入力の追加

10　引数名を「備品名」にして、説明文に「備品名を入力します」と設定します（画面13）。

▼画面13　「Power Apps」トリガーの入力の追加

3 Power AppsからPower Automateを実行する

11 条件の中で設定したTrue、False内にそれぞれ設定した「チャットまたはチャネルでメッセージを投稿する」アクションを選択し、次のように動的なコンテンツの設定を変更します（画面14）。

「チャットまたはチャネルでメッセージを投稿する」の設定

- Recipient：**「項目の取得」**の「申請者 Email」
- 備品：「Power Appsがフローを呼び出したとき（V2）」の「備品名」
- 貸出予定日：**「項目の取得」**の「貸出予定日」
- 返却予定日：**「項目の取得」**の「返却予定日」

▼画面14　「チャットまたはチャネルでメッセージを投稿する」アクションの設定変更

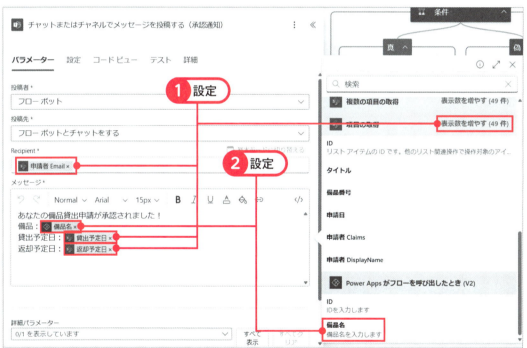

12 フローの修正が完了したら、フロー名を「新規貸出申請時の承認結果通知フロー（PowerAppsトリガー）」に変更して保存します（画面15）。

▼画面15　完成したフロー

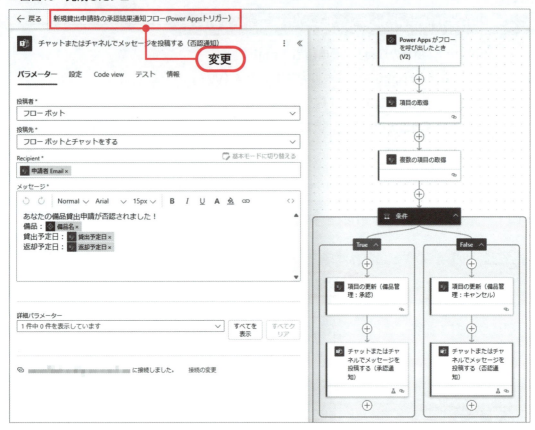

2　Power Apps側の設定

次に、Power Apps側の設定を一部変更し、Power Automateと連携できるように改修していきます。

3 Power AppsからPower Automateを実行する

1 Power Appsの編集画面を開き、「…（三点リーダー）」から「Power Automate」を選択します（画面16）。

▼**画面16** Power Apps編集画面でPower Automateを選択

2 「フローの追加」から、上述で修正した「新規貸出申請時の承認結果通知フロー」を選択して追加し（画面17）、フローが追加されたら、「ツリービュー」をクリックして戻ります（画面18）。

▼**画面17** Power AppsにPower Automateフローを追加

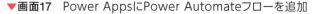

▼**画面18** ツリービューに戻る

Chapter 6 備品貸出システムを作ってみる！〜 Power Appsとの連携

3 「EditScreen1」画面の「IcoAccept1」（チェック（✓）アイコン）を選択し、「OnSelect」プロパティを選択して、次の関数式を追加します（画面19）。

```
SubmitForm(EditForm1);
'新規貸出申請時の承認結果通知フロー(PowerAppsトリガー)'.Run();
```

▼画面19　Power Automateを呼び出す関数式を実装

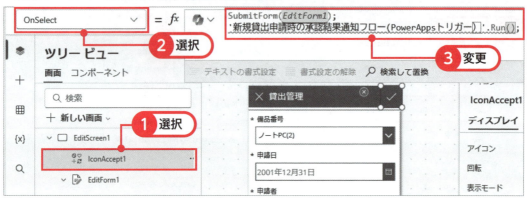

Power AppsからPower Automateを呼び出す

　Power Appsアプリで、ボタンをクリックしたときなどにPower Automateフローを呼び出す場合、Power Appsに対象のPower Automateフローを追加した上で、次の関数式を使って呼び出します。

```
Power Automateフロー名.Run(引数1、引数2…)
```

　Power Appsから、Power Automateに何か引数を渡す場合は、()内に、カンマ区切りで引数を入れます。
　今回の場合、SharePointリストに登録した申請のIDと、備品名の2つの引数を渡します。
　引数を渡すときは、基本的にPower Automateで設定したものを上から順番に過不足なく指定します。
　今回の場合、Power Automateフロー名.Run(＜ID＞、＜備品名＞)となるように2つの引数のデータをPower Automateに渡してあげます。

> **3** Power AppsからPower Automateを実行する

4 Power Automateに「ID」と「備品名」の2つの引数を渡すため、「IcoAccept1」（チェック（✓）アイコン）の「OnSelect」プロパティの関数式を次のように変更します（画面20）。

```
SubmitForm(EditForm1);
'新規貸出申請時の承認結果通知フロー(PowerAppsトリガー)'.Run(
    EditForm1.LastSubmit.ID,
    LookUp(備品マスター, 備品番号 = EditForm1.LastSubmit.備品番号, 備品名)
);
```

▼画面20 Power Automateを呼び出す関数式を実装

ここでは詳しく解説しませんが、「Formコントロール名.LastSubmit」で、SubmitForm関数で直前に登録・更新したデータを取得することができます。

これでPower Appsの修正も完了したので、右上の「保存」アイコンの隣の「▽」から、「名前を付けて保存」を選択し（画面21）、アプリ名を入力して「保存」をクリックします。

※既に一旦アプリを保存している場合は、上書き保存（保存アイコンをクリック）か、バージョンメモで保存しておきます。

▼画面21　名前を付けて保存する

これでPower Appsの修正も完了しました！

3 テスト実行

Power Automate、Power Appsの修正が完了したので、Power Appsが適切にPower Automateと連携できているか動作確認してみましょう。

1　Power Appsの一覧画面（BrowseScreen1）から、「アプリのプレビュー（F5）」をクリックし、「＋アイコン」で新規の貸出申請を入力し、「✓アイコン」で登録してみます（画面22）。

▼画面22　アプリの動作確認

3 Power AppsからPower Automateを実行する

2 Power AppsからPower Automateが実行され、しばらくするとTeamsで画面23のような通知が届きます。

▼画面23　Teamsで承認/否認の通知

あなたの備品貸出申請が承認されました！
備品：ノートPC(2)
貸出予定日：2024-12-09
返却予定日：2024-12-12

3 SharePointリスト「貸出管理」をみると、「状態」列が承認の場合は「承認済」、否認の場合は「キャンセル」になっていることが確認できます（画面24）。

▼画面24　SharePointリストの登録データを確認

4 リリース

動作確認が完了したら、最後にPower Appsアプリをリリースします。

アプリのリリースは、次の2つの手順で実行します。

アプリのリリース手順

(1) アプリを発行する
(2) アプリを共有する

（1）アプリを発行する

最初に、編集したPower Appsアプリを発行します。

1 保存アイコンの右をクリックし、「バージョンメモで保存する」を選択します（画面25）。

▼画面25　アプリをバージョンメモで保存

2 バージョンメモにメモを入力し、「保存」を選択して、アプリを保存します（画面26）。
　※まだ1回も保存していない場合は、先にアプリ名をつけて保存します。

▼画面26　アプリをバージョンメモで保存

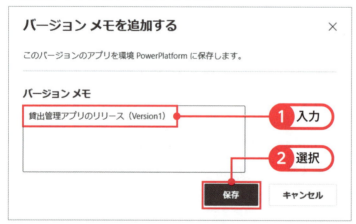

アプリをバージョンメモで保存

アプリをバージョンメモで保存しておくと、あとからバージョン履歴を見返したときに、アプリのバージョンメモも確認できます。

> 3　Power AppsからPower Automateを実行する

　アプリは保存するたびに、新しいバージョンとして保存され、あとから古いバージョンを復活させることも可能です。
　アプリの改修等でアプリ編集した際に、アプリが上手く動かなくなった場合（デグレード）、アプリを前のバージョンに戻したいことがあります。
　その際に、どのバージョンに戻すか判断するとき、バージョンメモがあると分かりやすいです。
　アプリは、少しずつ修正・動作確認をしたら、小まめに保存し、ある程度の修正と動作確認ができたら、バージョンメモをつけて保存しておく習慣をつけるとよいでしょう。

3　アプリをバージョンメモで保存したら、画面27のポップアップが自動で表示されるため、「このバージョンの公開」をクリックして、アプリを公開します。

▼画面27　アプリを公開

　もし、画面27のような画面が表示されなかったら、画面右上の「公開」ボタンをクリックして、アプリを公開してください（画面28）。

Chapter 6　備品貸出システムを作ってみる！〜 Power Appsとの連携

▼画面28　公開ボタンをクリック

（2）アプリを共有する

アプリを公開しただけでは、まだ他の人がアプリを使うことはできません。
次に、アプリを利用するユーザーに、アプリを共有します。

1 Power Apps画面の「アプリ」タブを選択し、発行したアプリの「…（三点リーダー）」から「共有」を選択します（画面29）。

▼画面29　アプリの共有

2 共有設定画面で、アプリを利用するユーザーを追加し、ロールを「ユーザー」に設定して「共有」をクリックします（画面30）。
※ 共同所有者（アプリの共同編集者）を追加する場合、「共同所有者」を選択します。

3 Power AppsからPower Automateを実行する

▼画面30　アプリの共有

これで、アプリのリリースも完了です。

上述のような感じでPower AppsとPower Automateの連携ができました。
今回は簡単にSharePointリストからPower Appsを自動作成し、修正したものを使ったため、詳しい解説は省略しています。

さらにPower Appsについて詳しく知りたい方は、拙著もご参考いただければと思います。

参考：「ゼロから学ぶ Power Apps 実践に役立つビジネスアプリ開発入門」
　　https://amzn.asia/d/dnXCT5d

第6章のまとめ

　本章では、第5章で作成した備品管理システムのフローにPower Appsアプリを追加し、Power Automateとの連携方法を学びました。

　アプリの自動作成と、フローとの連携は、次の流れで進めました。

1. Power Appsアプリの作成

・SharePointリストからアプリを自動作成する
・必要に応じてフォームやギャラリーの表示項目を編集する
・備品マスターのデータも追加し、関数式でデータを連携する

2. Power Automateフローの修正

・トリガーをSharePointからPower Apps（V2）に変更する
・Power Appsから受け取る引数（ID、備品名等）を設定する
・フロー内の動的なコンテンツの参照先を変更する

3. Power AppsとPower Automateの連携

・Power Appsの編集画面でフローを追加する
・ボタンクリック時にフローを呼び出す関数式を実装する
・必要な引数をフローに渡すように設定する

4. リリース

・アプリをバージョンメモとともに保存する
・アプリを公開する
・利用者にアプリを共有する

　このようにPower AppsとPower Automateを連携させることで、ユーザーが直接アプリからデータを登録でき、その後の承認フローも自動で実行される、より使いやすいシステムを構築することができます。

　今回はSharePointリストからの自動作成アプリを使用しましたが、これを足がかりにより高度なPower Appsアプリの開発にもチャレンジしてみてください！

応用編 ≫ Chapter

7

備品貸出システムを作ってみる！
～ Power BI との連携

第7章のゴール

　本章では、第5章で作成した備品管理システムで使っている SharePoint リストのデータを Power BI レポートで可視化し、さらに Power Automate との連携も実装していきます。

　まず SharePoint リストから、Power BI で備品貸出実績を可視化し、その後 Power Automate で毎月月初めに、前月の備品貸出実績を自動通知するフローを実装します。

　この章を完了すると、Power BI の基本的な使い方と、Power Automate との連携方法を理解し、Power Platform を組み合わせてより効果的な業務改善を実現できるようになります。

Chapter 7　備品貸出システムを作ってみる！～ Power BIとの連携

1　Power BIとの連携を考える

　総務部のミムチは、備品管理システムのPower Appsアプリの実装も完了しました。
　あとはSharePointリストのデータをPower BIレポートで可視化して、総務部チームで共有するだけです。
　「まずは、Power BIを使ってどのような連携をするか見直しますぞ！」

SharePoint等、クラウド上にデータがある場合、Power BIレポートの自動更新設定もできるのでしたな！

その通りです！　SharePointリストや、SharePoint上のExcelからPower BIレポートを作ると自動更新できるのでおすすめです。

　本書では、Power BIについての詳しい解説は省略しますが、Power BIは様々なデータソース（Excel、SharePoint、SQL Server等）のデータを、グラフ等で可視化し、メンバーとレポートを共有することができます。
　今回はSharePointリストに登録されたデータをPower BIで読み込み、簡単なレポート作成を体験してみましょう！

　第5章第1節で検討した要件定義を思い出してみましょう（図1）。

1 Power BIとの連携を考える

▼図1　今回Power BI、Power Automateを実装する箇所

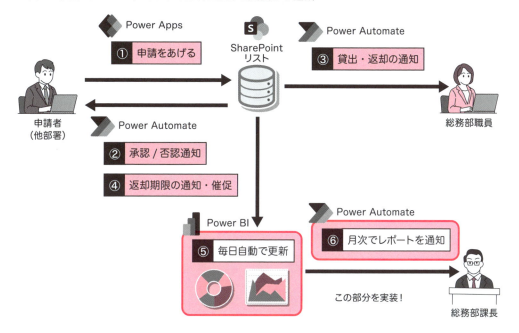

Power BI、Power Automateで実装したい機能について、次の内容を洗い出しました。

Power BI、Power Automateで必要な機能

1. Power BIの必要機能：
- SharePointリストのデータを自動で読み込み、レポートを毎日更新する。
- 基本的な貸出状況の可視化し、総務部の課長が最新の利用状況を把握できるようにする。

2. Power Automateの必要機能：
- 貸出状況レポートフロー
    - 毎月1日の朝に貸出状況サマリーを送信

今回は上述した要件を満たす、Power BIレポートおよび、Power Automateフローを作成していきます。

※ Power BIデスクトップアプリがインストールされていない場合は、Power BIのページ（https://powerbi.microsoft.com/ja-jp/desktop/）からダウンロードしましょう。

Chapter 7　備品貸出システムを作ってみる！～ Power BIとの連携

2　Power BIレポートを作る

Power BIデスクトップアプリのインストールを終えたミムチは、早速SharePointリストのデータを取得し、レポートを作成しようとしました。

「Power BIでSharePointリストのデータが取得できましたぞ！」

Power Queryが開いたら、必要なデータ変換操作をしていけばよいのでしたな。

Power BIは、データへの接続後、データ変換、データモデリング、レポート作成、発行・共有の手順で進めていきます！

Power BIレポート作成は、次のような手順で進めていきましょう。

Power BIレポート作成の基本的な手順

① Power BIからデータソース（SharePointリスト）に接続する
② Power Queryでデータフォーマットを整える
③ 2つのテーブル間の関係性を定義（データモデリング）する
④ レポートを作成する
⑤ レポートを発行し、メンバーと共有する

それでは、一つ一つ進めていきましょう。

2 Power BIレポートを作る

1 Power BIからSharePointリストに接続する

まずはPower BIデスクトップアプリで、SharePointリストのデータに接続してみましょう。

1 PCのアプリ一覧（Windowsの場合、スタートアイコン）から、Power BI Desktopアプリを開きます（画面1）。

▼画面1　Power BI Desktopアプリを開く

2 「空のレポート」を選択し、新しいPower BIレポートを作成します（画面2）。

▼画面2　新規レポートの作成

Chapter 7　備品貸出システムを作ってみる！〜 Power BIとの連携

3 　右上に「サインイン」と表示されている場合、「サインイン」をクリックし、メール欄に作成したMicrosoftアカウントを入れて「続行」をクリックします（画面3）。

▼画面3　Power BIサービスへのサインイン

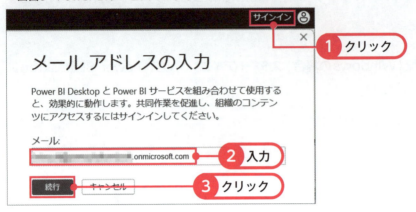

Power BIサービスとの連携

Power BIデスクトップで作成したレポートを、Power BIサービス（クラウド上）へ発行し、メンバーと共有するには、組織アカウントでサインインする必要があります。

4 　左上の「ホーム」タブ＞「データを取得」＞「詳細」を選択します（画面4）。

▼画面4　データを取得

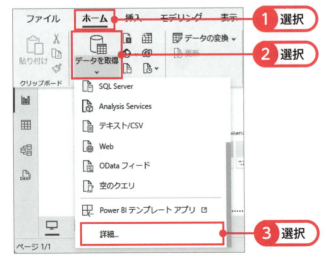

2 Power BIレポートを作る

5 「SharePoint」と検索後、「SharePoint Onlineリスト」を選択し、「接続」をクリックします（画面5）。

▼画面5　SharePoint Onlineリストを選択して接続

6 SharePointリストのあるSharePointサイトを開き、「ホーム」タブをクリックしたときのURL（ドメイン名/sites/○○/）をコピーします（画面6）。

▼画面6　SharePointサイトのURLをコピー

7 Power BIデスクトップに戻り、次のように設定して、「OK」をクリックします（画面7）。

- サイトURL：SharePointサイト（ホーム）のURLを貼り付け
- 実装：2.0
- 表示モード：「既定」か「すべて」を選択（ここでは「既定」）

▼画面7　SharePoint Onlineリストへの接続設定

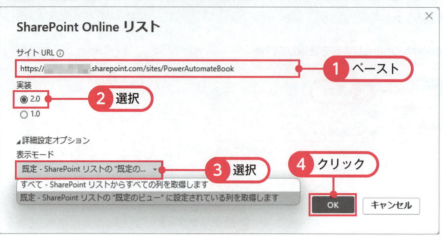

8　画面8のような認証画面がでたら、「Microsoftアカウント」で「サインイン」をしてから「接続」をクリックします。

▼画面8　SharePoint Onlineリストへの接続認証

9 ナビゲーターで「貸出管理」と「備品マスター」を選択し、「データの変換」をクリックすると(画面9)、Power Queryエディターが開きます(画面10)。

▼画面9　SharePointリストを選択してデータの変換

▼画面10　Power Queryエディター画面

これで、Power BIからSharePointリストへ接続ができました。

2 Power Queryでデータフォーマットを整える

Power Queryエディターでは、Power BIで分析するデータの変換操作を行います。

(1)「貸出管理」クエリのデータ変換

1 Power Queryエディターのクエリで、「貸出管理」を選択し、「ホーム」タブ＞「列の選択」をクリックします（画面11）。

▼画面11　貸出管理の「列の選択」

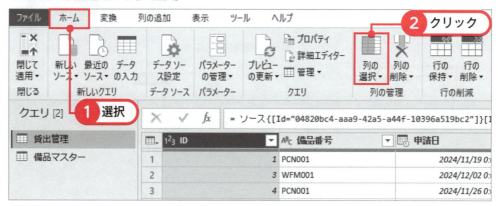

2 次の列にチェックをいれて、「OK」をクリックすると、チェックに入れた列だけが表示されます（画面12）。

ID、備品番号、申請日、申請者、貸出予定日、返却予定日、状態

▼画面12　列の選択で必要な列にチェックを入れる

3　申請者列の右の「展開」アイコン＞「新しい行に展開する」を選択します（画面13）。
再度申請者列の右の「展開」アイコンをクリックし、「email」「department」にチェックを入れて「OK」をクリックします（画面14）。

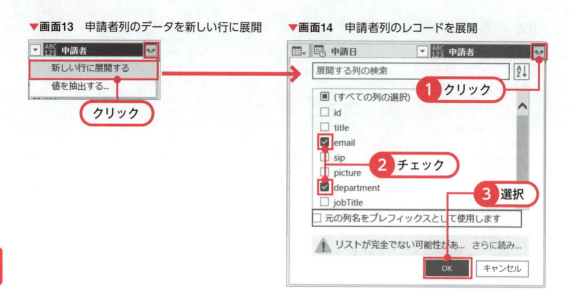

▼画面13　申請者列のデータを新しい行に展開　　▼画面14　申請者列のレコードを展開

4　展開された2つの列「email」「department」を「Ctrlキー」を押しながら選択し、「変換」タブ＞「データ型：すべて」から、「テキスト」を選択し、データ型をテキスト型に変更します（画面15）。

▼画面15　email、department列のデータ型を変更

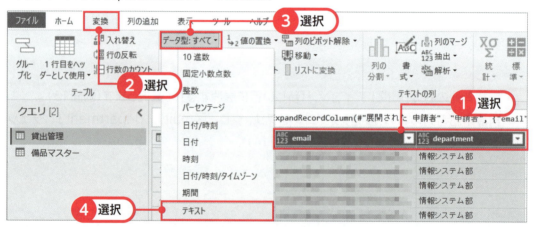

5　申請日の列の左にある「日付/時刻」アイコンをクリックし、データ型を「日付」に変更します（画面16）。

同様の操作で、「貸出予定日」、「返却予定日」のデータ型も「日付」に変更します（画面17）。

▼画面16　申請日列のデータ型を変更　　　　▼画面17　返却予定日列のデータ型を変更

6　「ID」列のデータ型は「テキスト」型に変更します（画面18）。

▼画面18　ID列のデータ型を変更

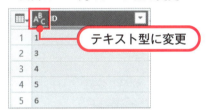

データ型の変更は必要？

　本書の第2章で解説したように、データの整合性を保つ上で、データ型というのはとても重要です。

　Power BIでも同様で、扱っているデータの種類に応じて、適切なデータ型を設定することで、データの整合性を保ち、データ型に応じた変換処理も適切にできるようになります。

　Power BIを使う際も、それぞれの列のデータ型がきちんと設定されているかを確認する習慣をつけましょう。

Chapter 7　備品貸出システムを作ってみる！〜 Power BIとの連携

7　「Ctrlキー」を押しながら、「返却予定日」、「貸出予定日」の順に選択し、「列の追加」タブ＞「日付」＞「日数の減算」を選択します（画面19）。

▼画面19　貸出予定期間を計算

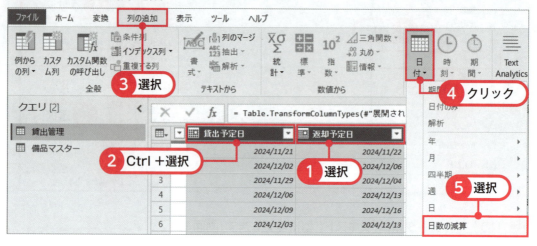

8　一番右に追加された「減算」列をダブルクリックし（画面20）、「貸出期間」に列名を変更します（画面21）。

▼画面20　列名を変更　　　　　　　　　　　　　　▼画面21　列名を変更

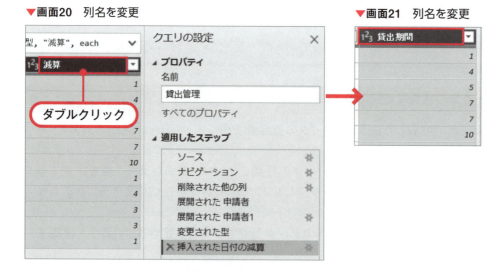

（2）「備品マスター」クエリのデータ変換

1 「貸出管理」のデータ変換が完了したので、クエリの「備品マスター」を選択し、「貸出管理」のデータ変換と同様の手順で進めていきます。
　「ホーム」タブ>「列の選択」をクリックし（画面22）、次の列にチェックを入れて「OK」をクリックします。

> ID、備品番号、備品名、カテゴリ、取得日

▼画面22　備品マスターの列の選択

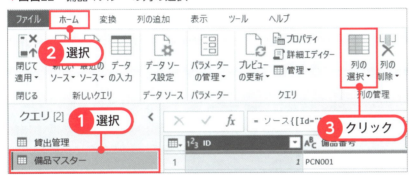

2 ID列のデータ型を「テキスト」型に変更します（画面23）。
　取得日列のデータ型を「日付」型に変更します（画面24）。

▼画面23　ID列のデータ型を変更　　▼画面24　取得日列のデータ型を変更

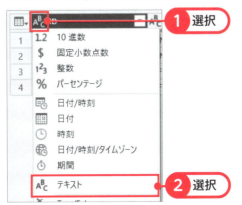

3 取得日列を選択し、「列の追加」＞「日付」＞「期間」を選択し、取得日～現在までの期間を計算した列を追加します（画面25）。

▼画面25　取得日～現在までの期間を計算

4 一番右に作成された「期間」列を選択し、「変換」タブ＞「期間」＞「合計年数」を選択します（画面26）。

▼画面26　期間列の日数を年数に変換

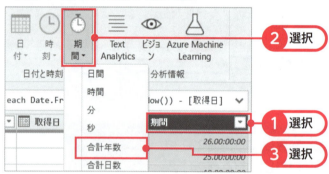

5 「期間」列をダブルクリックして、列名を「使用年数」に変更します（画面27）。
　「備品マスター」のデータ変換も完了したので、「ホーム」タブ＞「閉じて適用」をクリックします（画面28）。
　Power Queryエディターが閉じて、Power BIデスクトップ画面で、変換後のデータが読み込まれます。

2 Power BIレポートを作る

▼画面27 列名を変更

▼画面28 Power Queryエディターを閉じて適用する

これでPower Queryでのデータ変換操作も完了です。

3 2つのテーブル間の関係性を定義する

次に、Power BIデスクトップの「モデルビュー」タブで、リレーションシップを作成し、2つのテーブル間の関係性を定義します。

1 Power BIデスクトップで「モデルビュー」タブを選択すると（画面29）、「備品マスター」と「貸出管理」が表示されます（画面30）。

▼画面29 Power BIデスクトップのモデルビュータブ

409

▼画面30　Power BIデスクトップのデータモデル

2 画面30のように、すでにリレーションシップが作成されている場合、そのまま何もせず、レポートビュータブに戻ります。

　リレーションシップが作成されていない場合、「貸出管理」の「備品番号」列を選択し、「備品マスター」の「備品番号」列にドラッグ&ドロップし、2つのテーブル間を「備品番号」列で紐づけます（リレーションシップの作成）（画面31）。

▼画面31　テーブル間のリレーションシップの作成

3 新しいリレーションシップを作成する際は、画面32のように設定して、「保存」をクリックします。

▼画面32　テーブル間のリレーションシップの設定

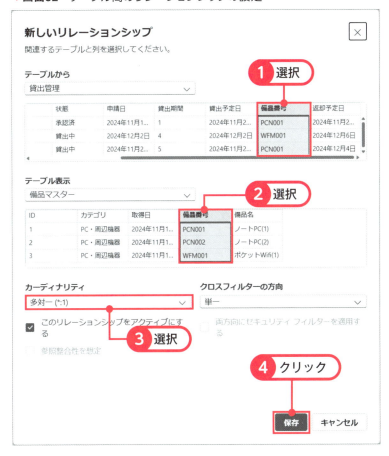

これで、2つのテーブル間の関係性が定義できました。

4 レポートを作成する

「モデルビュー」タブで、データモデルを作成したら、再度「レポートビュー」タブに戻り、レポート（グラフ等）を作成していきます。

Chapter 7　備品貸出システムを作ってみる！〜 Power BIとの連携

1 「レポートビュー」タブに戻り、「視覚化」から「積み上げ縦棒グラフ」を選択し、次のように設定します(画面33)。

集合縦棒グラフの設定

- X軸：貸出管理の「申請日」をドラッグ＆ドロップし、「四半期」と「日」は「×」アイコンで削除する
- Y軸：貸出管理の「ID」をドラッグ＆ドロップする

グラフの上側に表示されている「二又」のアイコン（階層内で1レベル下をすべて展開します）を選択し、年月レベルで作業時間の合計を表示してみましょう。

▼画面33　集合縦棒グラフの設定

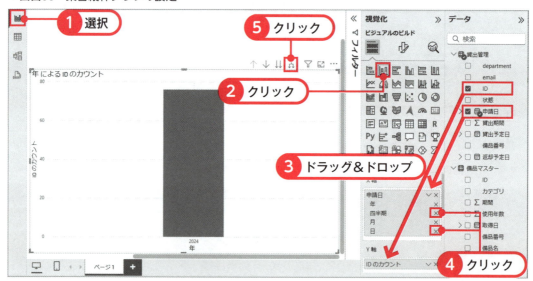

2 集合縦棒グラフが、画面34のように表示されます。

▼**画面34** 集合縦棒グラフの表示

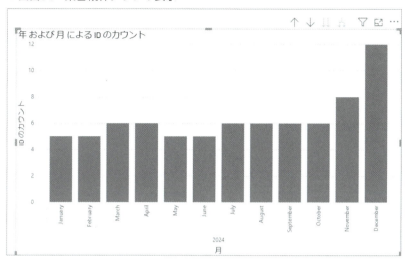

3 集合縦棒グラフの「凡例」に備品マスターの「カテゴリ」を追加すると、画面35のように、年月・カテゴリごとの貸出申請件数が、棒グラフが表示されます。

また、グラフを選択した状態で、「視覚化」から別のグラフ（例えば「折れ線グラフ」）を選択すると（画面35②）、同じデータを別のグラフで表示することができます（画面36）。

▼**画面35** 集合縦棒グラフの凡例にデータを入れる

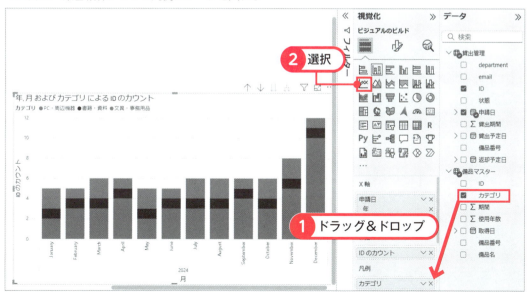

▼画面36　折れ線グラフで表示

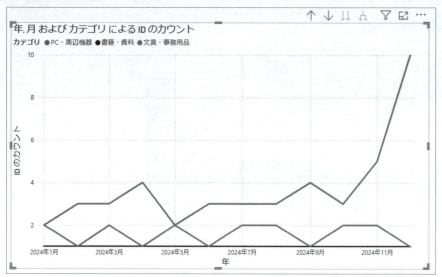

リレーションシップの重要性

　このように、貸出管理と、備品マスターの2つの異なるテーブルのデータを、1つのグラフに表示できるのは、「モデルビュー」タブで適切にリレーションシップの作成をしたためです。

　リレーションシップの作成が適切でない場合は、適切にグラフで異なるテーブルのデータを表示することができません。

2 Power BIレポートを作る

4 次に「視覚化」から「カード」を選択し、「フィールド」に「貸出管理」の「ID」（IDのカウント）を追加すると、申請件数の合計が表示できます（画面37～39）。

▼**画面37** カードに申請件数を表示

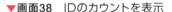

▼**画面38** IDのカウントを表示

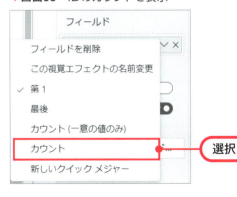

▼**画面39** IDのカウントを表示

5 次に「視覚化」から「スライサー」を選択し、「フィールド」に「備品マスター」の「カテゴリ」を追加すると、カテゴリのフィルターを表示できます（画面40）。

▼画面40　スライサーにカテゴリを表示する

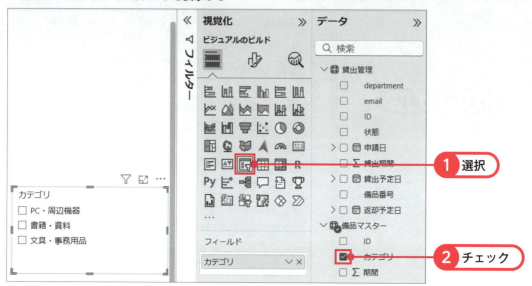

6 カテゴリのスライサーを選択した状態で、「ビジュアルの書式設定」＞「ビジュアル」＞「スライサーの設定」の「オプション」でスタイルを「タイル」に変更すると、画面41のようなレスポンシブデザインで、スライサーを表示できます。
また「すべて選択」オプションをオンにすることもできます。

2 Power BIレポートを作る

▼**画面41** スライサーをタイルで表示する

 ビジュアルの書式設定

ビジュアルの書式設定を使うと、ビジュアルのデザインを色々と変更できます。
例えば、色、タイトル、フォントサイズ等、様々な設定ができるので、最終的にレポートのデザインを綺麗に整えたい場合は、ぜひ活用してください！

7 後は、自由にPower BIの視覚化からビジュアルを追加し、レポートを作成してみましょう。

「表示」タブの「テーマ」から、配色を変えることもできます（画面42）。

▼**画面42** レポートのテーマを変える

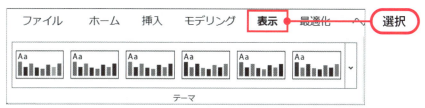

417

これで、Power BIのレポートが作成できました。

5 レポートを発行し、メンバーと共有する

　Power BIデスクトップでレポートを作成した状態では、作業者のみがレポートを見ることができ、他のメンバーと共有されていません。

　最後に、作成したレポートを「Power BIサービス」（クラウド上）に発行し、メンバーと共有する手順を解説します。

（1） Power BIサービスにレポートを発行する

1 Power BIデスクトップでレポートを作成した後、「ホーム」タブ＞「発行」をクリックし、レポートをPower BIサービスに発行します（画面43）。

▼画面43　レポートを発行する

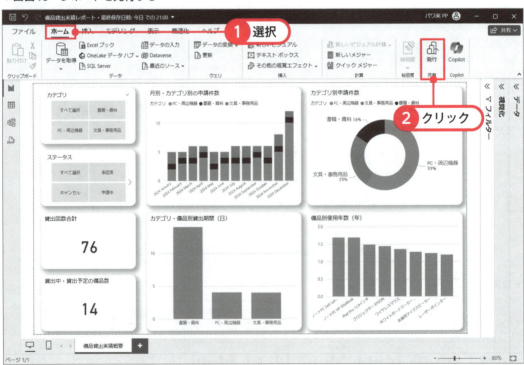

2 Power BIレポートを作る

2 「マイワークスペース」を選択し、「選択」をクリックします（画面44）。

▼**画面44** マイワークスペースに発行する

 ワークスペースにレポートを発行する

　Power BIデスクトップで作成したレポートは、Power BIサービスの任意のワークスペースを指定して、発行する必要があります。
　ワークスペースは、作業場所という意味で、レポートを共有したいメンバーがアクセスできるワークスペース（例えば「総務部ワークスペース」等）を作成して発行することができます。
　Power BI Proライセンスを持っていない場合は、マイワークスペース（自分だけが見られるワークスペース）のみに発行することができます。

3 レポートの発行が成功したら、「Power BIで'レポート名'を開く」を選択し、Power BIサービスに発行されたレポートを表示します（画面45）。

▼**画面45** Power BIサービスに発行されたレポートを表示する

Chapter 7　備品貸出システムを作ってみる！〜 Power BI との連携

これで、Power BIデスクトップで作成したレポートを、Power BIサービスに発行できました。

（2）データの自動更新設定をする

1 ブラウザでPower BIサービスが開くので、「マイワークスペース」を選択します（画面46）。

▼画面46　Power BIサービスのマイワークスペースを表示

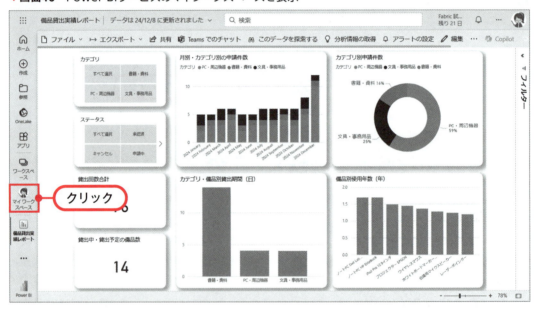

2 「セマンティックモデル」の「更新のスケジュール設定」アイコンをクリックします（画面47）。

▼画面47　「更新のスケジュール設定」をクリック

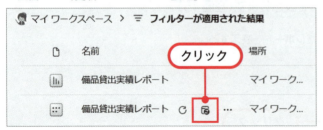

3 「データソースの資格情報」で「資格情報の編集」をクリックし（画面48、画面49）のように設定して「サインイン」を選択します。

▼**画面48** 「資格情報の編集」をクリック

▼**画面49** 「資格情報の編集」を設定

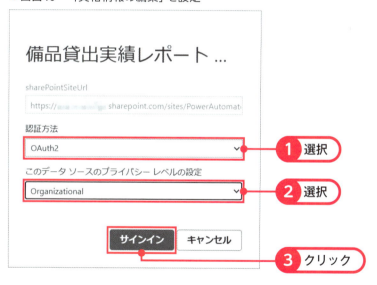

Chapter 7　備品貸出システムを作ってみる！〜 Power BIとの連携

4 資格情報の編集が設定できたら、「最新の情報に更新」を「オン」にして、画面50のように更新日時を設定し「適用」をクリックします。

▼**画面50**　「情報更新スケジュール」を設定

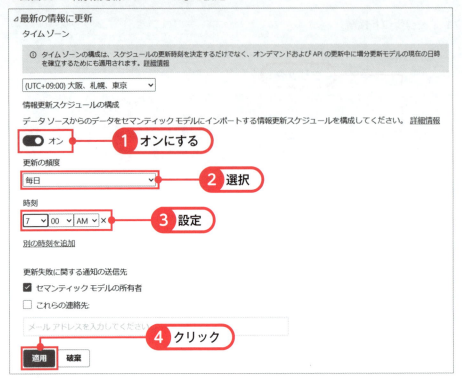

これで、設定したスケジュールでデータを自動更新することができます。

（3）ワークスペースにアクセス権を付与する

マイワークスペースは、自分だけの作業場所のため、他のメンバーにアクセス権を付与することはできません。

他のメンバーにアクセス権を付与したい場合は、新規にワークスペースを作成しましょう。

1 ワークスペースで「アクセスの管理」をクリックします（画面51）。

▼**画面51**　ワークスペースへアクセス権の付与

2 アクセスの管理で、Microsoft Entra IDに登録されているユーザーやセキュリティグループを追加すると、ワークスペースにあるレポートやセマンティックモデルを共有することができます（画面52）。

▼**画面52** ユーザーやセキュリティグループを追加

3 レポートのリンクを共有したい場合は、Power BIサービスで「レポート」を開き、「共有」からリンクを共有できます（画面53）。

▼**画面53** Power BIレポートのリンクを共有

これでPower BIレポートの発行と共有、データの自動更新設定ができました。

3 Power AutomateでPower BIのデータセットからデータを取得する

Power BIレポートの発行を終えたミムチは、いよいよ最後のPower Automateフローの実装に取りかかります。

「あとは、Power Automateで毎月上司に実績を通知するフローを作るだけですぞ！」

Power AutomateでPower BIのデータを取得するにはどうすればよいのですかな？

Power Automateでは、Power BIコネクタも用意されているので、これを使います！

第5章で作成しなかった4つ目のフローでは、毎月月初に、Power BIのデータから前月の基本集計データを取得し、Power BIレポートのリンクと合わせて総務部課長にTeamsで通知します。

第5章第2節で、図1のようなフローの設計をしたので、これを参考にしながら、実際のフローを構築していきます。

▼図1　作成するフローの全体像

Power Automateで、Power BIレポートのデータを取得する方法としては、主に次の2つがあります。

Power AutomateでPower BIのデータを取得する方法

1. Power BIのデータソース（SharePointリスト等）から直接取得する
2. Power BIのセマンティックモデルにクエリを実行して取得する

今回の場合、データソースがSharePointリストなので、1.の方法でも可能ですが、2.の方法が使えると、次のようなメリットがあるため、今回は2.の方法を使ってみます。

セマンティックモデルからデータ取得するメリット

・データソースに直接アクセスできない人でも使える
・DAXクエリを使い色々な集計データを取得できる

特にデータソースがSQL Server等にあり、直接接続できない場合でも、Power BIのセマンティックモデルにアクセスできる場合は、DAXクエリを使ってデータを取得することができます。

Chapter 7　備品貸出システムを作ってみる！～ Power BIとの連携

① DAXクエリを使ってみる

DAX（Data Analysis Expressions）クエリとは、Power BIでデータを分析・集計するための専用の計算式言語です。

ExcelのSUM関数やVLOOKUP関数のような感覚で、より複雑なデータ分析ができます。

ここでは、Power BIデスクトップで簡単にDAXクエリの実行を試し、完成したDAXクエリをPower Automateで使っていきます。

1 前の節で作成したPower BIのデスクトップアプリを開きます。

「DAXクエリビュー」タブを選択し、次のDAXクエリを入力し、「実行」をクリックします（画面1）。

※元々書かれていたクエリを消して上書きします。

```
EVALUATE
FILTER(
  '貸出管理',
  YEAR('貸出管理'[申請日]) = 2024 &&
  MONTH('貸出管理'[申請日]) = 11
)
```

※DAXクエリの"2024"と"11"の箇所は、実際に申請日にデータがある"年"と"月"を入力します。

このDAXクエリでは、貸出管理の申請日が2024年、11月のデータでフィルターした結果を取得しています。

実行ボタンをクリックすると、結果がDAXクエリの下側に、テーブル形式で表示されます。

3 　Power AutomateでPower BIのデータセットからデータを取得する

▼画面1　Power BIでDAXクエリを試す

SharePointリストにデータを登録しておく

　取得するデータがない場合は、SharePointリスト（貸出管理）にあらかじめデータをいくつか登録します。

　最終的にPower Automateで前月のデータを取得するため、テスト用には現在の月の、前の月を申請日としたデータをいくつか登録しておくとよいでしょう。

　データを登録したら、Power BIデスクトップの「レポートビュー」タブから、「ホーム」タブ＞「更新」をクリックしてデータ更新します（画面1）。

▼**画面1**　Power BIデスクトップのデータ更新

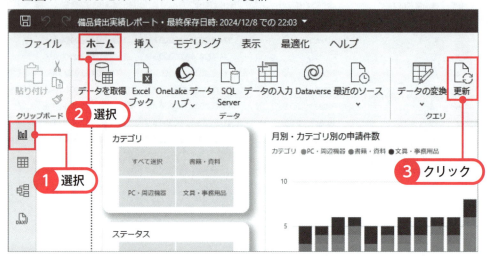

　また、Power BIサービス（ブラウザ）に発行した「マイワークスペース」を開き、セマンティックモデルの「今すぐ更新」をクリックしてデータを更新しておきます（画面2）。

▼**画面2**　Power BIサービスのデータ更新

　このように、Power BIデスクトップの更新は、手動で更新ボタンを押す必要があり、Power BIサービスの更新は、自動更新設定以外に手動で更新することもできます。

3　Power AutomateでPower BIのデータセットからデータを取得する

2 DAXクエリを次のように書き換えて「実行」をクリックすると、2024年11月の[申請総件数]のデータを取得することができます（画面2）。

```
EVALUATE
ROW(
  "申請総件数",
  CALCULATE(
    COUNTROWS('貸出管理'),
    FILTER(
      '貸出管理',
      YEAR('貸出管理'[申請日]) = 2024 &&
      MONTH('貸出管理'[申請日]) = 11
    )
  )
)
```

※ DAXクエリの"2024"と"11"の箇所は、実際に申請日にデータがある"年"と"月"を入力します。

▼画面2　Power BIでDAXクエリを試す

今回は、このDAXクエリをコピーし、Power Automateの実装で使っていきます。

2 前月の貸出状況レポート通知フローを作成する

次にいよいよ第5章で設計した最後のPower Automateフローの実装です。

今作成したDAXクエリを使って、Power AutomateからPower BIサービスのセマンティックモデルからデータを取得してみましょう。

1 次の「Power Automate」のURLを開き、「作成」タブをクリックし、「スケジュール済みクラウドフロー」を選択します。

https://make.powerautomate.com/

フロー名（ここでは、"前月の貸出状況レポート通知フロー"）を入力し、スケジュールの設定をして、「作成」をクリックします（画面3）。

▼画面3　スケジュール済みクラウドフローの設定

3　Power AutomateでPower BIのデータセットからデータを取得する

2　「アクションの追加」で「Power」で検索し、「ランタイム」は「標準」を選択すると、「Power BI」コネクタのアクションが表示されるので、「さらに表示」を選択します（画面4）。

▼画面4　Power BIコネクタを選択

3　Power BIコネクタの「データセットに対してクエリを実行する」アクションを選択し、次のように設定します（画面5）。

「データセットに対してクエリを実行する」の設定

- ワークスペース：レポートを発行したワークスペース（ここでは、「My Workspace」）を選択
- データセット：発行したレポートのセマンティックモデル（ここでは、「備品貸出実績レポート」）を選択

クエリテキストには、Power BIデスクトップで動作確認をしたDAXクエリをコピー＆ペーストします。

▼画面5　「データセットに対してクエリを実行する」アクションの設定

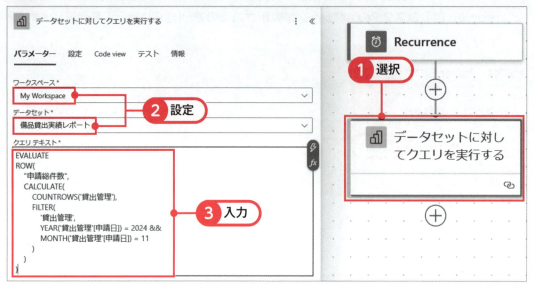

4　いったんここでフローを保存し、手動でテスト実行します。

　テストが成功したら、「データセットに対してクエリを実行する」アクションの「未加工出力の表示」をクリックして確認してみます（画面6）。

▼画面6　テスト実行結果

5 出力結果は画面7のようになっており、この中で、「"[申請総件数]":XX」の箇所が必要なデータになります。

▼**画面7** 「データセットに対してクエリを実行する」アクションの未加工出力の表示

```
データセットに対してクエリを実行する                                    ×

データセットに対してクエリを実行する
      "headers": {
          "Date": "Sun, 15 Dec 2024 03:49:37 GMT",
          "Content-Type": "application/json",
          "Content-Length": "104"
      },
      "body": {
          "results": [
              {
                  "tables": [
                      {
                          "rows": [
                              {
                                  "[申請総件数]": 8
                              }
                          ]
                      }
                  ]
              }
          ],
          "firstTableRows": [
              {
                  "[申請総件数]": 8
              }
          ]
```

6 「アクションの追加」から「データ」で検索し「ランタイム」を「組み込み」にすると、「データ操作」が表示されるので、「さらに表示」で「作成」アクションを追加します（画面8）。

▼画面8 データ操作の「作成」アクションの追加

7 「作成」アクションを選択し、「fx（関数式）」をクリックして、前のアクションで取得された[申請総件数]を取得します（画面9）。

▼画面9 「作成」アクションで関数式を設定

3 Power AutomateでPower BIのデータセットからデータを取得する

8 関数式で次のように設定し、「追加」をクリックします(画面10)。

first(<'データセットに対してクエリを実行する'の'最初のテーブルの行'>)?['[申請総件数]']

▼画面10　データ操作の「作成」アクションの追加

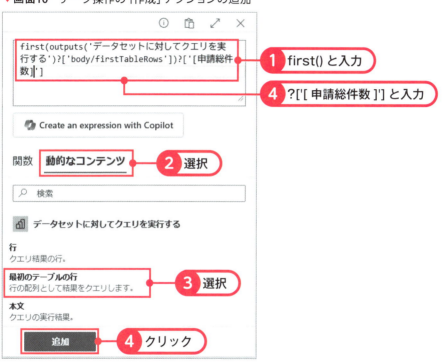

9 関数式が設定できたら再度テスト実行し（画面11）、「作成」アクションの「出力」で、「申請総件数」の値が取得できていることを確認します（画面12）。

▼画面11　作成アクションの関数式の設定

▼画面12　テスト実行した結果

> 3　Power AutomateでPower BIのデータセットからデータを取得する

10 最後に「アクションの追加」で「Teams」コネクタの「チャットまたはチャネルでメッセージを投稿する」アクションを追加し、次のように設定します（画面13）。

「チャットまたはチャネルでメッセージを投稿する」の設定

・投稿者：フローボット

・投稿先：チャネル

・Teams：任意のチーム

・Channel：任意のチャネル

・Message：

先月の実績は<"作成"の"出力">件です。詳細はPower BIレポートをご確認ください。

　※<"作成"の"出力">は、動的なコンテンツから「作成」の「出力」を選択。

▼画面13　「チャットまたはチャネルでメッセージを投稿する」アクションの設定

Chapter 7　備品貸出システムを作ってみる！〜 Power BIとの連携

11 Power BIレポートのリンクも一緒に送るため、Power BIサービスから発行したレポートを表示し、「共有」から「リンクのコピー」をクリックします（画面14、15）。

▼**画面14**　Power BIレポートのリンクをコピー

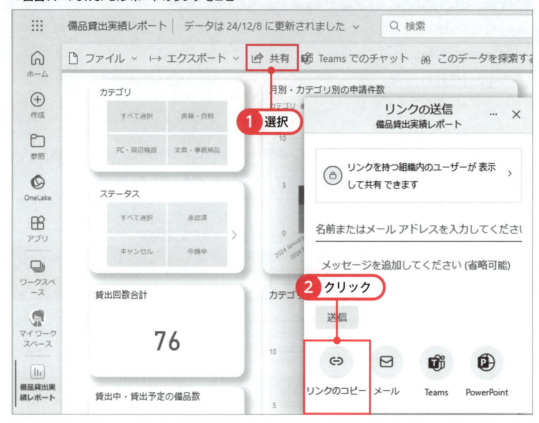

▼**画面15**　Power BIレポートのリンクをコピー

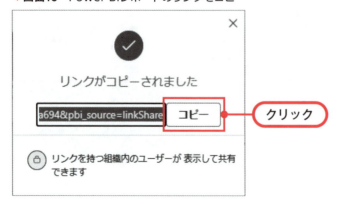

> 3　Power AutomateでPower BIのデータセットからデータを取得する

12 Power Automateに戻り、「チャットまたはチャネルでメッセージを投稿する」アクションのメッセージの中で「Power BIレポート」の箇所を選択し、「Insert link」をクリックしてリンクを挿入します（画面16）。

▼**画面16**　Power BIレポートのリンクを設定

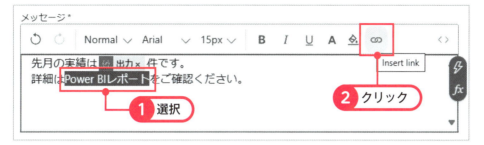

13 リンクの編集は「✎」アイコンをクリックし（画面17）、コピーしたリンクをペーストした後、「✓」アイコンをクリックします（画面18）。

▼**画面17**　Power BIレポートのリンクを設定

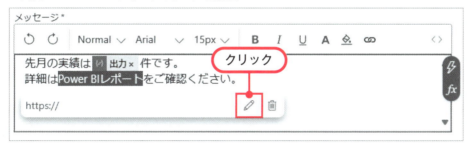

▼**画面18**　Power BIレポートのリンクを設定

Chapter 7 備品貸出システムを作ってみる！〜 Power BIとの連携

14 Power BIレポートの部分にリンクが挿入されました。

ところで、現在のままだとPower BIセマンティックモデルから、必ず特定の年月（2024年11月）のデータが取得されてしまうので、ここを動的に先月のデータが取得されるように変更します。

Power BIアクションの上に、アクションを追加します（画面19）。

▼画面19　アクションの追加

15 「アクションの追加」で「ランタイム」は「組み込み」を選択し、「Date Time」から、「未来の時間の取得」を選択します（画面20）。

▼画面20　「未来の時間の取得」アクションを追加

16 「未来の時間の取得」アクションを選択し、9時間後の時間（日本時間で現在の時間）を取得します（画面21）。

▼**画面21** 「未来の時間の取得」アクションの設定

17 「データセットに対してクエリを実行する」アクションを選択し、「年」（2024）と「月」（11）でフィルターした箇所を変更していきます。
年（2024）の箇所は次のように変更します（画面22）。

```
formatDateTime(<'未来の時間の取得'の'Future time'>, 'yyyy')
```

▼**画面22** 「データセットに対してクエリを実行する」アクションの設定変更

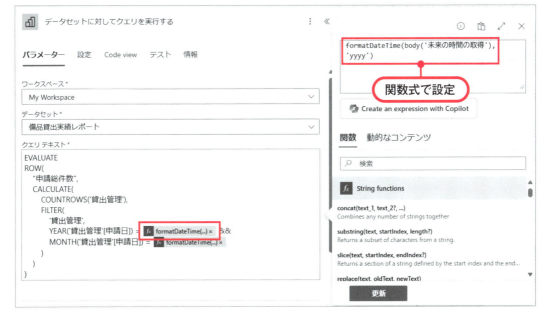

18 月（11）の箇所は次のように変更します（画面23）。

```
formatDateTime(addToTime(<'未来の時間の取得'の'Future time'>, -1, 'month'),
'MM')
```

※ <'未来の時間の取得'の'Future Time'>は、動的なコンテンツで選択。

▼画面23　「データセットに対してクエリを実行する」アクションの設定変更

 1か月前の月を取得する

　ここでは、「addToTime」関数を使い、未来の時間の取得で取得された現在日時から、1か月前の日時を取得しています。

　最終的に、「addToTime」関数式で取得された1か月前の日時を対象にして、月（MM）の値を取得しています。

　このように、複数の関数式を組み合わせることで、必要な情報を取得することができます。

　最初から自分で関数式を考えるのは難しい場合は、Web検索や、ChatGPT等の生成AIを使って調べてみるのもよいでしょう。

3 Power AutomateでPower BIのデータセットからデータを取得する

19 これでフローが実装できました（画面24）。

▼画面24　完成したフロー

3 テスト実行

20 フローを保存してテスト実行してみると、画面25のように指定したTeamsチャネルにメッセージが届きます（画面25）。

「Power BIレポート」のリンクをクリックして、レポートが開くことも確認しましょう。

▼画面25　テスト実行で届くTeamsメッセージ

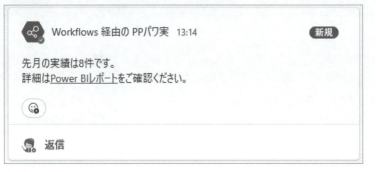

コラム　Power BIのリンクを送るだけでもよいのでは？

　今回の場合、先月の貸出実績を上司に自動で通知するフローを作成しました。
　せっかくPower BIレポートを作成したのだから、Power BIレポートのリンクを送るだけでよいのでは？　と思った方もいると思います。
　確かにその通りだと思います！
　Power BIレポートのリンクを送るだけ、あるいはTeamsチャネルのタブ等に表示しておいて、自由に見てもらう運用で問題ないのであれば、そのようになるべく簡易にした方がよいです。

　一方で、上司が忙しすぎて、Power BIレポートリンクと合わせて簡単な集計データを直接数値で送ってほしい！　と頼まれる場合もあります。
　そんな時には今回のPower BIアクションが役立ちます。

　今回の場合はシンプルな集計だったため、SharePointの「複数の項目の取得」アクションで「フィルタークエリ」を使って取得したデータ数を合計してもよいかもしれません。
　しかし、例えばカテゴリごとの申請件数を取得したい場合等は、DAXクエリを使うことで集計したデータを取得することができ、Power Automateのフローで複雑な集計アクションを作りこむ必要がなくなります（画面）。

3 Power AutomateでPower BIのデータセットからデータを取得する

▼画面　DAXクエリを使ったカテゴリごとの集計

```
1    EVALUATE
2    UNION(
3        ROW(
4            "カテゴリ", "全体",
5            "申請総件数",
6                CALCULATE(
7                    COUNT('貸出管理'[ID]),
8                    FILTER(
9                        '貸出管理',
10                       YEAR('貸出管理'[申請日]) = 2024 &&
11                       MONTH('貸出管理'[申請日]) = 11
12                   )
13               )
14       ),
15       SUMMARIZECOLUMNS(
16           '備品マスター'[カテゴリ],
17           "申請総件数",
18               CALCULATE(
```

結果　　結果 1/1 ∨　　📋 コピー ∨

	[カテゴリ]	[申請総件数]
1	全体	8
2	PC・周辺機器	5
3	文具・事務用品	2
4	書籍・資料	1

　DAXクエリで集計するのも難しい！　と思う方は多いと思います。

　実のところ、私にとってもDAXクエリは難しいもので、まずはたたき台となるクエリをChatGPT（生成AI）に書いてもらい、それに対して必要な修正を加えて使っています。

　このように、自分のスキルが足りなかったとしても、ChatGPT等の生成AIをうまく活用することで、効率的に実装をしていくことができます。

　本書の第9章でも、ChatGPTの使い方のコツ等を紹介するので、ぜひ皆さんも使ってみてください！

第7章のまとめ

　本章では、SharePointリストからPower BIレポートを作成し、Power Automateとの連携も実装しました。

　Power BIレポート作成は、次のような手順で進めました。

Power BIレポート作成の基本的な手順

1. Power BIからデータソース（SharePointリスト）に接続
2. Power Queryでデータフォーマットを整える
3. テーブル間の関係性を定義（データモデリング）
4. レポートを作成
5. レポートを発行し、メンバーと共有

　また、Power AutomateでPower BIレポートのデータを取得するには、主に次の2つの方法があります。

Power AutomateでPower BIのデータを取得する方法

1. データソース（SharePointリスト等）から直接データを取得
2. Power BIのセマンティックモデルにDAXクエリを実行してデータを取得

　特にPower BIのセマンティックモデルにDAXクエリを実行してデータを取得する方法は、次のようなメリットがあります。

セマンティックモデルからデータ取得するメリット

・データソースに直接アクセスできない場合でも利用可能
・DAXクエリを使って柔軟な集計データを取得可能

　本章では、毎月月初に前月の備品貸出実績をTeams通知するフローを実装しました。

　Power Platformの各サービスを連携させることで、単体では実現できない効果的な業務改善が可能になりますので、ぜひ皆さんもチャレンジしてみてください！

応用編 ≫ Chapter

8

高度な
Power Automate
活用術

第8章のゴール

　本章では、さらに高度なPower Automateの活用方法について学んでいきます。

　Power AutomateでJSON形式のデータを扱う際によく使うJSON分析や、デバッグ、エラーハンドリングの方法、Power Automateの共有、引継ぎ方法についても学んでいきます。

　この章を完了すると、Power Automateでより高度な実装に必要な知識を習得し、効果的なフローの実装とスムーズな引継ぎができるようになります。

Chapter 8　高度なPower Automate活用術

1　JSON分析とは？

　総務部のミムチは最後のフローを完成させ、Power AutomateでPower BIのデータから前月の申請件数を取得できるようになりました。
　ミムチはDAXクエリをさらに改善し、カテゴリごとの申請件数も取得できるようにしようとフローを修正していました。
　「おや？　DAXクエリを実行した結果の各項目が、動的なコンテンツで選択できませんぞ…」

取得されたデータの「カテゴリ」列や「件数」列を、「動的なコンテンツ」で選択したいのですが、候補に出てきませんぞ…

「JSONの解析」というアクションを使えば、出力されたJSONフォーマットのデータを解析して、動的なコンテンツで使えるようになります！

　Power Automateでフローを作成していると、必要なデータが、動的なコンテンツの候補として出てこないという場面があります。
　動的なコンテンツでは、自分が使いたいすべてのデータが自動的に用意されるわけではありません。
　第7章で使ったPower BIの「データセットに対してクエリを実行する」アクションや、HTTPリクエストのアクション等、より柔軟にデータを取得するようなアクションでは、出力されるデータのフォーマットが決まっていないため、動的なコンテンツが候補として出てきません。

> **1** JSON分析とは？

そういったアクションの出力でも、動的なコンテンツとしてデータを使いたい場合、「JSONの解析」アクションを使うと便利です。

1 JSONとは

JSONはデータのやり取りをするために使われるデータフォーマットで、人間にも、コンピュータにも扱いやすい形式として広く使われています。

例えば、図1のようなデータはJSON（オブジェクト）形式のデータになります。

▼図1　JSON形式のデータ

JSON（オブジェクト）形式
```
{
  "名前":"パワ実",
  "部署":"情シス",
  "社員番号":001
}
```

JSON（オブジェクト）のアレイ形式
```
[
  {"名前":"パワ実", "部署":"情シス","社員番号":"001"},
  {"名前":"ミムチ", "部署":"人事","社員番号":"002"},
  {"名前":"パワ子", "部署":"総務","社員番号":"003"}
]
```

名前	部署	社員番号
パワ実	情シス	001

名前	部署	社員番号
パワ実	情シス	001
ミムチ	人事	002
パワ子	総務	003

Power Automateでは例えば、SharePointコネクタの「複数の項目の取得」アクションや、Excelコネクタの「表内に存在する行を一覧表示」アクションの出力（body）のvalueでは、画面1のようなJSON（オブジェクト）のアレイ型でデータが取得されます。

Chapter 8　高度なPower Automate活用術

▼画面1　JSON（オブジェクト）のアレイ型のデータ

表内に存在する行を一覧表示　　　　　　　　　　　　　　　×

表内に存在する行を一覧表示　　**オブジェクト（JSON）のアレイ（配列）型**

```
  "body": {
      "@odata.context": "https://excelonline-jw.azconn-jw-001.p.azurewebsites.ne
      "value": [
          {
              "@odata.etag": "",
              "ItemInternalId": "8abc76b5-9e56-417a-a81c-7a23f8aeb413",
              "ProjectID": "1",
              "Date": "2025-01-10T00:00:00.000Z",
              "Project": "案件A",
              "Status": "失注"
          },
          {
              "@odata.etag": "",
              "ItemInternalId": "108464cb-7a3e-4a18-a2dd-1713c844e7df",
              "ProjectID": "2",
              "Date": "2025-01-24T00:00:00.000Z",
              "Project": "案件B",
              "Status": "受注済"
          },
```

　通常「複数の項目の取得」や「表内に存在する行を一覧表示」アクションの出力は、Power Automateで各列の値が自動的に動的なコンテンツ（変数）として取得されます。

　一方で、前の章で使ったPower BIの「データセットに対してクエリを実行する」アクションの出力は、各列の値が自動的に動的なコンテンツ（変数）として取得されません。

　こういった出力を、動的なコンテンツとして簡単に使えるようにしたい場合、「JSONの解析」アクションを使います。

② Power AutomateでのJSON解析

　試しに、前の章で使ったPower BIの「データセットに対してクエリを実行する」アクションの出力に対して、「JSONの解析」を使ってみましょう。

1　次の「Power Automate」のURLを開き、「作成」タブから「インスタントクラウドフロー」を選択し、「フローを手動でトリガーする」を選択した後、「作成」をクリックします。

https://make.powerautomate.com/

1 JSON分析とは?

2 アクションの追加から、「Power BI」コネクタの「データセットに対してクエリを実行する」アクションを追加し、次のように設定します(画面2)。

「データセットに対してクエリを実行する」の設定

- ワークスペース：レポートを発行したワークスペース（ここでは、「My Workspace」）を選択
- データセット：発行したレポートのセマンティックモデル（ここでは、「備品貸出実績レポート」）を選択

クエリテキストには、次のDAXクエリを入力します。

```
EVALUATE
SUMMARIZECOLUMNS(
    '備品マスター'[カテゴリ],
    "件数",
    COUNTROWS('貸出管理')
)
```

▼画面2 「データセットに対してクエリを実行する」の設定

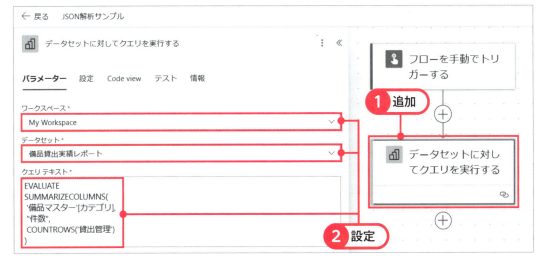

Chapter 8　高度なPower Automate活用術

3 一旦フローを保存してテスト実行し、「データセットに対してクエリを実行する」アクションの「未加工出力の表示」をクリックします（画面3）。

▼画面3　「データセットに対してクエリを実行する」アクションの未加工出力

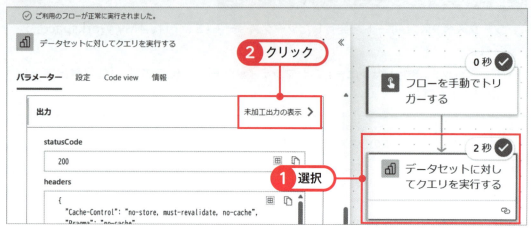

4 「未加工出力の表示」で画面4のようにJSON形式のデータが出力されます。
　この中でほしい情報は、画面4の赤枠で囲った部分になるため、「body」の中の「firstTableRows」内のデータをコピーして、メモ帳等に張り付けておきます。
　この後、コピーしたデータに対して「JSONの解析」アクションを使います。

▼画面4　「データセットに対してクエリを実行する」アクションの未加工出力

```
データセットに対してクエリを実行する                       ×

データセットに対してクエリを実行する
        "body": {
            "results": [
                {
                    "tables": [
                    ]
                }
            ],
            "firstTableRows":[
                {
                    "備品マスター[カテゴリ]": "PC・周辺機器",
                    "[件数]": 45
                },
                {
                    "備品マスター[カテゴリ]": "文具・事務用品",      ● コピー
                    "[件数]": 19
                },
                {
                    "備品マスター[カテゴリ]": "書籍・資料",
                    "[件数]": 12
                }
            ]
```

1 JSON分析とは？

JSONの解析は何のためにするの？

JSONの解析は何のためにするのだろう？ とピンと来ない方もいると思います。

JSONの解析は一言でいうと、「動的なコンテンツで表示されないデータを表示されるようにするため」に使います。

例えば今回のPower BIの「データセットに対してクエリを実行する」アクションの実行で、出力として取得される「備品マスター[カテゴリ]」や、「[件数]」は動的なコンテンツで取得したい場合もあります。

しかし、この後にアクションを追加して動的なコンテンツの候補をみても、これらのデータは候補として表示されません（画面）。

▼**画面**　「データセットに対してクエリを実行する」の動的なコンテンツの候補

これは、Power BIアクションを実行したときに出力されるJSONデータの構造（スキーマ）がクエリによって異なり、自動的に「動的なコンテンツ」として保存されないためです。

そのため、「JSONの解析」を使い、出力されるJSONデータの構造（スキーマ）を定義してあげることで、後のアクションで「動的なコンテンツ」として、"備品マスター[カテゴリ]"や、"件数"を選択できるようになります。

今回使ったPower BIのアクション以外にも、HTTP要求（リクエスト）アクション等も、「JSONの解析」を良く使うものになります。

「JSONの解析」は、最初は難しく感じるかもしれませんが、使ってみると案外簡単に設定できることが分かるので、ぜひ活用してみてください！

Chapter 8　高度なPower Automate活用術

5　フローの編集画面に戻り、アクションの追加から「データ操作」の「JSONの解析」を追加します（画面5）。

▼画面5　「JSONの解析」アクションの追加

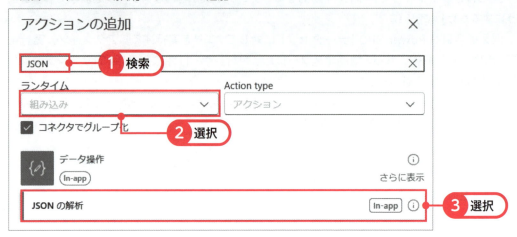

6　追加した「JSONの解析」アクションを選択し、「Content」に動的なコンテンツから「データセットに対してクエリを実行する」アクションの「最初のテーブルの行」を設定します（画面6）。

▼画面6　「JSONの解析」アクションの追加

1 JSON分析とは？

「最初のテーブルの行」って何？

　Power Automateでは、動的なコンテンツが日本語で表示されており分かりづらいですが、「最初のテーブルの行」とは、先ほどテスト実行した際に、「データセットに対してクエリを実行する」アクションの「未加工出力の表示」で確認した「firstTableRows」の中身のデータです。

　「本文（body）」内のデータすべてに対して「JSONの解析」アクションを使うことも可能ですが、今回は欲しいデータの箇所が「最初のテーブルの行（firstTableRows）」なので、この部分だけ取得してJSONの解析をしてみます。

7 「JSONの解析」アクションの「サンプルのペイロードを使用してスキーマを生成する」をクリックし、先ほどコピーしたJSONデータをペーストし、「完了」をクリックします（画面7、8）。

▼画面7　「JSONの解析」アクションの設定

▼画面8　「JSONの解析」アクションのスキーマの設定

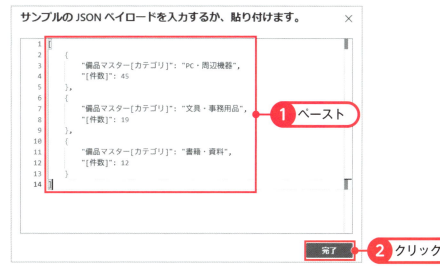

Chapter 8　高度なPower Automate活用術

8　自動でJSONの「Schema（スキーマ）」が作成されます。

　これで後のアクションで、「動的なコンテンツ」で選択できるようになりますが、データを格納するため、トリガーの下にアクションの追加から、「変数を初期化する」アクションを追加します（画面9）。

　　※「変数を初期化する」アクションは、ランタイムを「組み込み」にし、「Variable（変数）」から選択できます。

▼画面9　「JSONの解析」アクションのスキーマの設定

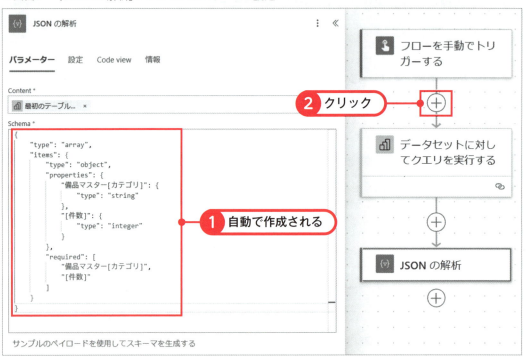

9　「変数を初期化する」アクションを選択し、次のように設定します（画面10）。

「変数を初期化する」の設定
- Name：任意の変数名（ここでは、「申請件数」）を入力
- Type：String（文字列型）を選択

1　JSON分析とは？

▼画面10　「変数を初期化する」アクションの設定

10　「JSONの解析」アクションの後ろに、アクションの追加から、「Variable（変数）」の「文字列変数に追加」アクションを追加します（画面11）。

▼画面11　「文字列変数に追加」アクションを追加

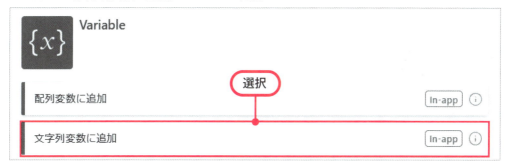

11　「文字列変数に追加」アクションを選択し、次のように設定します（画面12）。

「文字列変数に追加」の設定

・Name：「変数の初期化」で作成した変数名（ここでは「申請件数」）を選択
・Value：次のように入力
<p><JSONの解析の備品マスター[カテゴリ]>：<JSONの解析の[件数]></p>
　※<JSONの解析の備品マスター[カテゴリ]>と、<JSONの解析の[件数]>は動的なコンテンツから設定します。

▼画面12　「文字列変数に追加」アクションの設定

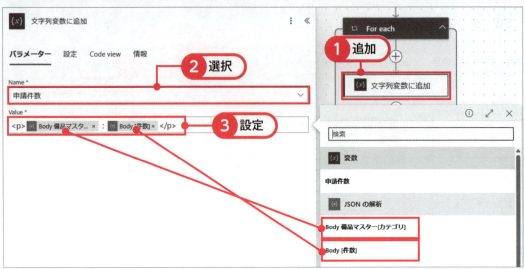

12 自動的に「文字列変数に追加」アクションが「For each（それぞれに適用する）」の中に入ります（画面13）。

　これは、「JSONの解析」の出力（body）が、アレイ型であるためで、「For each（それぞれに適用する）」には、「JSONの解析」の「body」が設定されます。

▼画面13　「文字列変数に追加」アクションの設定

1 JSON分析とは？

13 最後に「Teams」の「チャットまたはチャネルでメッセージを投稿する」アクションを追加し、次のような設定をします（画面14）。

「チャットまたはチャネルでメッセージを投稿する」の設定

・投稿者：フローボット

・投稿先：チャネル

・Teams：任意のチーム

・Channel：任意のチャネル

・Message：

申請件数の実績です。＜申請件数＞

　※＜申請件数＞は動的なコンテンツから、変数の「申請件数」を設定します。

▼画面14　「チャットまたはチャネルでメッセージを投稿する」アクションの設定

Chapter 8　高度なPower Automate活用術

14 これでフローは完成なので、保存してテスト実行すると、画面15のようなメッセージが投稿されます。

▼画面15　「チャットまたはチャネルでメッセージを投稿する」アクションの実行結果

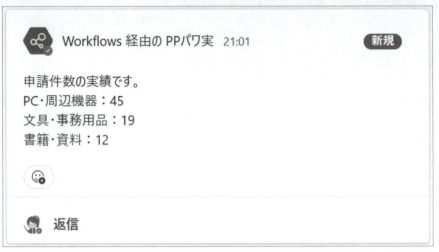

15 フローの実行結果で「JSONの解析」を選択し、「未加工出力の表示」をクリックしてみてみると、Power BIアクションの実行で取得された必要なデータ箇所がJSON形式で出力されていることが分かります（画面16、17）。

▼画面16　「JSONの解析」アクションの実行結果

1 JSON 分析とは？

▼**画面17** 「JSONの解析」アクションの未加工出力

```
JSON_の解析

JSON_の解析
  {
      "body": [
          {
              "備品マスター[カテゴリ]": "PC・周辺機器",
              "[件数]": 45
          },
          {
              "備品マスター[カテゴリ]": "文具・事務用品",
              "[件数]": 19
          },
          {
              "備品マスター[カテゴリ]": "書籍・資料",
              "[件数]": 12
          }
      ]
  }
```

　このように、JSONデータを適切に解析することで、アクションによってJSONデータの構造（スキーマ）が統一されていないデータを、動的なコンテンツとして使えるようになります。

　Power Automateで応用的なアクションを使うようになると、この「JSONの解析」アクションはよく使うようになるため、ぜひ覚えておきましょう！

2 デバッグの基本的な方法

総務部のミムチは、色々と業務改善をするため、Power Automateでフローを作成していますが、時々エラーが発生して困っています。
エラーが起こったときにはフローの設定を見直していますが、まだPower Automate初心者のミムチは、なかなか解決方法が見つけられません。
「フローのデバッグってどうすればよいのですかな…?」

実行履歴を見ても、エラーの原因が分からないことがありますぞ…

フローのデバッグには、いくつかの基本的な手法があります。一つ一つ確認していきましょう!

1 デバッグの基本的な流れ

Power Automateフローを作成していると、様々なエラーが出ることがあります。
エラーの種類としては、大きくは次の3つがあります。

> **エラーの種類**
>
> ・構文エラー：フローの設定にエラーがある
> ・実行時エラー：フローを実行したときにエラーが出る
> ・論理エラー：フローの実行は問題ないが、意図した動作ではない

構文エラーや実行時エラーは、実際にPower Automateでエラーメッセージが出るので

分かりやすいですが、論理エラーの場合、一見フローは正常に実行されるので見つかりにくいことがある点に注意しましょう。

Power Automateで、これらのエラーを解消するためフローをデバッグする際は、主に次の手順で進めます。

フローのデバッグ手順

1. フローチェッカーでの構文チェック
2. テスト実行による動作確認
3. 実行履歴の確認
4. エラーの原因特定と修正

2 フローチェッカーを活用する

Power Automateの構文エラーは、基本的には「フローチェッカー」で検出できます。

Power Automateのフローチェッカーは、フローの保存時に自動で実行され、フローの設定に関する問題を検出します。

フローチェッカーでは、例えば次のようなエラーが自動でチェックされ画面1のように表示されます。

フローチェッカーで検出されるエラーの例

・必須パラメータの入力漏れ
・データ型の不一致
・接続の問題

Chapter 8 高度なPower Automate活用術

▼**画面1** フローチェッカーのエラー表示例

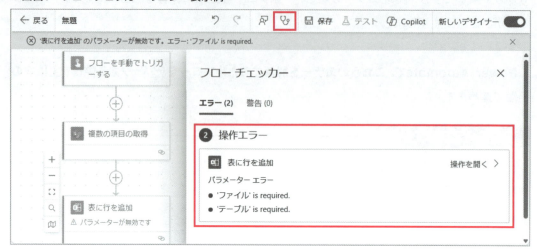

フローチェッカーでは、エラーが起こっている「アクション」と、エラーの原因が表示されます。

画面1をみると、次の箇所にエラーが起きていることが分かるので、ここを確認して修正していきます。

エラーが起きている箇所

- アクション：表に行を追加
- エラーの内容：'ファイル' is required. 'テーブル' is required.
    ※ファイルと、テーブルは必須の設定です。

フローチェッカーのエラーと警告って？

フローチェッカーでは、「エラー」と「警告」が確認できます。
「エラー」が出ている場合、フローの保存や実行はできませんが、「警告」だけが出ている場合、フローの保存や実行ができます。
「警告」はフローのパフォーマンス改善のアドバイスも含まれており、必ずしもフローの修正が必要でない場合も多いです（画面）。
「警告」が出ている場合は、内容を確認して、必要なければそのままフローを保存して実行しても大丈夫です。

2 デバッグの基本的な方法

▼**画面** フローチェッカーの警告表示例

フロー チェッカー   ✕

エラー (0)   **警告 (1)**

1 操作の警告

複数の項目の取得   操作を開く ＞

全般的な警告

● アクション ' 複数の項目の取得 ' にはフォルダー パラメーター、フィルター クエリ、上位パラメーターの制限がありません。

OData フィルター クエリを使用するようにアクション '複数の項目の取得' を更新すると、フローのパフォーマンスを向上させることができます。詳細情報: <https://aka.ms/listrowsfilters>

　このように、まずは**フローの保存時にフローチェッカーでエラーが出ている場合、エラーが出ているアクションと設定を確認し、修正しましょう。**

3 テスト実行で動作確認

Power Automateの実行時エラーや、論理エラーは、テスト実行により検出できます。

　これまでやってきたように、Power Automateフローを作成した後は必ず、一旦テスト実行をしましょう。

　フローをテスト実行した際、実行時エラーがあると、画面2のようにピンクの背景でエラーが表示されます。

　このときエラー文をみると、次の箇所にエラーがあることが分かります。

465

Chapter 8 高度なPower Automate活用術

▼画面2 フローの実行時エラーの例

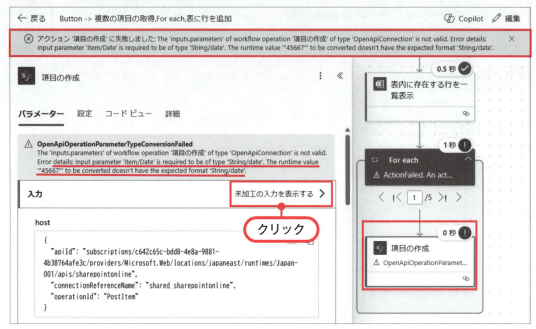

```
エラーが起きている箇所
```

・アクション：項目の作成

・エラーの内容：

The 'inputs.parameters' of workflow operation '項目の作成' of type 'OpenApiConnection' is not valid. Error details: Input parameter 'item/Date' is required to be of type 'String/date'. The runtime value '"45667"' to be converted doesn't have the expected format 'String/date'.

　エラーの内容をみると、「項目の作成」アクションの「item/Date」列に入力している値が、日付型になっていないということが読み取れます。

　実行結果の「項目の作成」アクションで「未加工入力を表示する」をクリックすると、画面3のように、「item/Date」列に"45667"という数値データが入力されており、日付のフォーマットとなっていないことが原因と分かります。

2 デバッグの基本的な方法

▼画面3　フローのエラー原因の確認

```
項目の作成                                              ×
項目の作成
{
    "host": {
        "connectionReferenceName": "shared_sharepointonline",
        "operationId": "PostItem"
    },
    "parameters": {
        "dataset": "https://ppknowledge.sharepoint.com/sites/PowerAppsTest",
        "table": "5c5fe038-30cb-4036-8e3e-41b55acbfb26",
        "item/Date": "45667",
        "item/Title": "1",
        "item/Todo": "案件A"
    }
}
```

エラー文が英語でよく分からない！

　Power Automateのエラー文は、英語であることも多く、どんなエラーが出ているか分からない！　という方もいるかと思います。

　そんなときは、エラー文をコピーしてGoogle翻訳や、DeepL等の翻訳サイトで日本語訳をして確認してみましょう（画面）。

▼画面　フローのエラー文を英訳（DeepL：https://www.deepl.com/ja/translator）

英語（自動検出）〜	日本語〜　　　　　　　　　　　オプション〜
The 'inputs.parameters' of workflow operation '項目の作成' of type 'OpenApiConnection' is not valid. Error details: Input parameter 'item/Date' is required to be of type 'String/date'. The runtime value "45667" to be converted doesn't have the expected format 'String/date'.	OpenApiConnection'型のワークフロー操作'項目の作成'の'inputs.parameters'が無効です。エラーの詳細：入力パラメータ'item/Date'は'String/date'型である必要があります。変換される実行時値「「45667」」は、期待されるフォーマット「文字列/日付」を持っていません。

（入力）

　Power Automateでは、エラー文の前半に、どのアクション（ここでは、'項目の作成'）でエラーが起きているかが書かれています。

　そしてエラーの詳しい原因は、「Error details:」以降（画面の赤線箇所）に書かれているので、まずはここを注意深く確認してみてください。

Chapter 8　高度なPower Automate活用術

このようにエラー文を読むだけでも、エラーの原因が特定でき、問題解決に直結するケースも多いので、実行時エラーが起きた際、まずはエラー文を確認してみましょう。

④　実行履歴を活用する

テスト実行以外で実行時エラーや論理エラーが起きた際は、実行履歴からフローの実行結果を詳しく確認していきます。

Power Automateの実行履歴は、フローの一覧からフローを選択したとき、「28日間の実行履歴」の箇所に表示されます。

最大28日間の実行履歴を確認でき、ここで表示されている以前の実行履歴を見たい場合、「すべての実行」から確認できます。

各実行履歴の「開始」列に表示されている日時（12月15日 12:31（4日前）等）の部分をクリックすると、フローの実行結果の詳細を確認できます（画面4）。

▼画面4　フローの実行履歴の確認

フローの実行履歴から、各フローを開いた画面は、テスト実行したときの画面と同じです。

エラー文と、エラーが起きたアクションを確認することができます（画面5）。

2　デバッグの基本的な方法

▼画面5　フローの実行履歴の確認

エラーが起きたアクションの見分け方

　Power Automateフローの実行時エラーが起きた際、各アクションの実行が成功したか、失敗したかは、画面のアイコンで見分けられます。

▼画面　フローの実行結果の成功/失敗の見分け方

- ✓　実行が成功したアクション
- !　エラーがおきたアクション
- －　実行されなかったアクション

成功したアクションは「緑の✓」アイコン、失敗したアクションは「赤の！」アイコンで表示されるので、失敗したアクションの箇所がひと目で分かります。

デフォルトの設定では、各アクションは、前のアクションが成功したときに実行されるようになっているため、前のアクションが失敗した場合は実行されずにスキップされます（「灰色の−」アイコン）。

このようにして、まずはエラーの原因を特定し、エラーを解消していきます。

⑤ デバッグに役立つ実践的なテクニック

Power Automateの「実行時エラー」のデバッグでは、まずはエラー文をしっかりと読むことが重要です。

特に難しいのはエラー文が出ない「論理エラー」のデバッグになりますが、実践的なデバッグのテクニックをいくつか紹介します。

デバッグのテクニック

(1)「コントロール」の「終了」アクションを使う
(2)「静的な結果」をオンにする
(3)「データ操作」の「作成」アクションを使う

（1）「コントロール」の「終了」アクションを使う

Power Automateをテスト実行する際、例えば最後にメールを送るアクションを設定している場合、最後までアクションの実行したくないことがあります。

その場合、「コントロール (Control)」の「終了」アクションが便利です（画面6）。

▼画面6　「Control」の「終了」アクション

　このアクションが実行されると、この時点でフローの実行が終了し、その後のアクションは実行されません（画面7）。

▼画面7　「Control」の「終了」アクション

テスト実行の際、途中までの動作を確認したい際は、「終了」アクションを使うと便利です。

（2）「静的な結果」をオンにする

Power Automateでテスト実行をする際、一部のアクションを実行したくない場合があります。

このとき「テスト中」の「静的な結果」をオンにすると、そのアクションを無効化することができます（画面8）。

「静的な結果」がオンになっている場合、アクションに「三角フラスコ」のようなアイコンが表示されるので分かりやすいです。

▼画面8　「静的な結果」の設定

アクションを一時的に無効化したい場合に便利ですが、本番稼働前に再度、「静的な結果」をオフに戻すことを忘れないようにしましょう。

「静的な結果」の設定については、第5章第5節でも説明しているので、ご参考ください。

(3)「データ操作」の「作成」アクションを使う

　Power Automateフローを実行したとき、例えば、動的なコンテンツで、実際にどのような値が取得できているのか確認したいことがよくあります。

　このとき、「データ操作」の「作成」アクションを使うと便利です（画面9）。

▼画面9　「データ操作」の「作成」アクション

　「作成」アクションに、どのような値が取れているのか確認したいデータを設定し、テスト実行すると、「作成」アクションの「出力」で、実際に取得できた値を確認できます（画面10）。

▼画面10　「データ操作」の「作成」アクション

Chapter 8 高度なPower Automate活用術

　上述のような基本的なデバッグ手法を理解して実践することで、フローの問題をより効率的に解決できるようになりますので、ぜひ実践してみてください。

Chapter 8　高度なPower Automate活用術

3 エラーハンドリングの方法

総務部のミムチは、Power Automateフローを本番環境で運用していますが、時々予期せぬエラーが発生して困っています。

「エラーが発生しても、フローを止めずに適切に処理を継続させたいですぞ…」

エラーが発生したときの対処方法を、あらかじめ実装しておく方法はありますかな？

基本的なエラーハンドリングの考え方を学んで、Power Automateで実装していきましょう！

1 エラーハンドリングの基本

エラーハンドリングとは、フロー実行中に発生する可能性のあるエラーに対して、適切な対処方法をあらかじめ実装しておくことです。

Power Automateが実行失敗した場合、フローの所有者へメールでの通知が届きます（画面1）。

▼画面1　Power Automateフロー失敗時のメール通知

フロー名	失敗数
Teamsで申請の投稿がされたときにSharePointリストに追加	22

お客様のフローのうち 1 回が失敗しました

ここに記載されているフローは、過去 1 週間で失敗しており、注意が必要な場合があります。

1 通知:

メール通知でフローを実行が失敗したことが分かりますが、過去1週間のフローの実行失敗がまとめて通知されるため、すぐに失敗に気づくことができない場合があります。

このような問題を解消するため、フローを実行が失敗した際には、最後にメールやTeams通知をする等の処理を入れると安心です。

ここでは、Power Automateの「スコープ」アクションを使った例外処理の実装方法について説明していきます。

2 スコープを使った例外処理のやり方

例外処理の実装に便利なアクションが「スコープ」です。

スコープとは、複数のアクションをまとめることができるアクションです。

このスコープを3つ用意し、それぞれTry、Catch、Finallyという名前を付け、それぞれのスコープの中に、図1のようにアクション群を入れます。

▼図1　スコープを使った例外処理の方法

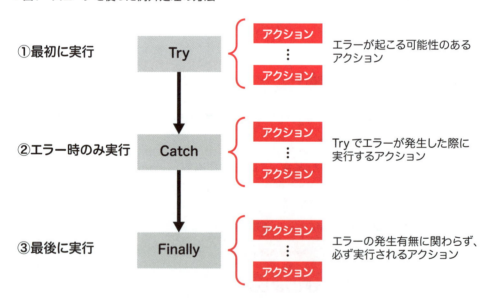

この考え方を使って、実際にPower Automateで例外処理の実装をしてみましょう！

3 スコープを使った例外処理の実装方法

第6章第3節で作成した「新規貸出申請時の承認結果通知フロー（Power Appsトリガー）」に、スコープを使った例外処理を実装していきます。

1 新しいアクションで、「コントロール（Control）」の「スコープ」を3つ追加します（画面2）。

▼画面2 「スコープ」アクションの追加

2 それぞれ名前を「スコープTry」、「スコープCatch」、「スコープFinally」に変更します（画面3）。

▼画面3 「スコープ」アクションの追加

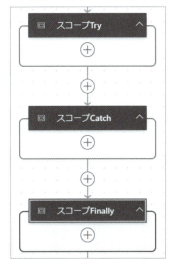

Try-Catch-Finallyの使い分け

・Try：エラーが起こる可能性のあるアクション
・Catch：エラーが起こった際に実行するアクション
・Finally：エラーの有無に関わらず実行されるアクション

アクションをコピペする

すでに設定したアクションと、同じアクションを再度設定したいとき、アクションのコピー＆ペーストができます。

やり方は簡単で、コピーしたいアクションを「右クリック」で「アクション全体をコピーする（Ctrl+C）」を選択し（画面1）、貼り付けたい箇所の「+」アイコンを「右クリック」して、「アクションを貼り付ける」を選択するだけです（画面2）。

▼画面1　アクションのコピー

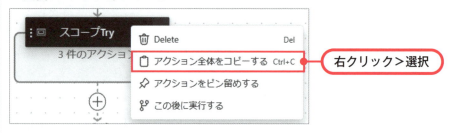

▼画面2　アクションのペースト

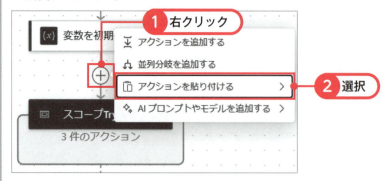

アクションのコピー＆ペーストをすると、アクションの設定もそのままコピーされます。

3 「スコープCatch」を選択し、「設定」の「この後に実行する」で、「スコープTry」が「タイムアウトになりました」と「失敗しました」にチェックを入れます（画面4）。

▼**画面4**　「スコープCatch」の実行条件

この設定により、「スコープTry」（エラーになる可能性のあるアクション群）が失敗か、タイムアウトしたときに、「スコープCatch」内のアクションが実行されます。

Power Automateの実行条件を設定する

Power Automateの各アクションはデフォルトでは、前のアクションの実行が成功したときのみ実行される設定となっているため、前のアクションが失敗やタイムアウトした場合、アクションは実行されません。

アクションの実行条件は、「設定」の「この後に実行する」で設定できます。

「スコープCatch」は「スコープTry」が失敗やタイムアウトした場合にのみ実行したいアクション群なので、「成功しました」のチェックを外し、「タイムアウトした」と「失敗しました」にチェックをつけて、正常に動かなかったときのみ実行させます。

「＋セクションを選択する」で、どのアクションが成功や失敗したときに実行するアクションかの変更もできるので、前のアクションが成功したとき、失敗したとき、それぞれで実行するアクションを分けることもできます。

4 同様の操作で「スコープFinally」の実行条件の構成も設定します（画面5）。
　FinallyはCatchが実行されたか否かにかかわらず、必ず実行するアクション群のため、全てにチェックを入れます。

▼画面5　「スコープFinally」の実行条件

これでTry、Catch、Finallyの実行条件の設定ができました。

5 「スコープTry」の中に、トリガー以外のアクションをドラッグ＆ドロップで移動し、全て入れます（画面6）。
　Tryの中に入れたアクションで、エラーが起こった時Catchが実行されます。

▼画面6　「スコープTry」の中にアクションを移動

3 エラーハンドリングの方法

6 「スコープCatch」の中にはどのようなアクションを設定すればよいのでしょうか?

例えばエラーが起こった場合、すぐに通知が欲しいので、今回はTeamsの「チャット又はチャネルでメッセージを投稿する」アクションを入れてみます（画面7）。

▼画面7 「スコープCatch」内のアクション設定

7 一旦これで、フローにはあえてエラーを入れて動作確認してみます。

例えば今回の場合、手動実行で存在しないIDを入れると（画面8）、「スコープTry」内のアクションでエラーが起きます。

Chapter 8　高度なPower Automate活用術

▼画面8　テスト実行（エラーの発生確認）

今回の場合、「スコープTry」内の「項目の取得」アクションでエラーが発生し、「スコープCatch」、「スコープFinally」が実行されました（画面9）。

このように、「スコープTry」内でエラーが起きた場合、「スコープCatch」が実行され、最後に「スコープFinally」も実行されます。

3 エラーハンドリングの方法

▼画面9　エラー時の実行結果

　「スコープCatch」が実行されたことで、画面10のように、エラーの通知がTeamsに届きました。

▼画面10　Teamsメッセージ通知

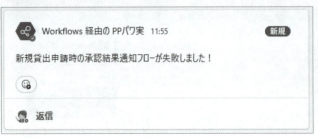

フローの実行履歴を見てみると、先ほどエラー通知が来たフローが成功になっていることがわかります（画面11）。

「スコープCatch」内のアクションの実行が成功すると、フローの結果が成功として終了します。

▼画面11　フローの実行履歴（成功）

フローを「成功」や「失敗」を指定して終了したい

今回の場合、エラーが出たフローの判別がしにくいので、「失敗」として終了したいと思うかもしれません。

こういった場合、「コントロール」の「終了」というアクションを使います。

「終了」アクションを実行すると、フローが途中でも強制的に終了することができます。

またその際、フローの実行が「成功」か「失敗」か「キャンセル」かを、指定することができます。

ただしCatchの最後に実行すると、その時点でフローが終了し、Finallyが実行されなくなってしまうため、条件分岐を利用して、Finallyに終了アクションを追加します。

8 トリガーの下に、アクションの追加で、「変数の初期化」アクションを追加し、変数Resultに、「Boolean」型で、「true」を設定します（画面12）。

※ 変数を初期化するアクションは、「ランタイム：組み込み」の「Variable」から設定できます。

▼画面12 「変数を初期化する」アクションの設定

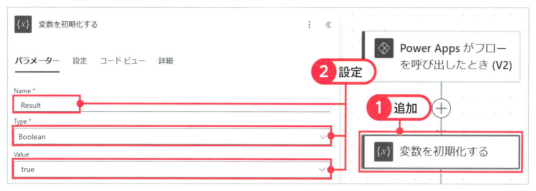

9 「スコープCatch」内の最後に、「変数の設定」アクションを追加し、変数「Result」を「false」に設定します（画面13）。

▼画面13 「変数の設定」アクションの設定

　このように設定することで、Tryの処理が成功した時は、変数「Result」が「true」のままで、失敗した時は「スコープCatch」の最後で「false」になります。

10 あとは「スコープFinally」で、「コントロール（Control）」の「条件」を追加して、変数「Result」（動的なコンテンツで選択）が「false」となる場合を設定します（画面14）。

▼画面14 「条件」アクションの設定

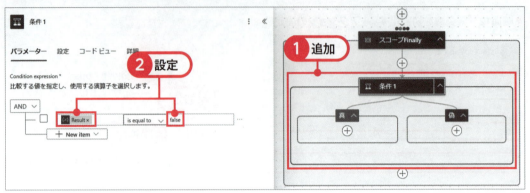

この条件が「true（真）」（変数Resultがfalse）の場合は、「スコープCatch」が実行された（スコープTry内のアクションが失敗した）ということになるため、「コントロール（Control）」の「終了アクション」を追加し、「失敗」を設定します（画面15）。

▼画面15 「終了」アクションの設定

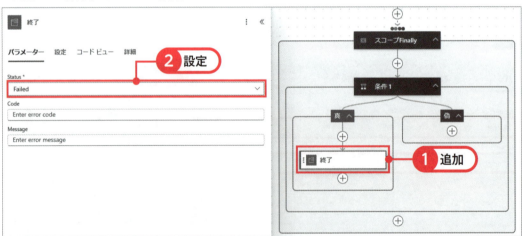

> **3** エラーハンドリングの方法

11 処理の成功、失敗に関わらずメールを通知したい場合は、画面16のようにOutlookメール送信アクション等を追加します。

▼**画面16** 「メールの送信（V2）」アクションの設定

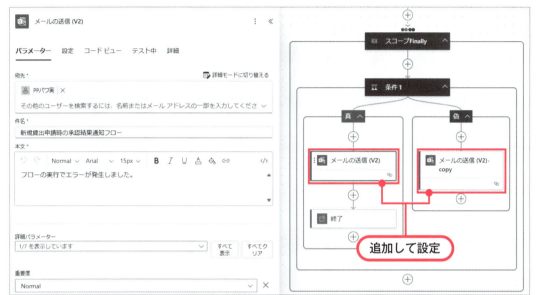

12 これで実装は完了なので、もう一度テストしてみます。

フローを実行し、処理が失敗した場合は、Teamsとメールに通知が来て、処理が成功した場合は、メールのみに通知が来ます（画面17）。

Chapter 8　高度なPower Automate活用術

▼**画面17**　フローのテスト（エラー発生時）

「スコープTry」内の処理が失敗した場合、実行履歴では状態が「失敗」として終了しています（画面18）。

▼**画面18**　フローの実行履歴（失敗）

画面19のように、メールでの失敗通知も届いています。

3 エラーハンドリングの方法

▼画面19　フロー失敗時のメール通知

「スコープ」を使ってアクションをまとめる

「スコープ」は、今回のような例外処理以外でも、単純にアクションをまとめて、可読性（見やすさ）を良くするという使い方もできます。

フローの可読性を向上することで、フローの改修時や、引継ぎ時等のメンテナンス性がアップするので、ぜひ皆さんも活用してください！

上述のように、適切なエラーハンドリングを実装することで、フローの安定性と信頼性が大きく向上します。

特に本番環境で運用するフローでは、起こりうるエラーを想定し、適切な対処方法を実装しておくことが重要です。

エラーハンドリングは、フローのメンテナンス性を高める重要な要素となるので、システムの規模や重要度に応じて、適切なエラーハンドリング方針を検討し、実装していきましょう。

4 Power Automate の共有、引継ぎ方法

　総務部のミムチは、作成したいくつかのPower Automateフローを他のメンバーと共有したり、別の担当者に引き継いだりする必要が出てきました。
　「フローを他のメンバーと共有したり、引き継いだりする際は、どうすればよいのですかな…」

フローを共有するときは、どのような点に気を付ければよいのですかな？

フローの共有や引継ぎは、いくつかの重要なポイントがあります。一緒に確認していきましょう！

Power Automateフローを共有するには、主に次の3つの方法があります。

フローの共有方法

1. 共同所有者として追加
　　フローに共同所有者を追加し、作成者と同様の編集権限を与える
　例）運用中のフローを別のメンバーに引き継ぐ場合

2. 実行専用ユーザーの権限付与
　　フローの編集権限は与えないが、各アクションの実行権限のみを与える
　例）一部のアクションを、フロー実行者の権限で実行する場合

> 4　Power Automateの共有、引継ぎ方法

> 3. フローのコピーを共有
>   フローのコピーを共有し、共有相手が作成者として新規にフローを作成する
> 例）別の部署にフローのコピー（複製）を渡したいとき

これらのフローの共有方法について、それぞれ詳しく説明します。

❶ 共同所有者としての追加

　現在既に運用しているフローがあり、現在のフローの所有者が異動になるため、別のメンバーにフローを引き継ぎたい時などは、共同所有者として追加します。

1 共有したいフローを選択し、「共同所有者」の「共有」を選択します（画面1）。

▼画面1　共同所有者の追加

Chapter 8　高度なPower Automate活用術

2　「ユーザーまたはグループを所有者として追加する」に、メールアドレスやセキュリティグループ等を追加することができます(画面2)。

▼画面2　共同所有者の追加（追加後）

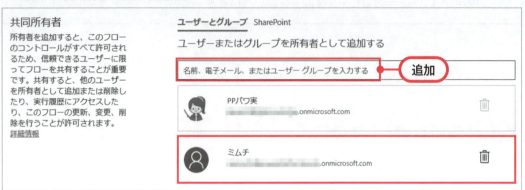

3　追加した共同所有者のメールに通知が届くため、「フローの表示」をクリックして、フローを開きます(画面3)。

▼画面3　追加した共同所有者へのメール通知

492

> 4 Power Automateの共有、引継ぎ方法

4 共同所有者は「編集」ボタンをクリックして、フローの編集ができるようになります（画面4）。

▼画面4　フローの編集

5 フローの各アクションの内、SharePointやTeams、Outlook、OneDrive等、アクセス権を必要とするアクションは、基本的にフロー所有者の誰かのアカウントの接続で実行されています。

　現在の接続者が部署異動等で、設定しているSharePointやTeamsに接続できなくなる場合、接続が無効となり、フローでエラーが起こるため、接続の変更が必要です。

　接続の変更は、各アクションを選択したときの「接続を変更する」から変更可能です（画面5）。

▼画面5　アクションの接続を変更

Chapter 8　高度な Power Automate 活用術

6　既存の接続がない場合、「新しく追加する」を選択し（画面6）、「サインイン」をクリックして自分の接続に切り替えます（画面7）。

▼画面6　新しい接続を追加

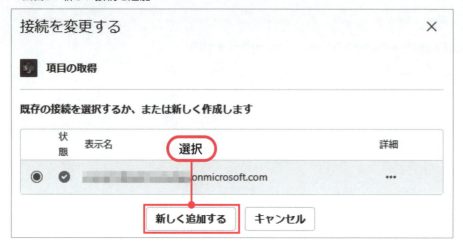

▼画面7　新しい接続を追加

7　接続が変更されると、変更されたアカウントが表示されます（画面8）。

▼画面8　新しい接続に変更

4 Power Automateの共有、引継ぎ方法

同様に他のアクションも「接続を変更する」から、適切な接続に切り替えます（画面9）。

▼画面9　既存の接続に変更

8　すべての接続を切り替え終わったら、フローを保存した後、前の画面に戻り、「接続」の「編集」をクリックして、現在の接続状況を確認します（画面10）。

▼画面10　接続の編集

9　「使用中の接続」が、現在このフローで使っているアクションの接続アカウントになり、これらのアカウントがすべて引き継ぎ相手のアカウントに変わっていれば大丈夫です。

「その他の接続」は、現在使われていない接続で、引継ぎ元のアカウントになっていると

思うので、「×」ボタンで削除します（画面11）。

▼**画面11　使用中の接続の確認**

あとは、テスト実行をしてフローが問題なく実行されれば、引継ぎは完了です。

　フローの作成者が退職しても大丈夫？

　最初にフローを作成した人は、「所有者」として残り続け、「共有」から削除することはできません。

　フローの「作成者（所有者）」が退職した場合はどうなるの？　と心配になるかもしれませんが、共同所有者は、作成者と同等のフロー編集権限を持つため、問題ありません。

　フローの「作成者（所有者）」は「共有」に残り続けますが、フローに他の共同所有者が追加され、各アクションが適切な共同所有者のアカウントで接続されていれば、「作成者（所有者）」が組織からいなくなった後も、問題なくフローが動き続けます。

　SharePointや、Teams等、アクセス権が必要な各アクションの接続が適切に設定されているかどうかのみ注意しておきましょう。

4 Power Automateの共有、引継ぎ方法

2 実行専用ユーザーの権限付与

　フローの中で、SharePointリストへのデータ登録や、Teams通知等、一部のアクションを、フローを実行した人（Power Appsからフローが実行される場合、Power Appsアプリのユーザー）の接続で実行させたい場合、「実行専用ユーザー」の権限を付与することができます。

　「実行専用ユーザー」は、インスタントクラウドフローのトリガー（手動実行、Power Appsトリガー等、何等かの手動によるトリガー）の場合のみ設定できます。

1 フローを開き、「実行のみのユーザー」の「編集」を選択します（画面12）。

▼画面12　実行のみのユーザーの編集

2 各コネクタのアクションの実行で、使用する接続を変更できます（画面13）。
　一部のアクションを、フローをトリガーする実行者の接続で実行したい場合、「実行専用ユーザーによって提供されました」を選択します。

Chapter 8　高度なPower Automate活用術

▼画面13　実行のみのユーザーの設定

Power Appsアプリユーザーへのフロー共有は不要？

　今回のように、Power Appsアプリから、Power Automateフローを実行する場合、フローの共有もしなければいけないのでは？　と思うかもしれません。
　結論として、フローをユーザーやセキュリティグループで共有する必要はありません。
　「実行専用ユーザー」の設定をしておけば、アプリからPower Automateフローが実行された場合、アプリユーザーの接続で、設定したコネクタのアクションが実行されます。
　このときアプリユーザーは、Power Appsを開いたときに、SharePointやTeams等、必要なコネクタへの接続許可のポップアップが表示されるので、「許可」をクリックして接続できるようになります。
　このとき、接続を許可していなかったり、正常に接続できていなかったりすると、フローで「実行専用ユーザー」に設定したアクションの実行がエラーになるため、注意しましょう。

4 Power Automateの共有、引継ぎ方法

3 フローのコピーを共有

既に運用しているフローがあり、別の部署へフローの複製を渡して、横展開したい場合、「フローのコピーを共有」します。

1 横展開したいフローを開き「コピーの送信」をクリックします（画面14）。

▼画面14　フローのコピーの送信

2 「タイトル」、「説明」、「送信先」を設定し、「送信」をクリックします（画面15）。

▼画面15　コピーの送信の設定

Chapter 8 高度なPower Automate活用術

3 送信先のメールに通知が届くので、「マイフローの作成」をクリックしてフローを新規に作成します（画面16）。

▼画面16 コピーの送信の通知

こんにちは、ミムチ さん

テンプレート表示名: 新規貸出申請時の承認結果通知フロー(Power Appsトリガー、例外処理)、テンプレートの説明: 申期貸出申請時の承認結果通知フロー（PowerAppsトリガー、例外処理あり）です。

マイ フローの作成 >　　クリック

4 接続を確認し、「フローの作成」をクリックすると、コピーの送信をしたフローをベースに、複製された新規のフローを作成できます（画面17）。

▼画面17 フローの作成

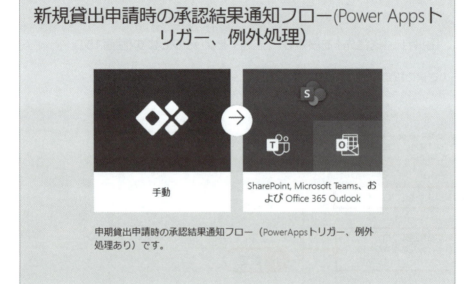

5 フローのコピーを受け取った人が「所有者（作成者）」として、新規にフローが作成されます。

元のフローで使っているSharePoint等にアクセス権がない場合、フローを編集してから保存する必要があります（画面18）。

▼画面18　複製されたフローの編集

> **フローのコピー以外で、フローを複製する**
>
> 　Power Automateフローは「名前をつけて保存」をクリックすることで、別名で保存してフローを複製することもできます。
> 　例えばフローの編集前にバックアップを保存しておきたいときによく使います。
> 　「名前をつけて保存」したフローは、デフォルトでフローが「オフ」になっているので、使いたい場合は、フローを編集した後に「オン」にしておく必要があります。
> 　また今回の「コピーの送信」がどうしてもうまくいかない場合、「名前をつけて保存」で複製したフローに、新しく共同所有者を追加して、フローを渡してあげることも可能です。
> 　ただし、このやり方でフローを渡した場合、複製した人が「所有者」として残ってしまう点と、アクションの接続を変更する必要がある点に注意しましょう。

　フローの共有や引継ぎは、チーム内での効率的な運用に欠かせません。

　特に本番環境で運用しているフローは、適切な権限管理が重要なので、計画的に引継ぎを行い、スムーズな運用を継続できるようにしましょう。

第8章のまとめ

　本章では、**Power Automateのより高度な活用方法として、JSON分析、デバッグ手法、エラーハンドリング、フローの共有・引継ぎ方法について学習しました。**

　JSONの分析では、Power BIやHTTPリクエスト等、アクションによって出力されるJSONデータの構造（スキーマ）が統一されていない場合、「JSONの解析」アクションを使うことで、データを動的なコンテンツとして扱えるようになることを学びました。

　デバッグでは、主に次の手順でエラーを解消していきます。

---

1. フローチェッカーでの構文チェック
2. テスト実行による動作確認
3. 実行履歴の確認
4. エラーの原因特定と修正

　エラーハンドリングでは、「スコープ」アクションを使って、Try-Catch-Finallyという例外処理の実装方法を学びました。

　適切なエラーハンドリングを実装することで、フローの安定性と信頼性が大きく向上します。

　フローの共有や引継ぎには、次の3つの方法があります。

---

1. 共同所有者として追加
2. 実行専用ユーザーの権限付与
3. フローのコピーを共有

　本番運用するフローについては、エラーハンドリングの実装と、適切な権限管理が重要です。

　フローの規模や重要度に応じて、これらの実装方法を検討し、安定した運用ができるようにしましょう。

応用編 ≫ **Chapter**

9

生成AIの活用

第9章のゴール

　本章では、Power AutomateのCopilot機能を使ってフローを自動作成してみます。

　また、AI BuilderとPower Automateとの連携方法や、ChatGPTを活用したフロー開発の効率化について学びます。

　この章を完了すると、Power AutomateのCopilot機能を使った簡単なフロー作成ができるようになり、さらにAIを活用してフロー開発の効率をアップする方法を理解することができます。

Chapter 9　生成AIの活用

1 Copilot機能を使ったフロー作成の効率化

年度末が近づいてきた頃、3月に情シスのDX推進プロジェクトの成果発表会があることが知らされました。

総務部の業務改善の発表を任されたミムチは、もっと効率的なフロー作成方法がないか探していました。

「成果発表会までに、もう少しフローを改善したいですな…」

Power AutomateのCopilot機能を使えば、より効率的にフローが作れますよ。

しかし「Copilot」というのは、どうやって使うのですかな…？

1 Copilotでフローを自動作成する

Power Automateの「Copilot」機能を使うと、どのようなフローを作りたいかをインプットするだけで、フローを自動作成することができます。

今回は簡単に、「Formsに回答が登録されたら、SharePointリストにデータを登録し、Teams通知する」フローを作成してみましょう。

1 次の「Power Automate」のURLを開き、「ホーム」タブを選択し、中央の入力欄に作りたいフローの説明を入力し、「生成」をクリックします（画面1）。

https://make.powerautomate.com/

1 Copilot機能を使ったフロー作成の効率化

Formsに回答があったら、SharePointリストにデータを登録し、Teams通知する

▼画面1　Copilotでフローを自動作成する

2 提案されたフローを確認し、問題なければ「次へ」をクリックします（画面2）。

▼画面2　提案されたフローの確認

3 接続されているアプリやサービスを確認し、「フローを作成」をクリックします（画面3）。

▼画面3　接続されているアプリやサービスの確認

4 フローが自動作成され、編集画面が開きます（画面4）。

　フローの編集画面でも、右側に表示されている「Copilot」を使ってフローの編集ができます。

▼画面4　自動作成されたフロー

2 Copilotでフローを編集する

1 Formsの「フォームID」は手動で設定する必要があるので、第3章第3節で作成したフォームを選択しましょう（画面5）。

▼画面5 フォームIDの設定

2 「項目の作成」のサイトアドレス、リスト等も手動設定します（画面6①～②）。

「Item」に自動でFormsアクションの本文が設定されていますが、各列のデータを個別に設定したいため、Copilotで次のプロンプトを入力し、送信ボタンをクリックします（画面6③～④）。

> 項目の作成アクションは、Itemではなく、各項目の列のデータを個別に設定したい。

▼画面6 「項目の作成」アクションの設定

3 項目の作成アクションを選択し、詳細パラメーターの「すべて表示」をクリックすると(画面7)、各項目が表示されるので、第3章第3節と同様の操作で設定します(画面8)。

▼画面7　「項目の作成」アクションの設定

▼画面8　「項目の作成」アクションの設定

4 Copilotを使い、アクションの削除や追加もできます。

　例えば最後のTeams通知を、Outlookメール通知に変えたい場合、Copilotに次のようなプロンプトを入力して送信ボタンをクリックします(画面9)。

> 最後のアクションは、Teamsメッセージ投稿ではなく、Outlookメール送信に変えたい。

▼画面9　アクションの削除と追加

　指示を送信すると、Teamsメッセージ投稿のアクションが削除され、Outlookメール送信アクションが自動で追加されます（画面10）。

▼画面10　「メールの送信」アクションの追加

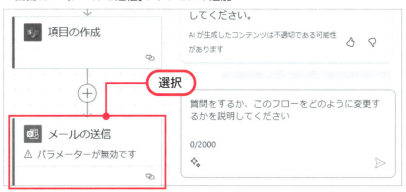

5 例えばCopilotに「メールの送信」の件名を変えてもらうことも可能です（画面11～12）。

▼画面11　Copilotでメールの送信の件名を変更

Chapter 9　生成AIの活用

▼画面12　Copilotで変更されたメールの送信の件名

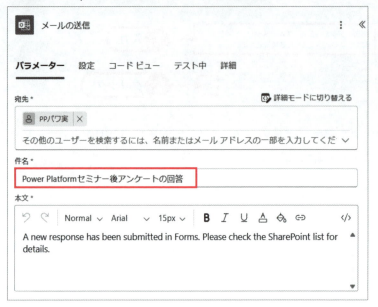

このようにCopilotを使うことで、効率的にフローの作成をしていくことができます。

> **コラム　Power AutomateのCopilot機能はまだまだこれから！**
>
> 　Copilotの機能をみて、正直まだまだできることが少ないのでは？　と思ったかもしれません。
> 　確かに現段階では、Copilotで指示できる内容が少なく、各アクションで動的なコンテンツや関数式を使った設定等も難しいです。
> 　しかし、2024年11月に開催された「Microsoft Ignite 2024」では、今後Power Automateでは、Copilotで動的なコンテンツを使った関数式の設定等もできるようになると発表されました。
> 　Copilotはまだまだ発展途上なので、今はできることが少ないかもしれませんが、今後さらに開発を効率化する機能が出てくると思います。

Chapter 9　生成AIの活用

2 AI Builderを使ってみる

DX推進プロジェクトの成果発表会の日、ミムチは少し緊張しながら自分の発表の順番を待っていました。

総務部の業務改善事例として、ミムチは今回開発した「備品貸出システム」の成果を発表する予定です。

他の部署のいろいろな事例もとても参考になりますな！

今、人事部が発表しているAI Builderを使った書類の自動読み取りは、総務部でも使えそうですぞ！

1 AI Builderとは？

AI Builderは、Power Platformの一部として提供されているAI機能です。

AI Builderを使うことで、プログラミングやデータサイエンスの専門知識が無くても、アプリやフローに、簡単にAI機能を組み込むことができます。

AI Builderを使うことで、例えば次のようなことができます。

AI Builderでできること

- 顧客からの質問に対して、自動で返信文案を作成する
- メールのメッセージや、ドキュメント等のテキストを要約する
- 請求書から、登録番号、電話番号、商品名、価格等の情報を抽出する
- 顧客レビューの感情分析をし、肯定的、否定的、中立化のいずれかを検出する
- 顧客からの問い合わせを、「問題」「請求」「方法」等のカテゴリに分類する

2 AI Builderを使うための準備

AI Builderを使うには、AI Builderクレジットが必要になります。

AI Builderクレジットは、表1のようなライセンスに付属しています。

▼表1　AI Builderクレジットが付属したライセンス

ライセンス	クレジットの数
AI Builderアドオン（T1、T2、T3）	1,000,000
Power Apps Premium	500
アプリごとのPower Apps	250
Power Automate Premium	5,000
Power Automateプロセス	5,000
Power Automateホスト型アドオン	5,000
Power Automate非アテンド型RPAアドオン	5,000

また、AI Builder試用版を使うことで、200,000クレジットを30日間無料で使うことができます。

AI Builderのライセンスの詳細については、Microsoftの公式ページをご確認ください。

参考：AI Builder ライセンスとクレジットの管理
　https://learn.microsoft.com/ja-jp/ai-builder/credit-management

今回は次の手順で、AI Builder試用版を使い、Power AutomateでAI機能を使ってみます。

2 AI Builderを使ってみる

1 Power Automateを開き、「詳細」>「AIハブ」を選択します（画面1）。

▼画面1　AIハブを選択

2 AI Builderの「無料試用版の開始」をクリックすると、30日間無料でAI Builderを使うことができます。

3 AI Builderで質問に回答する

AI Builderには、初めから用意されているいくつかのモデルがあります。
今回は「AI reply」を使い、質問した内容に回答してもらうフローを作ってみます。

1 次の「Power Automate」のURLを開き、「作成」タブをクリックし、「インスタントクラウドフロー」を選択し、「フローを手動でトリガーする」を選択してフローを作成します（画面2）。

https://make.powerautomate.com/

Chapter 9　生成AIの活用

▼画面2　フローを手動でトリガーする

2　「入力を追加する」から、「テキスト」を選択し（画面3）、「質問」と入力します（画面4）。

▼画面3　「テキスト」の入力を追加

▼画面4　「テキスト」の入力設定

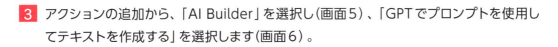

3 アクションの追加から、「AI Builder」を選択し（画面5）、「GPTでプロンプトを使用してテキストを作成する」を選択します（画面6）。

▼**画面5** 「AI Builder」コネクタの選択

▼**画面6** 「GPTでプロンプトを使用してテキストを作成する」アクションの選択

Chapter 9　生成AIの活用

4　プロンプトは「AI Reply」を選択し、「Input Text」は動的なコンテンツで、トリガーの「質問」を設定します（画面7）。

▼画面7　「GPTでプロンプトを使用してテキストを作成する」アクションの設定

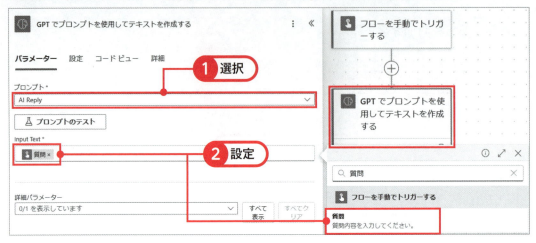

5　「データ操作（Data Operation）」の「作成」アクションを追加し、「入力」に動的なコンテンツから「GPTでプロンプトを使用してテキストを作成する」の「Text」を選択します（画面8）。

▼画面8　「作成」アクションの設定

2 AI Builderを使ってみる

6 フローを保存して、手動でテストしてみます。

「質問」に質問文を入力し、「フローの実行」をクリックします（画面9）。

▼画面9　フローの手動テスト

 自分で入力した質問に対してAIに回答してもらう

今回は簡単に、手動トリガーで実行時に入力した「質問」に対して、AI Builderを使って回答を作成してもらうフローを作成しました。

インプットされる「質問」は、例えばPower Appsのアプリで入力することもできますし、Excelテーブルか何かのデータを取得して、インプットに使うこともできます。

Chapter 9　生成AIの活用

7 フローの実行が成功すると、「作成」アクションで、質問の回答が確認できます（画面10）。

▼**画面10**　「作成」アクションの結果

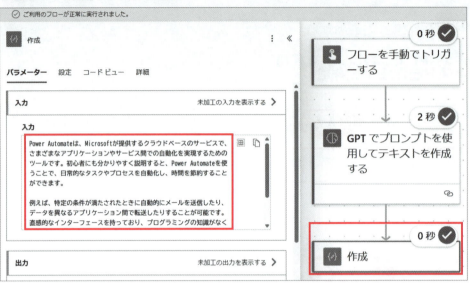

8 例えばTeamsに投稿したり、Excelに出力したりすることもできます（画面11）。

▼**画面11**　Teams投稿

　このように、AI Builderのあらかじめ用意されているモデルを使うことで、簡単にAIに質問するフロー等を作成できます。

> **2** AI Builderを使ってみる

4 AI Builderで領収証を分析する

次にAI Builderで、領収証（レシート）の画像を読み込み、情報を抽出してみます。

1 Power Automateの「詳細」から「AIハブ」を選択します（画面12）。

▼**画面12** AIハブの選択

2 「プロンプト」を選択し（画面13）、「独自のプロンプトを作成する」を選択します（画面14）。

▼**画面13** プロンプトを選択

▼画面14　独自のプロンプトを作成するを選択

3 カスタムプロンプトの編集画面が開くので、「/ で入力やデータを追加できます」をクリックします（画面15）。

▼画面15　データを追加

4 「画像またはドキュメント（プレビュー）」を選択し（画面16）、GPT-4oに切り替えるポップアップが表示されたら、「OK」をクリックします。
適当なレシートの画像ファイルをアップロードし、名前に「レシート」と入力した後、「入力を追加する」をクリックします（画面17～18）。

▼画面16　画像をアップロード

▼画面17　レシート画像をアップロード

▼画面18　レシート画像をアップロード

5 プロンプトに「領収証から、日付、商品名、価格の情報を取得して。」と入力し、「プロンプトのテスト」をクリックすると、「プロンプトの応答」に回答結果が表示されます（画面19）。

▼画面19　プロンプトのテスト

6 「出力」を選択し、「JSON」を選択した後、再度「プロンプトのテスト」をクリックすると、JSON形式でデータを出力できます（画面20①～④）。

出力を確認したら、カスタムプロンプトの名称を「レシートの情報を取得する」に変更し、「カスタムプロンプトを保存」をクリックします（画面20⑤～⑥）。

> **2** AI Builderを使ってみる

▼**画面20** JSON形式での出力

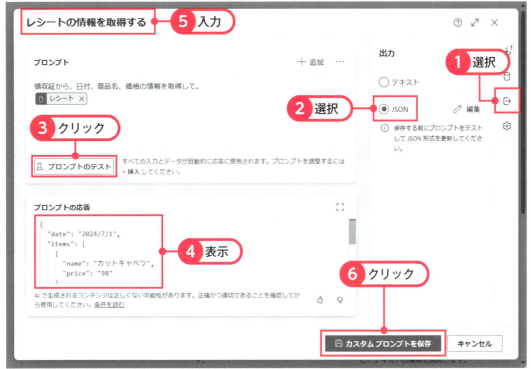

7 「Power Automate」の「作成」タブをクリックし、「インスタントクラウドフロー」を選択し、「フローを手動でトリガーする」を選択してフローを作成します。
「入力を追加する」から、「ファイル」を選択します（画面21）。

▼**画面21** トリガーの入力にファイルを追加

Chapter 9　生成AIの活用

9　名前に「レシート」と入力します（画面22）。

▼画面22　ファイルの入力の設定

10　アクションの追加から、「AI Builder」の「GPTでプロンプトを使用してテキストを作成する」アクションを追加します（画面23）。

▼画面23　「GPTでプロンプトを使用してテキストを作成する」アクションを追加

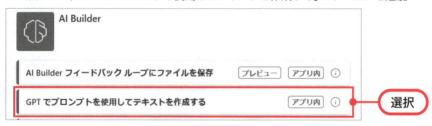

11　「プロンプト」は自分で作成した「レシートの情報を取得する」を選択し、「レシート」には、動的なコンテンツから「フローを手動でトリガーする」の「レシート contentBytes」を設定します（画面24）。

▼画面24　「GPTでプロンプトを使用してテキストを作成する」アクションの設定

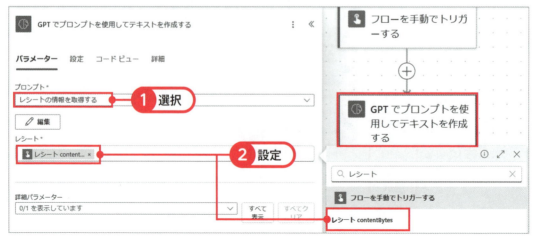

12 「作成」アクションを追加し、「入力」に動的なコンテンツで「GPTでプロンプトを使用してテキストを作成する」アクションの「Text」を設定します（画面25）。

※ 取得したいデータによって、設定する動的なコンテンツが変わります。

▼**画面25**　「作成」アクションの設定

13 フローを保存して、手動でテストしてみます。

「インポート」から、任意のレシート画像をアップロードし、「フローの実行」をクリックします（画面26）。

▼**画面26**　フローの手動実行

Chapter 9　生成AIの活用

14 フローの実行が成功すると、「作成」アクションで、取得されたレシートのデータが確認できます(画面27)。

※適切に取得されていない場合、AI Builderのアクションの出力や、作成アクションで設定する動的なコンテンツを見直します。

▼画面27　作成アクションの結果

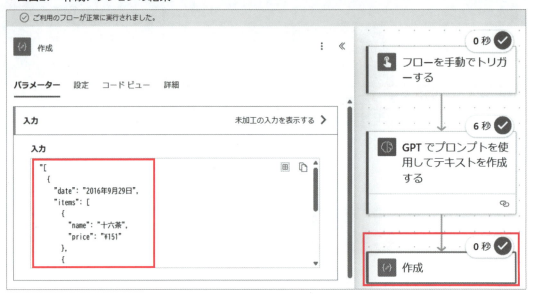

このようにして、カスタムプロンプトを使い、レシートの画像データからデータを取得することができました。

※2025年2月時点ではプレビュー機能のため、動作が安定しない可能性があります。

実際に使うときは、例えばSharePointリストの画像列や、添付ファイル列にアップロードした画像を取得したり、Power Appsから画像ファイルをアップロードしたりして、AI Builderで解析します。

本書では詳しく解説しませんが、著者のYouTubeやブログでも、このようなAI Builderを活用した業務改善方法を具体的に紹介しているので、ぜひご参考ください。

またAI Builderには、他にも様々なモデルがあるので、ぜひ色々と試して業務改善に役立ててみてください。

Chapter 9　生成AIの活用

3 開発でChatGPTを活用する

DX推進プロジェクトの成果発表会で、ミムチの発表は大好評でした。
社内でPower Platform活用の第一人者として認められ、他部署からも自動化の相談が寄せられるようになりました。

まさか「DX推進MVP賞」まで頂けるとは…身に余る光栄ですぞ！

ミムチさんの取り組みは、会社全体の業務改善に大きく貢献しましたからね！

とはいえ、まだまだ改善できることはたくさんありそうですな。フローの実装時にChatGPTを活用すれば、より効率的に開発できるのではないですかな？

　「ChatGPT」については、知っている人も多いかもしれません。
　ChatGPTは、OpenAIが開発した大規模言語モデル（大量のテキストデータを学習して構築された、自然言語処理のモデル）です。
　ChatGPTは、OpenAIのサイト（https://chatgpt.com/）から使うことができます。
　自然な言語で質問をすると、ChatGPTが回答してくれ、まるで人と会話しているようなやりとりができます（画面1）。

Chapter 9　生成AIの活用

▼画面1　ChatGPT (GPT o1-mini)

質問　Power Autoamteについて、初心者にも分かりやすく簡潔に教えて。

回答

Power Automate（パワーオートメイト）は、Microsoftが提供するクラウドベースの自動化ツールです。初心者でも簡単に使えるように設計されており、日常の繰り返し作業やビジネスプロセスを自動化することができます。主な特徴と利用例は以下の通りです。

主な特徴

1. **直感的なインターフェース**: ドラッグ＆ドロップでフロー（自動化の流れ）を作成できるため、プログラミングの知識がなくても利用可能です。

2. **豊富なテンプレート**: 様々なシナリオに対応したテンプレートが用意されており、これを基に自分のニーズに合わせてカスタマイズできます。

3. **多様な連携先**: Microsoft 365、SharePoint、OneDrive、Teamsなど、他のMicrosoftサービスはもちろん、Twitter、Dropbox、Googleサービスなど多くのアプリケーションと連携可能です。

ChatGPTは、Power Platform開発のあらゆるフェーズで活用することができます。

ChatGPTを活用することで、開発効率を飛躍的にアップできる可能性があるため、ぜひ使ってみてください！

コラム　**ChatGPT以外のAIも使ってみる！**

2022年のChatGPT登場以降、OpenAI以外の会社からも、様々な大規模言語モデルを使ったAIサービスが提供されています。

テキストで会話ができるサービスとして、ChatGPT以外にも、例えば「Claude」等のサービスがあります。

「Claude」でもChatGPTと同様、自然言語で質問すると、回答を返してくれます（画面）。

3 開発でChatGPTを活用する

▼画面　Claude（3.5 sonnet）の画面

H 玉ねぎを使って簡単に作れるレシピを提案して。　　**質問**

はい、玉ねぎを使った簡単で美味しいレシピをいくつかご紹介します：

玉ねぎスライスバター醤油

- 玉ねぎを薄くスライスし、フライパンにバターを溶かして中火で炒めます
- 玉ねぎがしんなりとしてきたら醤油を加えて炒め合わせます
- 玉ねぎの甘みとバター醤油の風味が絶妙です　　　　　　　　　　　**回答**

冷製玉ねぎサラダ

- 玉ねぎを薄切りにして水にさらし、辛みを抜きます
- 水気を切り、ポン酢やドレッシングをかけるだけ
- さっぱりとした味わいで箸休めにぴったりです

　ChatGPTでよい回答が得られなかった場合に、Claudeを使うと解決することもあるかと思います。

　今後も色々なAIサービスが出てくるかと思いますが、いくつかのサービスを合わせて活用すると、より作業効率のアップにつながる可能性があります。

　特に主要なAIサービスについては、最初に試しに使ってみるとよいと思います！

1 設計での活用

ChatGPTは、Power Platformで業務改善を考えるときの、全体的な改善案の検討や、設計の提案で特に役立ちます。

　例えば、第5章第1節で整理した「現在の業務フロー」を伝え、AIにPower Platformでの改善案を提案してもらうことができます（画面2）。

Chapter 9　生成AIの活用

▼**画面2　ChatGPTに業務フローの改善案を相談する例**

> 現在、他部署から備品貸出申請対応は、以下の業務フローである。これを
> Power Platformで改善するための改善案と設計を提案して。
> 現状の業務フロー：
> ①　他部署の申請者が、総務部の職員に口頭やメールで備品貸出を申請する。
> ②　総務部の職員が、Excelの備品管理台帳で貸出状況を確認し、貸出可能な場合は申請を承認する。
> ③　備品の貸し出し、期限までの返却対応を行う。
> ④　貸し出し時に貸出情報、返却時に返却日を管理台帳に記録する。
> ⑤　月末に管理台帳を集計し、課長に利用状況を報告する。

2～3秒の間、思考

Power Platform を活用した備品貸出申請業務の改善案と設計

現在の備品貸出申請業務フローを Power Platform を用いて効率化・自動化するための改善案と設計を以下に提案します。

1. 改善案の概要

- **申請プロセスのデジタル化**：口頭やメールでの申請を廃止し、専用の申請フォームを Power Apps で構築。

- **自動承認フローの導入**：Power Automate を活用して、申請内容の自動確認と承認プロセスを自動化。

- **データ管理の統一**：Excel 台帳を廃止し、SharePoint リストまたは Dataverse にデータを統合管理。

- **リアルタイムな状況把握**：Power BI を使用して、貸出状況や利用状況を可視化。

- **通知機能の強化**：返却期限のリマインドや承認通知を自動化。

- **月次報告の自動化**：月末の集計と報告を自動化し、課長への報告作業を効率化。

ChatGPTは、これまでの会話の流れを記憶しているので、さらに質問したい場合や、回答が誤っている場合は、追加で質問することができます。

例えば、得られた業務改善案をもとに、詳細な設計を出してほしい場合、

> 上記の改善案をもとに、詳細な設計を提案して。

等と質問すると、テーブル設計案も提案してくれます（画面3）。

3 開発でChatGPTを活用する

▼**画面3** ChatGPTに詳細な設計案を相談する例

2.1.2 テーブル設計

2.1.2.1 備品リスト（Equipment）

フィールド名	データ型	説明
EquipmentID	自動番号	備品の一意識別子
Name	文字列	備品の名称
Description	複数行テキスト	備品の詳細説明
QuantityAvailable	数値	現在貸出可能な数量
TotalQuantity	数値	総備品数量
Status	選択肢	在庫あり，貸出中
Category	文字列	備品のカテゴリ（例：電子機器、家具など）
Location	文字列	備品の保管場所

2.1.2.2 貸出記録（LoanRecords）

フィールド名	データ型	説明
LoanID	自動番号	貸出記録の一意識別子
EquipmentID	参照（Equipment）	貸出された備品のID

返ってくる回答はあくまで「たたき台」として使い、これを元に検討することで、設計の効率が大きく向上します。

② 実装での活用

実装時にもChatGPTは活用できます。

例えば第5章第2節で設計したPower Automateフローの実装について、次のように質問してみると、具体的なPower Automateの実装方法の回答が返ってきます（画面4）。

> Power Automateで、毎日朝9時に、SharePointリストに登録されている貸出申請の内、その日が貸出予定日か返却予定日の申請を、自動的に総務部チームに通知するフローを作成したい。具体的な実装方法を教えて。

▼画面4　ChatGPTにフローの実装方法を質問する例

ステップ 1: Power Automate にログイン

1. **Power Automate** にアクセスします: Power Automate。

2. Microsoft アカウントでサインインします。

ステップ 2: 新しいフローの作成

1. 左側のメニューから「**マイ フロー**」を選択します。

2. 「**新しいフロー**」をクリックし、「**スケジュールされたフロー**」を選択します。

ステップ 3: フローの基本情報を設定

1. **フロー名**: 毎日9時の貸出・返却通知フロー など、わかりやすい名前を入力します。

2. **開始日時**: 任意の開始日時を設定します（例: 現在の日付の翌日）。

3. **繰り返しの頻度**:

   - **繰り返しの間隔**: 1

   - **単位**: 日

4. 「**作成**」をクリックします。

　全体的な実装の方法以外でも、フィルタークエリや、JSONの解析等、部分的な実装について調べる際にも役立ちます。

③　デバッグでの活用

　フローがエラーになったとき、エラーメッセージをChatGPTに渡すと、実践的な対処方法を提案してくれます。

　特に、技術的なエラーメッセージの解釈や、トラブルシューティングの手順を分かりやすく説明してくれるため、デバッグ作業の効率化に役立ちます。

　例えば、次のような質問をしてみると、エラーの原因や具体的な解決方法を回答してくれます（画面5）。

▼画面5　ChatGPTにフローのエラーを質問する例

> Power Automateを実行したら、以下のエラーが出ました。
> エラー：
> アクション '項目の作成' に失敗しました: The 'inputs.parameters' of workflow operation '項目の作成' of type 'OpenApiConnection' is not valid. Error details: Input parameter 'item/Date' is required to be of type 'String/date'. The runtime value '"45667"' to be converted doesn't have the expected format 'String/date'.

4 秒の間、思考

Power Automateで「項目の作成」アクションを実行した際に、`Date` フィールドに数値 `"45667"` が渡されているためエラーが発生しています。このフィールドは日付形式（ `String/date` ）を期待しています。以下の手順でこの問題を解決できます。

原因の確認

- 数値 `"45667"` は、おそらくExcelの日付シリアル番号です。Excelでは1900年1月1日を基点として日付を数値で管理しています。

解決方法

1. **数値を日付形式に変換する**

   Power Automateでは、数値を日付に変換するために `addDays` 関数と `formatDateTime` 関数を使用します。

　ただし、**ChatGPTの回答が必ずしも正確とは限らないため、提案内容は必ず自分で確認する必要があります。**

　ChatGPTとGoogle等のWeb検索を組み合わせて、効果的に活用していきましょう。

コラム　AIを「優秀なアシスタント」として活用する

　AIは万能ではありませんが、「優秀なアシスタント」として活用することで、開発効率を大きく向上させることができます。

　初めは適切な質問が難しくても、使い続けることでコツをつかめるようになります。

　ぜひAIをうまく活用して、フロー開発の効率化を図ってください。

第9章のまとめ

本章では、Power AutomateにおけるAI機能の活用について、Copilot、AI Builderの活用方法と、ChatGPTを使った開発支援について学習しました。

Power AutomateのCopilot機能を使うと、フロー作成の指示を自然言語で伝えることで、簡単なフローを自動作成できます。

また作成したフローの編集もCopilotで行うことができます。

2025年2月現在では機能が限定的ですが、今後さらなる機能追加が期待されています。

AI Builderは、Power Platformに組み込まれたAI機能で、プログラミングやデータサイエンスの知識がなくても、アプリやフローにAI機能を組み込むことができます。

例えば、質問への自動回答生成、テキストの要約、請求書からの情報抽出、感情分析などが可能です。

利用にはAI Builderクレジットが必要ですが、試用版を使うことで、30日間無料でテストできます。

また、ChatGPT等の生成AIは、Power Automateの開発プロセス全般で次のようなケースで活用できます。

生成AIを活用できるところ

・要件定義や設計段階での改善案の検討

・フローの実装方法の提案

・エラー発生時のデバッグ支援

AIは現在急速に進化を続けているものの、まだ完璧な判断や提案はできません。

しかし、その特性と限界を理解したうえで「優秀なアシスタント」として活用することで、アイデアの発想や問題解決の幅を広げ、開発効率を大きく向上させることができます。

おわりに

　私が初めてPower Automateを使ったとき、基礎知識のないまま開発に着手しました。
　Web検索で見つけた記事を真似ながら何とか目的を達成できましたが、自分で作ったフローの動作をほとんど理解できていませんでした。

　その後、フローの改修に取り組む中で思うように進まず、大きな苦労を経験しました。
　もし先にPower Automateの基本的な知識を習得していれば、より効率的に開発できたはずです。

　この経験や、Power Automateを学ぶ初心者の方々をサポートする中で、特に非エンジニアがつまずきやすいポイントが見えてきました。
　そこで、基礎からしっかり理解できる入門書があれば、多くの方が気軽に業務自動化に挑戦できるのではないかと考え、本書を執筆しました。

　Power Automateは単独で動作するものではなく、Microsoft 365の各種サービスやPower Platform全体のフローを考えることが重要です。
　現在の業務課題を整理し、Power AppsやPower BIとの連携を考慮した開発方法を解説する入門書はまだ多くありません。
　そのため、本書では基礎から学びながら、実践的なスキルも習得できるように意識して執筆しました。

　本書を通じてPower Automateの魅力を知り、さらにPower BIやPower Appsなどの
Power Platformサービスにも興味を持っていただけたら嬉しく思います。

　最後に、本書を最後までお読みいただいた読者の皆さま、初期段階でレビューをしてくださった同僚の皆さま、執筆を支えてくれた家族、そして出版にご尽力いただいた出版社の方々に、心より感謝申し上げます。

Index

索引

記号

/ で入力やデータを追加できます	520
?['ItemName']	328
@メンショントークン	234

アルファベット

A

AI Builder	511, 512, 513, 515, 519, 524
AI Reply	516
AIハブ	513, 519
AND	294

B

body	225

C

ChatGPT	527
contains	129
Control	100, 127, 187, 193, 296, 314, 470, 486
convertFromUtc	219, 220
Copilot	122, 504, 507, 508, 510
Copilot Studio	20
Current Item	103

D

Data Analysis Expressions	426
DataCardValue	373
DateTime 形式	185
DAX	426
DAXクエリ	426,429
DAXクエリビュー	426
Do until	95
DX	16, 17

E

Email	212
empty	194, 195
Excel	179, 187

Excel テーブルデータ	182
Excel で結果を開く	151
Excelデータ	177, 180, 187, 189
expressionResult	137

F

first	200, 201, 328
For each	95, 101, 325, 458
Forms	144, 145, 146, 152, 163, 164, 165, 173, 174
fx	169, 194, 198, 327, 370, 372, 373, 434

G

GPT でプロンプトを使用してテキストを作成する	515, 516, 524, 525
GPT-4o	521

I

int	169, 172, 198
ISO8601	185

J

JSON	449, 456, 522
JSON形式	64
JSONの解析	448, 450, 452, 453, 454, 455, 457, 458, 461
JSON分析	448

M

Microsoft 365	29
Microsoft Forms	152
Microsoft Teams	233

O

Office 365 E5 (Teamsなし)	36, 37
OR	294
Outlook	29, 71, 124, 127, 209, 218, 487, 509
Output	226

P

Power Apps 19, 356, 357, 358, 359,
             360, 374, 376, 382, 387

Power AppsからPower Automateを呼び出す 384

Power Automate 19, 22, 29, 33, 37, 39, 46, 120,
             121, 374, 383, 385, 387, 395,
             424, 425, 490, 510

Power Automateの主な特徴 23

Power Automateの実行履歴の確認 136

Power Automateのボタンの機能 122

Power Automateライセンス 35

Power BI 19, 394, 395, 397, 418, 423, 424, 425

Power BI のリンク 444

Power BIで'レポート名'を開く 419

Power BIレポート 396, 438, 439, 440

Power Pages 20

Power Platform 18, 249

Power Platform開発の基本的なステップ 245

Power Query 396, 402

Power Queryエディター 401

ProjectID 190, 198

R

Recurrence 183, 309

RSSフィード 228, 230

S

Schema 456

SharePoint 29, 76, 225

SharePoint Onlineリスト 399

SharePointコネクタ 167

SharePointサイト 153, 180, 349

SharePointリスト 144, 145, 152, 154, 168, 174,
           177, 179, 187, 189, 193, 208,
           209, 210, 286, 348, 350, 358,
           362, 365, 397, 428

SharePointリストの列 160

SharePointリストの列名 157

String 85

T

Teams 29, 124, 125

Teams投稿 62

Try-Catch-Finally 478

Type 84

U

UTC 227

V

Variable 457

五十音

あ

アカウント 134, 350

アクション 47, 48, 117, 134, 343,
          348, 469, 473, 489

アクション構成ペイン 122

アクション全体をコピーする 478

アクションの追加 72, 75, 99, 165, 193,
          217, 377, 431, 434

アクション名 327

アクションを貼り付ける 478

アクセス権 352, 423

アジャイル型開発 250

新しい応答が送信されるとき 166

新しい質問の追加 148

新しい接続の作成 164

新しいフォルダー 78

新しいフォルダーの作成 77

新しいメールが届いたとき (V3) 80, 132, 133, 139

新しいメールが届いたとき (V3) の件名 78

アプリ 388, 390

アルゴリズム 113, 116

アレイ 117

アレイ型 87, 90

アレイ型データ 89, 217

アレイデータ 88

アンケート 146, 150

アンケート集計 31

い

イベントの作成 227

イベントの作成 (V4) 218, 222, 226

537

インスタントクラウドフロー 53, 99, 523

え

エラー 464, 466, 467, 469, 532
エラーの種類 462
エラーハンドリング 475
エラーメッセージ 532

お

応答 151
応答の詳細を取得する 165, 175
折れ線グラフ 413

か

カード 415
会議リスト 208, 211
開始時刻 221
改善点 338
返り値 109, 110
画像またはドキュメント (プレビュー) 521
課題解決 260
空のレポート 397
関数 109, 110, 117, 169, 170, 194, 198
関数式 112, 199, 327, 370, 372,
                                    373, 434, 435, 436
関数の引数 111

き

ギャラリー 365, 367, 369
共同所有者 491, 493
今日の日付 74
業務フロー 31, 32
共有 491
許可値 371

く

空白のリスト 153
組み込み 434

く

クラウドフロー 23, 24, 25, 27, 28, 213, 322
グループ 351

け

結合 217, 226
件名フィルター 139, 140, 142

こ

公開日付 236
更新のスケジュール設定 420
項目が作成されたとき 213, 219, 225
項目の更新 196, 199, 200, 379
項目の作成 171, 196, 197, 507, 508
項目の取得 377
「項目の取得」の設定 377
コードビュー 237
コネクタ 50, 117
このバージョンの公開 389
コピーの送信 499
コントロール 296, 314, 470, 486
コントロールの種類 371

さ

最初のテーブルの行 455
最新の情報に更新 422
サイトのアドレス 197
作成 231, 473
作成者 501
さらに表示 431, 434

し

視覚化 412, 415, 416
資格情報の編集 421
システム開発 244, 247
システム開発の目的 336
システムの設計 246
システムの要件と設計 335
実行結果 172, 203, 222, 239

実行専用ユーザー 497

実行のみのユーザー 497, 498

実行履歴 319, 468

実装 286, 531

自動化したクラウドフロー 70, 126, 231, 232

集合縦棒グラフ 413

終了時刻 221

出力 51, 62, 64, 83, 225, 226, 522

手動 59

順次 90, 91, 92, 117

条件 128, 130, 137, 142, 194, 199, 296

条件アクション 130

詳細設定 371

詳細パラメーター 139, 140, 185, 197, 202, 221

使用中の接続 347, 495

承認プロセス 29

所有者 501

す

数式バーで編集 372

スキーマ 456

スケジュール済みクラウドフロー 182, 307, 430

スコープ 476, 477, 489

スコープCatch 479, 481, 482, 485

スコープFinally 480, 482, 486

スコープTry 479, 480, 482, 488

すべて表示 508

すべてを表示 197, 202, 221

スライサー 416

スライサーの設定 416

せ

請求書 125, 129, 135, 139

請求書メール 30

静的な結果 471

セキュリティグループ 346, 347, 351

設計 265, 529

設計手順 266

接続の変更 163, 239

接続を変更する 495

セマンティックモデル 420, 425

選択 225

「選択」の設定 215

そ

それぞれに適用する 100, 101, 103, 107, 108,
188, 189, 205, 325

た

タグの@mentionトークンを取得する 233

ち

チャットまたはチャネルでメッセージを投稿する
.... 56, 57, 58, 60, 131, 235, 301, 302, 316,
317, 325, 327, 381, 437, 439, 459

「チャットまたはチャネルでメッセージを投稿する」の設定
.... 234, 300, 316, 437, 459

つ

積み上げ縦棒グラフ 412

ツリービュー 383

て

データ型 68, 84, 85, 117, 405

データセットに対してクエリを実行する
.... 431, 432, 433, 441, 451, 452, 453

「データセットに対してクエリを実行する」の設定
.... 431, 451

データ操作 217, 434, 473, 516

データ操作の「選択」アクション 216

データソースの資格情報 421

データの自動更新設定 420

データの設計 266

データベース設計 268

データ変換 407

データモデル 410

539

デスクトップフロー......................23, 24, 26, 27, 28

テスト 247, 334

テスト実行...............133, 172, 173, 203, 222,
239, 386, 443, 465

テストフェーズ 334

デバッグ 247, 334, 462, 470, 532

デバッグのテクニック.....................470

と

投稿者 58

動作確認 465

動的なコンテンツ 65, 68, 69, 102, 111, 128, 169,
171, 188, 190, 200, 453

独自のプロンプトを作成する 519

トリガー...................47, 48, 71, 72, 117, 134, 135, 139,
142, 183, 225, 308, 348, 485

トリガーの種類.....................................49

トリガーの追加...................................375

に

入力 51, 64, 83, 137, 227

入力と出力 117

入力を追加する 514

は

配列...87

パラメーター.............................128, 188

反復 90, 91, 94, 108, 117

反復処理 90, 95, 96, 97

ひ

引数 109, 110, 377

ビジュアルの書式設定 416, 417

必要データの洗い出し.........................266

表内に存在する行を一覧表示
........................184, 185, 186, 188, 190, 198

ふ

フィード項目が発行される場合 233, 237

「フィード項目が発行される場合」の設定........................232

フィールド...415

フィールドの編集.............................370

フィルタークエリ 190, 191, 192, 294, 295, 378

フォーム 147, 364

複数の項目の取得...........189, 194, 200, 292, 293, 310,
311, 323, 324, 326, 330, 378,
379

「複数の項目の取得」の設定 323

プレビュー...150

フロー 47, 52, 92, 106, 115, 116, 117, 120,
121, 124, 126, 139, 140, 143, 146,
162, 173, 174, 177, 208, 210, 228,
231, 289, 306, 317, 329, 330, 340,
341, 342, 468, 484, 504

フローチェッカー 463, 464

フローチェッカーで検出されるエラーの例 463

フローの共同所有者 345

フローの共有方法 490

フローのコピー 501

フローのコピーを共有 499

フローの作成 500

フローの作成者 496

フローの実行...60

フローの設計 273, 277

フローのデバッグ手順.......................463

フローの表示 492

フローを作成 506

フローを手動でトリガーする 54, 55, 523

プログラミング.....................................90

プロパティを変更するためにロックを解除します。 371

プロンプト...519

プロンプトの応答 522

プロンプトのテスト.........................522

分岐.............................90, 91, 93, 117

へ

変数	65, 74, 111, 317
変数の初期化	66, 68, 101, 312, 313, 485
変数の設定	485
変数のパラメーター設定	67
変数を初期化する	73, 82, 99, 313, 456, 457

ま

マイフロー	321, 322, 341
マイフローの作成	500
マイワークスペース	419, 420

み

未加工出力の表示	330, 460
未加工入力の表示	60, 61
未来の時間の取得	309, 310, 441

め

メンバー	348

も

文字列	85
文字列変数に追加	314, 315, 316, 457, 458
「文字列変数に追加」の設定	457
モデルビュー	409, 414

ゆ

ユーザー	351
ユーザーアカウント	351
ユーザーのアカウント	346
ユーザーまたはグループを所有者として追加する	492
ユーザー列	212

よ

要件定義	245, 256, 257

ら

ライセンス	34

ラベル	366
ランタイム	431, 434

り

リスト名	197
リマインダーフロー	320
リマインド通知	330
リリース	247, 248, 340, 387
リレーションシップ	409, 410, 414
リンクのコピー	438

る

ループ処理	90

れ

レポート	411, 418, 419, 423
レポートビュー	412

ろ

ローコード	18

わ

ワークスペース	423

■著者紹介

パワ実

　非IT系の事務職として勤務していた2021年、組織へのMicrosoft 365導入を機にPower Platformと出会う。

　業務でPower Platformを活用した経験を活かし、2023年にIT系コンサルタントへ転身。

　Power Platform活用のノウハウを発信するYouTubeチャンネル「業務効率化・データ活用ちゃんねる」は、2024年に登録者数1万人を突破。

　2025年にはMicrosoft MVP Awardを受賞。

　YouTube、ブログ、Xでの情報発信や、Power Platform初心者向けの開発サポートサービスを提供している。

▲業務効率化・データ活用ちゃんねる

▲業務効率化・データ活用ブログ

Power Platformについて、もっと知りたい場合は、著者の運営している次のコンテンツもぜひご覧ください！

YouTube チャンネル

業務効率化・データ活用ちゃんねる
https://www.youtube.com/@pawami

X（旧 Twitter）

パワ実@業務効率化・データ活用情報発信
https://x.com/pawami_powerpf

ブログ

業務効率化・データ活用ブログ
https://www.powerplatformknowledge.com/

パスワード：z9W8yUSh

● カバーデザイン
mammoth.

● キャラクターイラスト
もさん

ゼロから学ぶ
Power Automate クラウドフロー
実践に役立つ業務自動化入門

| 発行日 | 2025年 3月27日 | 第1版第1刷 |

著者　パワ実

発行者　斉藤　和邦
発行所　株式会社　秀和システム
　　　　〒135-0016
　　　　東京都江東区東陽2-4-2　新宮ビル2F
　　　　Tel 03-6264-3105（販売）Fax 03-6264-3094

印刷所　三松堂印刷株式会社

©2025 Pawami　　　　　　　　　Printed in Japan
ISBN978-4-7980-7421-4 C3055

定価はカバーに表示してあります。
乱丁本・落丁本はお取りかえいたします。
本書に関するご質問については、ご質問の内容と住所、氏名、
電話番号を明記のうえ、当社編集部宛FAXまたは書面にてお送
りください。お電話によるご質問は受け付けておりませんので
あらかじめご了承ください。

目次

執筆者一覧 ———————————————————————————— 6

Ⅰ 顎堤吸収のメカニズムは？ ———————— 原 哲也 ——— 7

Ⅰ 経年的な顎堤吸収はなぜ生じるのか？ ——————————— 8

Ⅱ 義歯床下組織で生じている組織変化の推察 ———————— 10

Ⅲ 適合した義歯を装着している場合，顎骨はどうなるのか？ ——— 11

Ⅳ 顎堤の吸収を防止するためには ——————————————— 12

Ⅱ 各種リライン材の特徴と臨床上の使い分け
———————————————— 秋葉徳寿・水口俊介 ——— 15

Ⅰ 硬質リライン材 ——————————————————————— 16

　1．材料の特徴 ———————————————————————— 16

　2．材料の使い分け ————————————————————— 16

　3．義歯床との接着 ————————————————————— 18

Ⅱ 軟質リライン材 ——————————————————————— 18

　1．材料の特徴 ———————————————————————— 18

　2．材料の使い分け ————————————————————— 18

　3．義歯破折への配慮 ——————————————————— 21

Ⅲ 粘膜調整材（ティッシュコンディショナー） ——————— 22

　1．材料の特徴 ———————————————————————— 22

　2．材料の使い分け ————————————————————— 23

　3．粘膜刺激への配慮 ——————————————————— 23

まとめ ———————————————————————————————— 24

III 硬質材料を用いた総義歯のリラインのコツ
──直接法を中心とした対応 ───── 相澤正之 ── 25

はじめに	26
I リラインを実施する前に	26
II リラインの現実	26
III 直接法か，間接法か	28
IV 直接法の実際	28
■下顎総義歯に対する動的リライン材を用いたリライン直接法	29
V 上顎総義歯に対する直接法	35
1．後縁の設定位置の不備によるもの	35
2．後堤部の封鎖不良によるもの	35
3．フラビーガムによるもの	35
■上下顎総義歯に対する間接リライン法	37
VI 間接法の実際	38
まとめ	38

IV 下顎総義歯に軟質リライン材を
間接法で用いるコツ ───── 山崎史晃 ── 39

I 難症例への対応としての軟質材によるリライン	41
II 間接法によるリライン	42
■下顎総義歯に対する軟質リライン材を用いたリライン間接法	44
III 間接法による軟質リライン法の手順	44
1．ティッシュコンディショナーによる粘膜面の調整	44
2．シリコーン印象材による咬座印象	44
3．リライン用の模型の製作	45
4．リライン用ジグへの模型の装着	46
5．ティッシュコンディショナーの除去とリラインスペースの確保	46

6．接着材の塗布	47
7．リライン材の塗布	47
8．余剰なリライン材の削除・研磨	48
9．口腔内への装着	48
Ⅳ　メインテナンス時に注意するポイント	49
■コピー義歯の製作	50
■症　例	51
まとめ	52

Ⅴ　リライン後の義歯を審美的に仕上げるコツ

野澤康二　53

Ⅰ　義歯床へのリライン前処置	54
1．義歯床粘膜面の新鮮面を出す	54
2．ベベリング処理	55
3．プライマー塗布時のマスキング	56
Ⅱ　形態修正と中研磨	56
Ⅲ　最終仕上げ研磨	58
Ⅳ　シリコーン系軟質リライン材の研磨処理を考える	59
まとめ	60

索引　62

執筆者一覧

(五十音順)

相澤 正之（あいざわ まさゆき）

〒136-0071　東京都江東区亀戸2-32-4 モン・ヴィーニュ101号
あいざわ歯科医院

秋葉 徳寿（あきば のりひさ）

〒113-8510　東京都文京区湯島1-5-45
東京医科歯科大学大学院医歯学総合研究科 老化制御学講座
高齢者歯科学分野　助教

野澤 康二（のざわ こうじ）

〒335-0002　埼玉県蕨市塚越7-10-3
株式会社シンワ歯研 関東支社　所長（歯科技工士）

原　哲也（はら てつや）

〒700-8525　岡山県岡山市北区鹿田町2-5-1
岡山大学大学院医歯薬学総合研究科
咬合・有床義歯補綴学分野　准教授

水口 俊介（みなくち しゅんすけ）

〒113-8510　東京都文京区湯島1-5-45
東京医科歯科大学大学院医歯学総合研究科 老化制御学講座
高齢者歯科学分野　教授

山崎 史晃（やまざき ふみあき）

〒939-0234　富山県射水市二口438-1
やまざき歯科医院

I

顎堤吸収のメカニズムは?

原　哲也

新製時には適合のよい義歯であっても，経時的な顎堤の形態変化によって義歯のリライン・リベースが必要となってくる．本稿では，顎堤の形態変化のメカニズムについて考察する（図1-1）．

I 経年的な顎堤吸収はなぜ生じるのか？

下顎前歯抜歯後に義歯を装着し，顎堤の形態変化を5年間観察した研究[1]では，経時的な骨吸収が認められており（図1-2），従来から義歯床下の顎堤の吸収は慢性的，進行的，不可逆的と言われてきた[2]．この理由をメカニカルストレスと骨の反応から考えてみた．

Frostのmechanostat理論[3]では，骨吸収や骨添加が生じる力学的な歪みの閾値MES（minimum effective strain）があるとしている．すなわち，骨に加えられる力学的な歪みが50〜100$\mu\varepsilon$（MESr）より小さい場合には廃用性骨吸収状態となり，歪み値の増加に伴い適応期では骨量が維持され，歪み値が1,000〜1,500$\mu\varepsilon$（MESm）を超えた軽度荷重期では補強のために骨添加になると考えられている（図1-3）．この歪み値を圧力値に変換すると，それぞれおよそ1〜2MPa（約0.1〜0.2kg/mm^2），20〜30MPa（約2〜3kg/mm^2）となる．

天然歯列において咬合時に歯槽骨に加わる応力を有限要素法で解析すると，3〜18MPa（約0.3〜1.8kg/mm^2）であり[4]（図1-4），mechanostat理論では骨量が維持される適応期に含まれており，正常な機能圧が天然歯に加えられている場合には歯槽骨の形態は維持されると考えられる．一方，義歯床を介して加えられる圧力の大きさは，圧力センサを義歯床下に埋入した模型実験や臨床研究では数十kPa〜300kPaであると報告され[5]，この圧力値はmechanostat理論では廃用性骨吸収状態に含まれる．したがって，義歯床を介して顎骨に加えられるメカニカルストレスは，義歯床下の骨量を維持できるだけの刺激にはならず，顎骨を継時的に吸収させる理由の一つと考えられる．

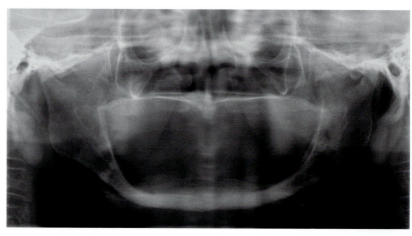

図1-1 顎骨の吸収が進行した症例．オトガイ孔付近では圧痛を認める．

I 顎堤吸収のメカニズムは？　9

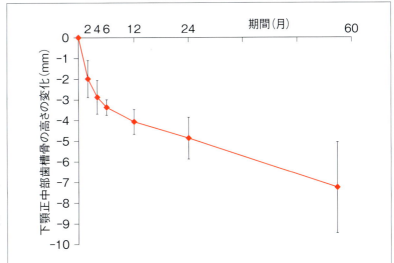

図1-2　義歯装着後の下顎正中部における歯槽骨の高さの変化（文献[1]より改変）．抜歯後早期に歯槽骨の吸収が進行し，2年以降も吸収が進行している．

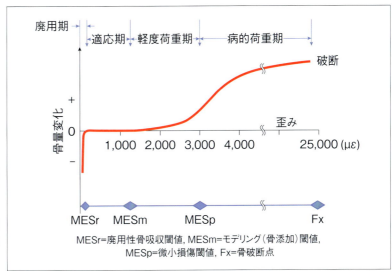

図1-3　mechanostat理論と骨の反応（文献[3]より改変）．骨は歪みやメカニカルストレスによって反応する．ストレスが小さい場合には廃用吸収し，ストレスが大きい場合には骨添加によって補強される．

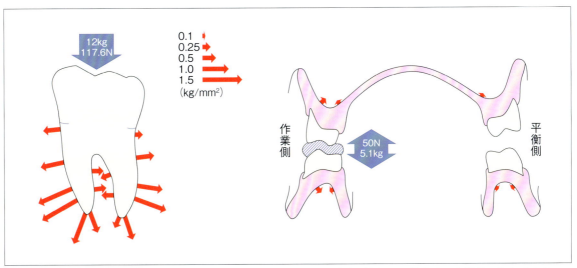

図1-4　咬合時に下顎第一大臼歯を通して周囲歯槽骨に加わる応力（左）と，義歯床から顎骨に加わる応力（右，文献[4,5]より改変）．

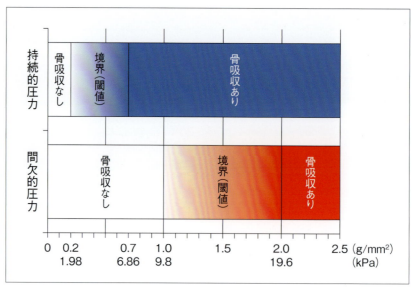

図1-5 ラットの臼歯部口蓋に実験用義歯を装着した場合，義歯床下の骨吸収を惹起する持続的圧力と間欠的圧力（文献[6]より改変）．

Ⅱ 義歯床下組織で生じている組織変化の推察

　われわれは，ラットの臼歯部口蓋組織を対象とした研究から，義歯床を介して加えられる圧力が，持続的圧力では6.86kPa（0.7g/mm^2）以上，間欠的圧力では19.6kPa（2.0g/mm^2）以上であれば，義歯床下の骨吸収が認められるようになり（図1-5），義歯床下骨組織の吸収は義歯床を介して加えられる圧力値の大きさに依存することを明らかにした[6]．ラットの口蓋粘膜の厚さはヒトのそれと比べるとおよそ1/10であり，この圧力値の結果がヒトの顎堤吸収にそのまま反映するとは考えられないが，かなり小さい圧力で顎堤の吸収が惹起される可能性があることを示唆している．

　また，メカニカルストレスが加わった時の義歯床下粘膜の組織反応も骨吸収に影響していることが最近の研究から明らかにされている．ラットの硬口蓋粘膜から採取した線維芽細胞に周期的な圧縮力を負荷して培養した上清を加えてラット骨髄細胞を培養すると，破骨細胞分化が増加した．一方，プロスタグランジンの産生を阻害するCelecoxibを添加した上清では，破骨細胞分化が増加しなかった[7]（図1-6）．この結果は，義歯床下粘膜中の線維芽細胞から圧縮力によってプロスタグランジンが産生されて，破骨細胞分化が増強される可能性を示している．

　義歯床下粘膜が圧迫されることによって疼痛が生じている場合には，プロスタグランジンの産生によって破骨細胞分化が亢進して顎堤の吸収が生じやすい状態と考えられる．したがって，プロスタグランジンの産生をコントロールすること，すなわち義

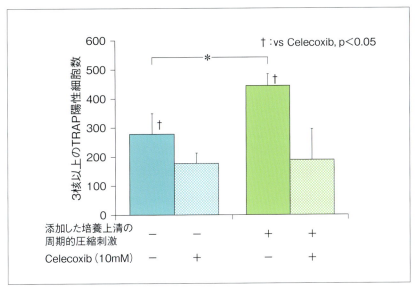

図1-6 骨髄細胞の破骨細胞分化に対する周期的圧縮刺激の影響（文献[7]より改変）．周期的圧縮刺激とCelecoxibの有無によって，ラット線維芽細胞を培養した上清を添加した場合の破骨細胞に分化誘導した骨髄細胞数．

歯床下組織に加えられる圧力を制御することは，顎堤の吸収を制御するうえで重要と考えられる．

これらの結果から，義歯床を介してメカニカルストレスを加えて骨量を維持しようとしても，義歯床下粘膜の組織反応によってプロスタグランジンが産生されて顎骨吸収が進行する可能性が示唆される．

Ⅲ 適合した義歯を装着している場合，顎骨はどうなるのか？

義歯床下粘膜と義歯床との適合性については印象採得法が影響を及ぼす．無圧印象法では，安静時には義歯床下組織に対して持続的圧力を加えないが，機能時には加えられる負担圧に部位差が生じる．一方，加圧印象では，機能時の負担圧には差が少なく，義歯装着初期には義歯支持域の負担圧を増加することができるが，安静時には義歯床下組織に対して持続的圧力を加えるとされている．

上述のように，義歯床からは骨組織を維持するだけのメカニカルストレスを加えることができないため，顎堤は次第にリモデリングによって義歯床に適応する形態に変化しているのではないかと考えられる．義歯装着後の長期間の経過において印象採得法と顎堤の吸収との関連を考えると，無圧印象法と加圧印象法のいずれがよいのかといった論点に決着が見られていない理由の一つかもしれない．

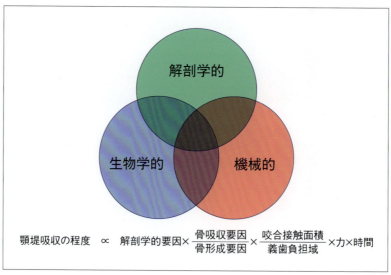

図1-7 顎堤が吸収する要因とその影響(文献[2]より改変).

▶ Ⅳ 顎堤の吸収を防止するためには

　顎堤が吸収する要因と，それが顎堤吸収に及ぼす影響について図1-7のように考えられ[2]，これらの要因が重複する状況下では顎堤の吸収が大きくなるとしている．臨床的には，長期間義歯を使用していてもほとんど顎堤吸収が見られない症例（図1-8）もあることは事実である．このような症例では義歯の条件のみならず，患者の顎骨の形態，粘膜の厚さなどの条件がよかったため，疼痛が生じにくい条件が整っていたのかもしれない．

　顎堤の吸収を防止するためには，義歯の基本である"動揺を最小限にして義歯床下組織に加えられる負担圧を減少させる"必要がある．十分な支持を与えるためには，強固なレストを設置する，少数歯でも保存してオーバーデンチャーとする，インプラントを用いるなどが考えられる．また，義歯の横揺れを防止するためには，把持効果の高いクラスプを使用する，床面積を適切な範囲まで拡大するほか，正しい顎間関係を記録する，人工歯の排列位置などに配慮する必要がある．

　顎堤吸収を生じさせないようにすることは難しいが，義歯床下に加えられる圧力の大きさをコントロールできれば，顎骨の吸収はある程度抑制できるのではないかと考えられる．

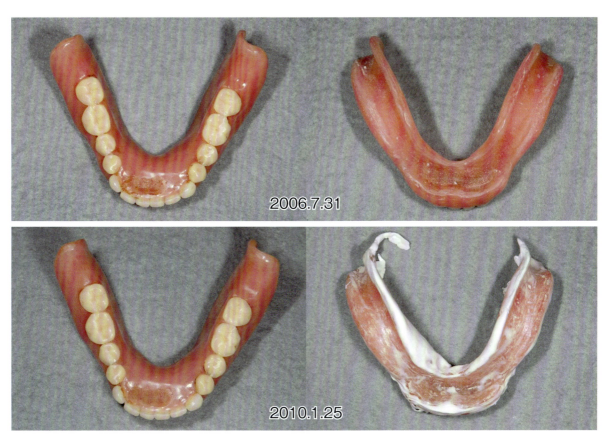

図1-8 3年半の使用でもほとんど顎堤吸収が見られなかった症例の義歯.

文　献

1) Carlsson GE, Persson G：Morphologic changes of the mandible after extraction and wearing of dentures. A longitudinal, clinical, and x-ray cephalometric study covering 5 years. Odontol Revy, 18（1）：27-54，1967.
2) Atwood DA：Reduction of residual ridges：a major oral disease entity. J Prosthet Dent, 26（3）：266-279，1971.
3) Frost HM：Bone's mechanostat：a 2003 update. Anat Rec A Discov Mol Cell Evol Biol, 275（2）：1081-1101，2003.
4) 鈴木　賢：支持歯槽骨の減少による咬合力の応力分布の変化について－とくに光弾性法と有限要素法による下顎第一大臼歯の歯槽骨における応力解析－．日歯周誌，25（1）：117-143，1983.
5) 永尾　寛，河野文昭，市川哲雄：義歯床下粘膜への負担圧分布からみた選択．補綴誌，48（5）：673-680，2004.
6) Sato T, Hara T, Mori S, Shirai H, Minagi S：Threshold for bone resorption induced by continuous and intermittent pressure in the rat hard palate. J Dent Res, 77（2）：387-392，1998.
7) 荒木大介：ラット歯肉線維芽細胞に対する周期的圧縮刺激が破骨細胞の分化に及ぼす影響．岡山歯誌，33：学位論文（Thesis），2014.

各種リライン材の特徴と臨床上の使い分け

秋葉徳寿　水口俊介

義歯のリラインに使用する材料は，硬質リライン材，軟質リライン材，粘膜調整材（ティッシュコンディショナー）に大別される．また，軟質リライン材は，材料の種類によって，シリコーン系，アクリル系がある（図2-1，表2-1）．本稿では，各材料の特徴や使い分け，臨床で使用する際に配慮すべきポイントをまとめる．

I　硬質リライン材

1．材料の特徴

硬質リライン材は，基本的に即時重合レジンと同じ種類の材料である．しかし，熱刺激を軽減するため反応触媒の量を調整し，粘膜刺激や刺激臭の原因となるメチルメタクリレート（MMA）ではなくエチルメタクリレート（EMA）をモノマーに使用するなど，直接法のリラインに適した材料になっている．

硬質リライン材は，加熱重合型の義歯床用レジンと比較して未重合モノマーが多いため，曲げ強さが低い（図2-2）．そこで，初期硬化が終了した後，湯水に浸漬（55℃，10分）することで，未重合モノマーや可塑剤による刺激を軽減させ，重合を促進して曲げ強さや硬さが向上する[1]．

2．材料の使い分け

光重合型の材料は，残存歯や顎堤にアンダーカットが多い症例に有用である．ただし，光重合型の材料は，未硬化の状態で口腔内に長時間保持すると，硬化後に本来の耐久性が得られない可能性がある．また，ガンタイプの光照射器だけでは均一な硬化が期待できない場合がある．

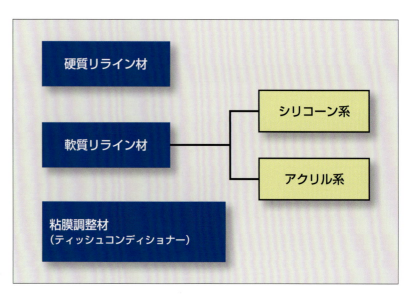

図2-1　リライン材の分類．

Ⅱ 各種リライン材の特徴と臨床上の使い分け

表2-1 市販されている主なリライン材

硬質リライン材	シリコーン系軟質リライン材
マイルドリベロン（ジーシー） マイルドリベロンLC（同） トクヤマリベースⅢ（トクヤマデンタル） トクソーライトリベース（同） 松風デンチャーライナー（松風） クラリベース（クラレノリタケデンタル） リバース（ニッシン，モリタ） デンチャーライナー（亀水化学工業） マイルド（同） メタベースM（サンメディカル） ニューツルーライナー（茂久田商会）	**ジーシーリラインⅡ**（ジーシー） **ソフリライナータフ**（トクヤマデンタル） **ソフリライナー**（同） コンフォート（バイテック・グローバル・ジャパン） モロプラストB（茂久田商会） **エヴァタッチスーパーセットEX**（ネオ製薬工業） モロジルプラス（クロスフィールド） **ムコプレンソフト**（白水貿易）
動的機能リライン材	
FDr PAT.（亀水化学工業） Fdr ペリ PAT.（同） ダイナミックライナー PAT.（同） DIL PAT.（同） ペリフィット PAT.（同） リプロライナー（亀水化学工業，ヨシダ）	
アクリル系軟質リライン材	粘膜調整材（ティッシュコンディショナー）
バイオライナー（ニッシン，モリタ） **フィジオソフトリベース**（同） ソフテン（亀水化学工業） ティッシュテンダー（同） コンフォートナー PAT.（同） FDソフト（同） ツルーソフト（茂久田商会） **ベルテックスソフトNF**（白水貿易）	ソフトライナー（ジーシー） ティッシュコンディショナー（同） ティッシュケア（トクヤマデンタル） 松風ティッシュコンディショナーⅡ（松風） フィクショナー（ニッシン，モリタ） デンチャーソフトⅡ（亀水化学工業） コンフォートティッシュコンディショナーⅢ 　（バイテック・グローバル・ジャパン） ソフトーン（茂久田商会） ビスコゲル（エーピーエス）

太字は保険適用（平成30年5月）の材料である．

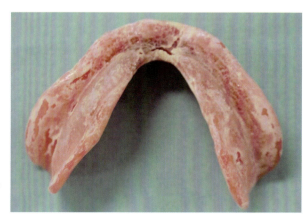

図2-2 硬質リライン材が劣化し，亀裂や剥離が見られる．

動的機能リライン材は，はじめは粘膜調整材として作用し，徐々に重合反応が進み，硬質リライン材へ変化する材料である．ただし，材料の硬化は，いっせいに，かつ均一に始まることはなく，義歯床辺縁部の硬化が遅延する傾向がある．そのため気泡の発生や変形に注意する．

3．義歯床との接着

硬質リライン材は，義歯床用レジンに対する接着を確実にするため，付属の接着材を使用しなければならない．ノンメタルクラスプデンチャーに使用される熱可塑性樹脂の中では，ポリアミド系（ルシトーンFRSなど）との接着が難しい．口腔内での直接法には使用できないが，専用の接着材（リライニング・プレ・プライマーなど）を使用する必要がある．ポリエステル系（エステショットなど），ポリカーボネート系（レイニング樹脂など），アクリル系（アクリトーンなど）は，通常の義歯床用レジンと同様に接着させることができる[2]．

メタルフレームに広く使用されるコバルトクロムへの接着では，アルミナサンドブラスト後にメタルプライマーを使用することが有効である．メタルプライマーを塗布した上にリライン材の接着材を塗布すると，金属接着成分が接着材の有機溶媒で除去される可能性がある．はじめにレジン床部分にリライン材の接着材を塗布してから，金属床部分にメタルプライマーを塗布する．しかし，熱刺激が繰り返されると接着強さは著しく低下するため[3]，剝離が起きていないかをリコール時に確認しなければならない．また，動的機能リライン材は金属とは直接接着しないため，金属床の表面を一度レジンでリラインする必要がある．

▶▶ Ⅱ　軟質リライン材

1．材料の特徴

軟質リライン材は，顎堤粘膜が菲薄で触診すると痛みを訴えるような疼痛閾値が低い症例（図2-3），あるいは，もっとよく噛みしめたいという症例に用いることにより，食形態を改善したり，咀嚼機能を向上させることができる（図2-4）[4]．ただし，軟質リライン材は，顎堤粘膜の加圧部位がわかりにくい，人工歯の早期接触を見逃しやすくなる，形態修正や研磨がしにくい，ブラシによる機械的な清掃の効率が悪いなどの欠点がある．適切な義歯を作製し，十分な調整を行ってから適用すべきである．

2．材料の使い分け

材料の耐久性は，アクリル系よりもシリコーン系のほうが高く，常温重合型よりも加熱重合型のほうが高い（図2-5）．アクリル系は，喫煙（成分と熱），義歯洗浄剤を使用しない（細菌などの汚染による劣化），シングルデンチャー，安静時唾液のpH

Ⅱ 各種リライン材の特徴と臨床上の使い分け

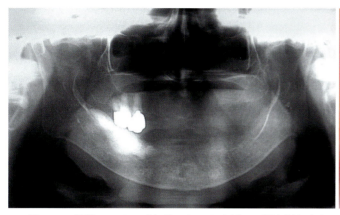
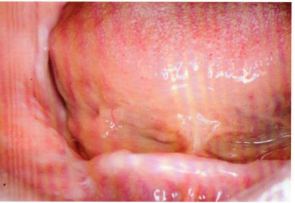

図2-3 軟質リラインが有効であった症例．下顎右側臼歯部のインプラント除去時に人工骨まで除去しなかったため，粘膜下に人工骨の凹凸があり，触診すると痛みを訴えていた．

図2-4 軟質リライン材による咀嚼機能の向上．軟質リライン材を使用することで，特に硬い食品の咀嚼時間が短くなる（文献[4]より）．

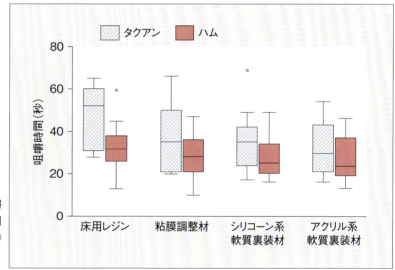

	材料の追加	形態修正・研磨	耐久性
シリコーン系	難しい	難しい（専用バーが必要）	高い
アクリル系	容易	比較的容易	低い

■耐久性
常温重合型アクリル ＜ 加熱重合型アクリル ＜ 常温重合型シリコーン ＜ 加熱重合型シリコーン
低い ←――――――――――――――――――――――――――――――――――→ 高い

図2-5 シリコーン系，アクリル系軟質リライン材の特徴．

図2-6 シリコーン系軟質リライン材の劣化．シリコーンの面荒れ，レジン床からの剥離を放置すると，義歯性口内炎の原因となる（東京都開業・竹内周平先生のご厚意による）．

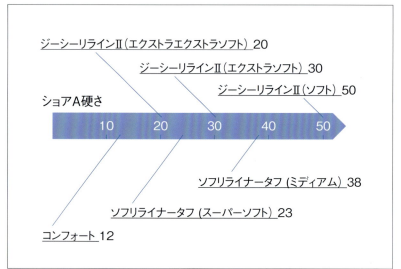

図2-7 シリコーン系軟質リライン材の硬さ．「ジーシーリラインⅡ」と「ソフリライナータフ」は常温重合型，「コンフォート」は加熱重合型である．

が低い（酸性環境），就寝時に義歯を装着している（口腔内環境へ曝露されている時間が長い）場合に，材料の劣化が早い（粘弾性が失われて硬くなる）ことが報告されている[5]．特に，義歯洗浄剤使用の有無，唾液による自浄作用がないドライマウスの有無は，アクリル系，シリコーン系のどちらを使用する場合でも，材料の劣化を予測するうえであらかじめ確認しておくべきである（**図2-6**）．

軟質リライン材であっても，限られた厚さでは十分な緩圧が得られない場合がある．そのため，過圧部のリリーフ，義歯床辺縁の形態修正，材料の追加修正が容易であるアクリル系は，患者が許容できる義歯形態を模索する場合に有用である．一方，ダイナミック印象を行うなど，患者が許容できる義歯形態が得られた段階では，より耐久性のあるシリコーン系を使用するのがよいと考える．

シリコーン系は，ジメチルシロキサンの分子構造や分子量，フィラーの添加量によ

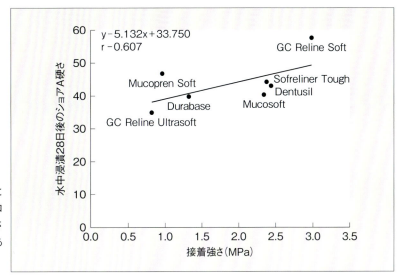

図2-8 軟質リライン材の硬さと接着強さの関係．軟らかいシリコーン系（ショアA硬さが小さい）は，接着強さが低い傾向がある（文献[7]より）．

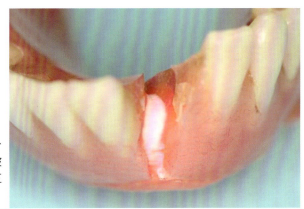

図2-9 シリコーン系軟質リラインを行った下顎全部床義歯の正中破折．舌小帯のノッチがあるため，正中部で破折しやすい．

って，硬さにバリエーションがある（ショアA硬さが小さいほど軟らかい，図2-7）．理想的な軟質リライン材の硬さは粘膜の粘弾性に近似した硬さとされる[6]が，軟らかいシリコーン系は接着強さが低い傾向がある（図2-8）[7]．耐久性が必要な症例では，硬いグレードの製品を選択するか，加熱重合型シリコーンの使用を検討する．

3．義歯破折への配慮

軟質リライン義歯に多いトラブルに，義歯床の破折がある．特に下顎全部床義歯は，舌小帯のノッチがあるため正中部で破折しやすく，装着3年以内に24％が破折したとの報告がある[8]（図2-9）．また，緩圧効果を高めるため軟質リライン材を厚くすると，義歯床用レジンが薄くなり，破折のリスクが大きくなる．義歯床の曲げ強さは，軟質リライン材の硬さよりも，義歯床用レジンの厚さが影響する．義歯床用レジ

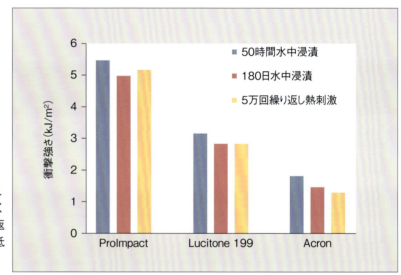

図2-10 リライン材の厚さと義歯の曲げ強さ．義歯の曲げ強さは，軟質リライン材の硬さよりも義歯床用レジンの厚さが影響する．義歯床用レジン2.5mm／軟質リライン材0.5mmで40％程度まで曲げ強さは低下する（文献[9]より）．

図2-11 義歯床用レジンの劣化．水中に浸漬されている期間が長くなるほど，また温度変化が繰り返されるほど，義歯の衝撃強さは低下する（文献[10]より）．

ン2.5mm／軟質リライン材0.5mmで40％程度，義歯床用レジン2mm／軟質リライン材1mmで30％程度まで曲げ強さは低下する（図2-10）[9]．

さらに，義歯床用レジンも経時的に曲げ強さが低下する（図2-11）[10]．そのため，メタルフレームで補強するか，耐衝撃性の高い義歯床用レジンを使用することが望ましい．

III 粘膜調整材（ティッシュコンディショナー）

1．材料の特徴

従来の粘膜調整材は，単に粉成分であるポリマーを液成分であるアルコールと可塑

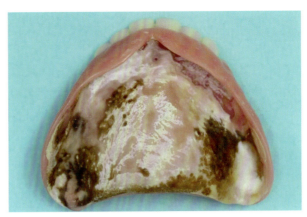

図2-12 粘膜調整材は，硬質リライン材や軟質リライン材と比較してカンジダが付着しやすく，劣化しやすい．

剤で膨潤させただけであったが，液成分に低刺激性モノマーを添加し重合反応させることで，劣化による面荒れを防ぎ，軟らかさを持続させる製品も開発されている．また，面荒れは粉液混和時に迷入した気泡が原因であることも多く，粘度が上昇しはじめた段階での混和は避けなければならない．ただし，粘膜調整材は，硬質リライン材や軟質リライン材と比較してカンジダが付着しやすく[11]，長期の使用は避けるべきである（図2-12）．

2．材料の使い分け

「ソフトライナー」（ジーシー）などは練和直後から弾性があり，材料の流動性が低く，厚みを確保しやすい材料であるため，暫間リラインに適している．一方，「コンフォートティッシュコンディショナーⅢ」（バイテック・グローバル・ジャパン）などは流動性が高く，可塑性が大きいため，ダイナミック印象により適した材料といえる．粉液比を変えて初期の流動性や軟らかさを調整することはできるが，安定した物性が得られない場合もあるため，目的に合った材料を使用することが望ましい．

3．粘膜刺激への配慮

粘膜調整材は，褥瘡性潰瘍だけでなく，義歯性口内炎の改善にも有効とされる[12]．粘膜調整材は刺激性の強いモノマーを含まず，高い硬化反応を伴わないため，硬質リライン材と比較すると粘膜刺激が低いとされる．ただし，標準粉液比よりも液剤の量が多い場合や，適切なゲル化を待たずに口腔内へ挿入した場合，粘膜が過敏である患者では刺激を強く感じることがあるため，注意が必要である．

▶▶ ま と め

　　歯科材料メーカーは，さまざまなアレンジを加えて材料設計を行い，製品を製造しており，それぞれに一長一短がある．さらに，リライン材の流動性・硬化時間といった操作性は，義歯の変位や辺縁形態に大きく影響する．目的とする治療効果を得るためには，自身の診療スタイルに合った材料を選択し，操作に習熟することが大切である．

参 考 文 献

1) Urban VM, et al：Effect of water-bath post-polymerization on the mechanical properties, degree of conversion, and leaching of residual compounds of hard chairside reline resins. Dent Mater, 25 (5)：662-671, 2009.
2) Hamanaka I, et al：Bond strength of a chairside autopolymerizing reline resin to injection-molded thermoplastic denture base resins. J Prosthodont Res, 2016 May 26. pii：S1883-1958 (16) 30032-9. doi：10. 1016/j.jpor. 2016. 04. 006. [Epub ahead of print]
3) Tanoue N, et al：Factors affecting the bond strength of denture base and reline acrylic resins to base metal materials. J Appl Oral Sci, 21 (4)：320-326, 2013.
4) Murata H, et al：Dynamic viscoelasticity of soft liners and masticatory function. J Dent Res, 81 (2)：123-128, 2002.
5) Ogawa A, et al：The influence of patient characteristics on acrylic-based resilient denture liners embedded in maxillary complete dentures. J Prosthodont Res, 2016 Jan 6. pii：S1883-1958 (15) 00108-5. doi：10. 1016/j.jpor. 2015. 12. 001. [Epub ahead of print]
6) 武藤功英ほか：義歯用軟質裏装材の機械的性質に関する実験的研究. 歯科学報, 105 (1)：39-54, 2005.
7) Kim BJ, et al：Shore hardness and tensile bond strength of long-term soft denture lining materials. J Prosthet Dent, 112 (5)：1289-1297, 2014.
8) Makila E, Honka O：Clinical study of a heat-cured silicone soft lining material. J Oral Rehabil, 6 (2)：199-204, 1979.
9) Tanimoto Y, et al：Experimental and Theoretical Approach for Evaluating the Flexural Properties of a Denture Base Material Relined with Three Soft Lining Materials. Int J Oral-Med Sci, 7 (1)：19-26, 2008.
10) Sasaki H, et al：Effect of long-term water immersion or thermal shock on mechanical properties of high-impact acrylic denture base resins. Dent Mater J, 35 (2)：204-209, 2016.
11) Kang SH, et al：Influence of surface characteristics on the adhesion of Candida albicans to various denture lining materials. Acta Odontol Scand, 71 (1)：241-248, 2013.
12) Marín Zuluaga DJ, et al：Denture-related stomatitis managed with tissue conditioner and hard autopolymerising reline material. Gerodontology, 28 (4)：258-263, 2011.

硬質材料を用いた総義歯のリラインのコツ
―― 直接法を中心とした対応 ――

相澤正之

▶▶ は じ め に

　2007年の日本補綴歯科学会の『リラインとリベースのガイドライン』[1] によると，"下顎位と咬合関係は正しいが，義歯床粘膜面の適合が不良となった場合に，義歯床を新しい義歯床用材料に置き換え，義歯床下粘膜との適合を図り，義歯床粘膜面の一層を置き換えることをリライン，人工歯部以外の義歯床を置き換えることをリベース"と定義している．実際にリベース（床交換法）を行うケースはきわめて少ないと考えられるので，本稿では，主として臨床で頻繁に実践されているリラインに関して述べることとする．

▶▶ Ⅰ　リラインを実施する前に

　上記の定義において注目すべきは，"下顎位と咬合関係が正しい場合"という点である．「総義歯装着者を義歯で満足させるために最も大切なものは何か？」という問いに対し，Fenlonら[2] は，「上下顎顎間関係の正確な再現である」と述べている．したがってリラインを行う前に私たちが実行しなければならないことは，その義歯が正しい咬合高径と水平的下顎位にあるかの確認である．

☞ **Point！**

リラインの前に，まずは咬合の確認と修正を行う．

　しかし，義歯の不調を訴えて来院する患者たちは，一般的に咬合高径が低く，水平的下顎位が不適切であるうえに，義歯床粘膜面の不適合の問題が重なっていることがほとんどといえる．このようなケースにおいては，リラインをする前に，咬合高径を挙上後，水平的下顎位を修正するという2つの作業を行わなければならない．

　咬合面と粘膜面の両方を改善することを考えると，新義歯を作製したほうがより確実な成果が得られるので，ガイドラインの定義に合わせて実際にリラインだけを行うケースは，かなり少ないといえる．

▶▶ Ⅱ　リラインの現実

　一方，患者側は，より安価で短期間の治療を望むことが多い．開業医の中には，患者の要望に応えようとガイドラインに則さず，前提である咬合の改善をしないまま，義歯のリラインを行っている者もいる（**図3-1**）．咬み合わせの問題を抱えたままでは，たとえリラインによって粘膜面の適合を向上させたとしても，上下義歯の咬合のズレを生む．咬み合わせがズレたその瞬間に義歯が顎堤上で移動し，結局，痛みを訴えるようになり，患者は市販の義歯安定剤を用いて痛みを軽減しようとする．食べるたびに動く義歯と義歯安定剤による不均等な圧力により，顎堤粘膜が見るも無残な状態に変化したケースは，目を覆いたくなるばかりである（**図3-2**）．

　したがって，リライン前のチェックポイントは以下のとおりである．

① 適正な咬合高径であるか.
② 適切な人工歯の排列位置であるか.
③ 人工歯を移動あるいは交換せずに咬合調整が行えるか.
④ 適正な咬合平面が設定されているか.

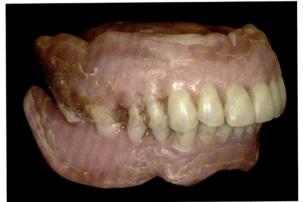

図3-1 リラインを重ねてもよくなるはずがない.患者さんからは「前の先生がいじるとどんどん悪くなる」との訴えがあった.

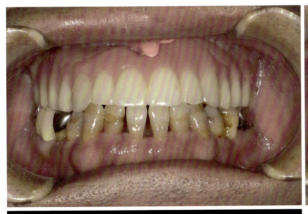
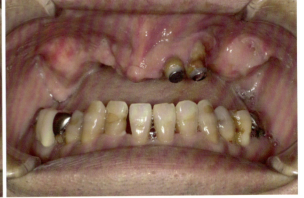
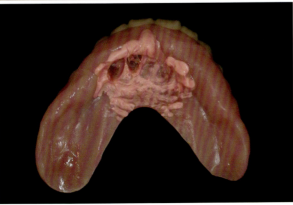

図3-2 当院に来院された患者さんである.残根に市販の義歯安定剤を巻き付け,なんとか使用していたとのこと.

Ⅲ 直接法か，間接法か

リラインの直接法は，義歯の粘膜面に市販のリライン材を敷き，口腔内に戻し，患者に機能的運動をさせて義歯粘膜面の適合を向上させる方法である．間接法は，患者の使用している義歯をトレーとして用いて印象採得後，ラボサイドにて印象材をレジンに置換する方法である．間接法は，大幅な義歯床縁形態の変更が可能であるばかりでなく，咬合器上で細かな咬合調整も行えるというメリットがあるが，義歯を一時的に預からなければならないというデメリットが存在する．

筆者の実際の臨床では，術者の手指で義歯を圧下させた時，あまり強い痛みがない，あるいは痛みがピンポイントであるという場合は，直接法を行っている．しかし，咬合後に開口させた時，上顎義歯が容易に落下する，下顎義歯が大きくズレる，または浮いてくるというケースに関しては，間接法を用いている．

Ⅳ 直接法の実際

まず，咬合高径と水平的下顎位，人工歯の排列位置等に大きな問題がないかどうかチェックし，その後，術式に入る．筆者は通常，亀水化学工業から発売されている動的リライン材「ペリフィット」を使用することが多い（図 3-4）．この材料は，はじめティッシュコンディショナーとして作用し，その後，硬化が始まるリライン材である．同社から発売されている数種類の動的リライン材は，硬化開始時期が各々異なるが，術式においては研磨の時期の違い，表面滑沢材の塗布以外は常温重合型，光重合型リライン材と大差ない．

下顎総義歯に対する動的リライン材を用いたリライン直接法の術式を図 3-3～図 3-12 に示す．

以上で 1 日目は終了である（図 3-13）．後日，リライン材の硬化が進んでいることを確認した後，研磨を行う（図 3-14）．筆者は，硬化開始時期までは人工歯以外の部分への歯ブラシでの清掃，義歯洗浄剤の使用を中止させ，その間はハンドソープ等を使用し，指の腹を使っての義歯の清掃を患者に指示している．

Ⅲ 硬質材料を用いた総義歯のリラインのコツ

■下顎総義歯に対する動的リライン材を用いたリライン直接法

① 口腔内で咬頭嵌合位および側方運動時の咬合調整（図3-5）．
② 痛みの残る部位の粘膜面調整．筆者は，ピンポイントの痛みであれば該当部位に「PIP」（サンデンタル）で印を付けて粘膜面を削合している．

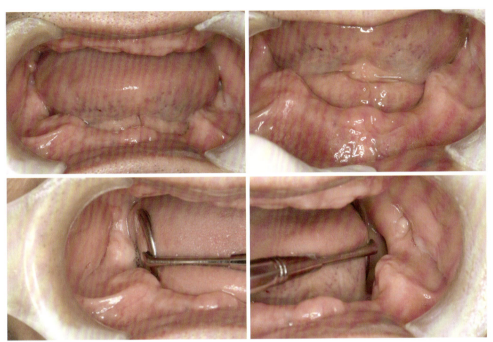

図3-3 患者は68歳，男性．初診は平成25年5月20日．約3年前に上下総義歯を新製したが，以前に比べると下顎総義歯に少し緩みを感じるようになってきたとのことで，今回，リライン直接法を行った．咬合力の強いことが主訴の原因と考えられる．

☞ Point！

術前に患者の要望を的確に把握し，咬合を含めてしっかりと診断する．そのうえで，問題のある義歯を確実に改善できると判断した時のみリラインを行う．難しいと判断した時は義歯の新製を考えることも大切．

図3-4 今回使用した動的リライン材である「ペリフィット」（亀水化学工業）．硬化開始が約1日とかなり短期である．

③ シリコーン印象材「バーチャル」(Ivoclar Vivadent, 表3-1) を使用し, 義歯床辺縁のチェック (図3-6).
④ 義歯床粘膜面および辺縁のレジンの一層の削除.

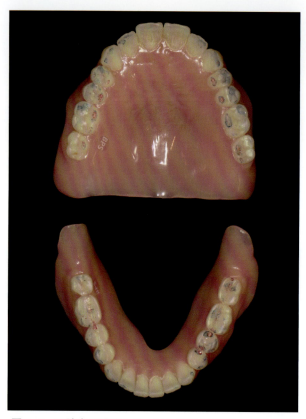

図3-5 口腔内で明瞭なタッピング音の獲得と, 側方運動時の義歯の動きを極力少なくさせることを目的として咬合調整を行う.

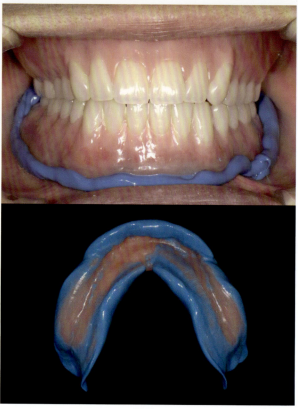

図3-6 シリコーン印象材「バーチャル」(Ivoclar Vivadent) のモノフェーズを頰舌側床縁に盛り上げ口腔内に挿入し, 後述する機能的運動 (図3-9) を行わせ, 床縁の長すぎる部位がないかを調べる. さらに細かく調べる場合はライトボディを使用する (写真は別症例).

表3-1 シリコーン印象材「バーチャル」の種類と特徴

種類	特徴
ヘビーボディ	ボーダー部印象用の硬め
モノフェーズ	ヘビーボディよりは軟らかい
ライトボディ	フローがよく, 一般的な精密印象用
エキストラライトボディ	フローが非常によく, 印象修正用

 Point !

・材料の使用に関しては, メーカーが定めた使用法を守る.
・患者にとって大きすぎて不快な義歯は, 辺縁のチェックを含めてしっかりと削合し, 問題点を修正後にリラインを行う. 義歯が小さすぎて問題が解決できない場合は, まず辺縁の修整を行う.

⑤ 接着材の塗布（図3-7）.
⑥ 義歯へのリライン材の盛り上げ，口腔内挿入（図3-8）.

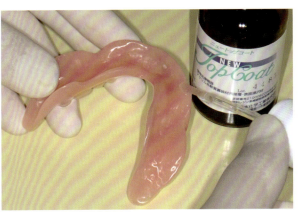

図3-7 リライン面を一層削除した後，接着材を塗布する.「ニュートップコート」（亀水化学工業）が接着材と表面滑沢材を兼ねる. 塗布面はグローブで触れないように注意する.

図3-8 「ペリフィット」の粉液を素早く混和し，軽く脱泡する. 垂れない程度の硬さで粘膜面に盛り上げる（混和開始から1～2分後）.

⑦ 咬合後，約1分の機能的運動を患者に行わせて，その後は会話をしながら時々嚥下を指示する（図3-9)[3]．光重合型のリライン材を使用した場合は口腔内で硬化しないため，機能的運動を長めに行うことが必要である．

⑧ 約5分後に義歯を口腔内から撤去し，余剰部分を削除（図3-10）．

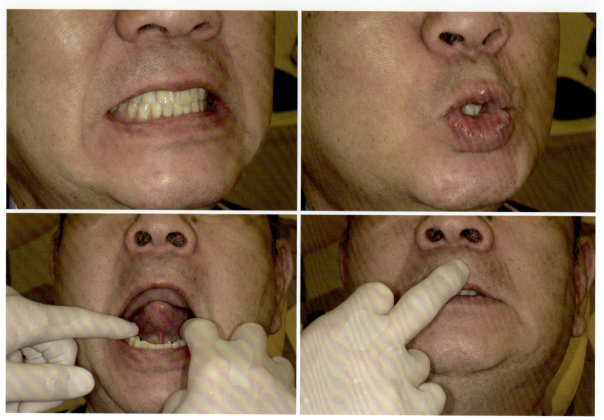

図3-9 機能的運動．「イー」「ウー」の発音を5秒ずつ行わせて，その後，開口し舌の運動，閉口して上顎前歯の裏側を舌で押してから嚥下を指示する．この運動をすることで，患者個々の口腔粘膜の運動状況に合致した義歯床辺縁の形態を作ることができる．

☞ **Point !**

機能的運動を患者に行わせることにより，患者に合った義歯の形態を作る．

⑨　削除部分との段差に少量のリライン材を再び盛り上げ，口腔内に再挿入後，⑦のステップを繰り返す（図3-11）．常温重合型，光重合型のリライン材でもこの作業をすることで，研磨が容易になる．

図3-10　口腔内から撤去した義歯をすぐ水洗する．水洗することで接着材塗布面やリライン材にグローブが張り付くのを防ぐことができる．伸びすぎた部分はハサミで容易にカットできる．研磨面の余剰部分はナイフで切れ込みを入れて削除する．

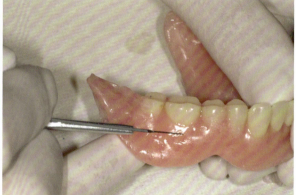
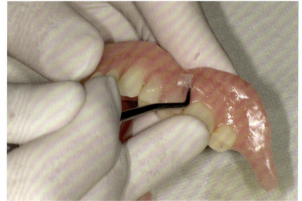

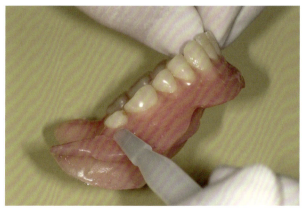
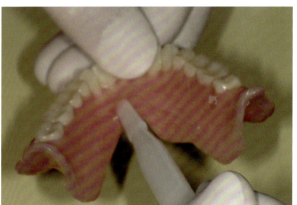

図3-11　動的リライン材は当日研磨はできないため，カット部分を移行的に仕上げるように少量のリライン材を盛り，口腔内に再挿入する．

⑩ 義歯を口腔内から撤去し水洗, 乾燥後, リライン面に表面滑沢材の塗布. その後, 乾燥させ再び十分な水洗 (**図 3-12**). 接着材と表面滑沢材を兼ねている「ニュートップコート」(亀水化学工業) は粘膜への刺激があるため, 塗布後, 十分な水洗と患者への説明が必要である.

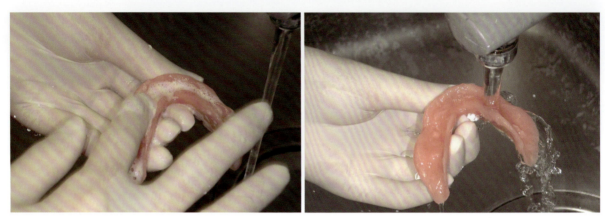

図 3-12 表面滑沢材の刺激を抑えるため,「フレッシュクレンズ」(ジーシー) 等を使用し十分に水洗する.

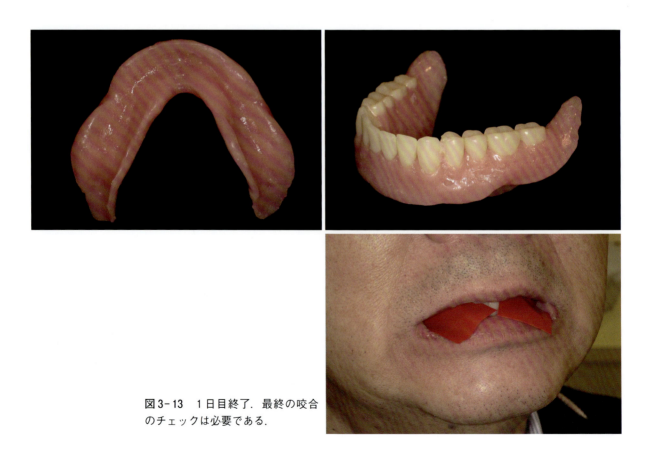

図 3-13 1 日目終了. 最終の咬合のチェックは必要である.

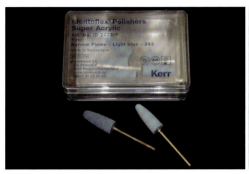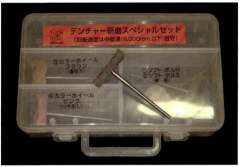

図3-14 筆者が研磨に使用するバー類．特にKerrの「スーパーアクリルポリッシャー」（カボデンタルシステムズジャパン）は操作性，耐久性などの面で非常に重宝している．

V 上顎総義歯に対する直接法

　術前のチェックは下顎と同様に行う．上顎総義歯の場合も一般的には下顎総義歯に対するリライン直接法の術式でよいと思われるが，以下の場合は注意を要する．

1．後縁の設定位置の不備によるもの

　口腔内の診査において，特に後縁の設定位置が短すぎる場合，義歯床を延長する必要がある．延長するための材料としては，即時重合レジン，「DENTURE AID LC」（ジーシー），動的リライン材などが挙げられる（図3-15）．

2．後堤部の封鎖不良によるもの

　義歯床粘膜面および辺縁に問題がなく，後堤部にシリコーン印象材等を盛ることにより吸着が回復するのであれば，リライン材をハミュラーノッチから後縁部に盛り上げ，部分的にリラインを行うことも可能である（図3-16）．その際，筆者が患者に指示する機能的運動は，大きな開口と「アー」の発音のみである．

3．フラビーガムによるもの

　フラビーガムの原因は過度の圧力による血流の停滞である．脆弱な粘膜ではあるが，圧力を受けることにより反作用の力が生じ，義歯の維持力を低下させる．

　特に上顎前歯部にフラビーガムがある場合は，2回に分けてリラインを行う．まず，フラビーガム部およびフラビーガム部口蓋側に十分なスペースを作るように義歯床粘膜面を調整し，1回目はフラビーガム部の唇側だけにリライン材を盛って，前方に倒れたフラビーガムを立ち上がらせるイメージで上顎総義歯を上後方に挿入した後，咬合させる．リライン材が硬化するまで，顔貌を確認しながら，口唇を軽くなで下ろす．硬化後，2回目で義歯床粘膜面全体のリラインを行う[4]．

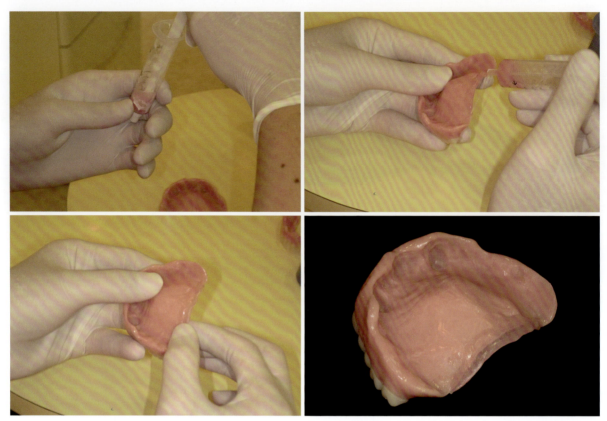

図3-15 動的リライン材を用いた上顎後縁の延長．リライン材を後縁に盛り上げ，ワセリンを付けた手指で成形した後，口腔内に挿入する．咬合させた後，数回「アー」と発音することを指示し，3分で撤去する．

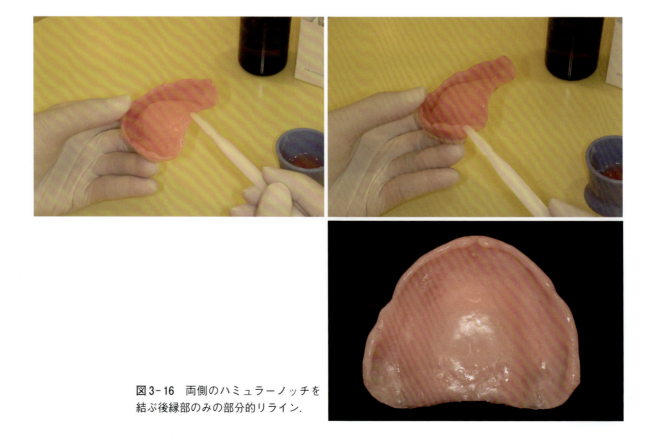

図3-16 両側のハミュラーノッチを結ぶ後縁部のみの部分的リライン．

■上下顎総義歯に対する間接リライン法

術前のチェック項目は直接法と同じである．

① 口腔内で咬頭嵌合位および側方運動時の咬合調整．
② 被覆粘膜（可動粘膜）にかかる床縁は削除する（図3-17）．
③ 「バーチャル」のモノフェーズによる機能的印象（図3-18）．上顎総義歯の場合は後縁およびボーダー部のみ，下顎総義歯の場合は粘膜面を含め全面の印象とする．
④ 口腔内において問題点が改善されているかチェックする．
⑤ 「バーチャル」のエキストラライトボディにて最終精密印象（図3-19）．
⑥ シリコーンバイトによる咬合採得（図3-20）．

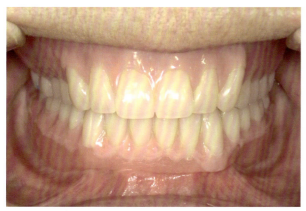

図3-17 術前の状態．

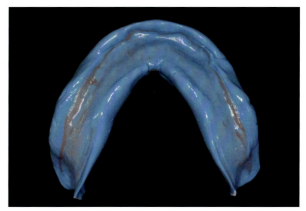

図3-18 大事なことは，きれいに印象が採れることではなく，問題点が改善されているかどうかである．

図3-19 問題点の改善後，最終精密印象を行う．

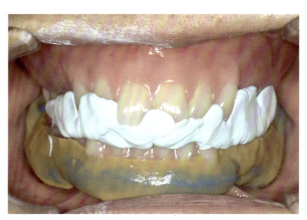

図3-20 患者に軽く咬合することを指示し，シリコーンバイトで頰側から固定する．

Ⅵ　間接法の実際

　　間接法の場合，直接法に比べ，大きく辺縁の形態の変更が可能であること，リマウントをすることにより咬合器上で咬合調整できること，またリライン材も均等な厚みにすることができ，義歯床とリライン材の接着面もきれいに仕上げることができること等，審美的・衛生的にも優れているという点で有利である．また，口腔内において確認のステップを行えるため，患者にとっても術者にとっても安心感が得られる．特に下顎総義歯が浮いてくるという問題が生じ，ピンポイントでの辺縁の調整が困難な場合，筆者は間接法を選択する．

　　上下顎総義歯に対する間接リライン法を**図 3-17～図 3-20**に示す．

　　その後は歯科技工所での作業となるため，担当する歯科技工士への情報の提供，材料や技工術式の選択など，しっかりとコミュニケーションをとることは不可欠である．

ま と め

　　患者は使用中の義歯に何らかの不満を持っており，改善を希望し，歯科を受診する．歯科医師は，時間的・経済的問題等もふまえて，患者に承諾を得たうえで，問題の解決のためにリラインを行う．しかし，リラインをするということは，義歯に不可逆的な変化を与える行為であることを忘れてはならない．リラインを成功させ，患者との信頼関係を維持させるためには，術前の咬合に対する診査および前処置を怠ってはならない．

参 考 文 献

1）寺田善博，新谷明喜，池邉一典，志賀　博，玉澤佳純，永留初實：リラインとリベースのガイドライン．日本補綴歯科学会雑誌，51（1）：151-181，2007.

2）Fenlon MR, Sherriff M：An investigation of factors influencing patients' satisfaction with new complete dentures using structural equation modelling. J Dent, 36（6）：427-434, 2008.

3）阿部二郎，小久保京子，佐藤幸司：4-STEP で完成 下顎吸着義歯と BPS パーフェクトマニュアル．クインテッセンス出版，東京，2011.

4）阿部二郎：阿部二郎の総義歯難症例 誰もが知りたい臨床の真実．医歯薬出版，東京，2013.

IV

下顎総義歯に軟質リライン材を間接法で用いるコツ

山崎史晃

近年，多くの臨床家によりさまざまな義歯製作システムが紹介されている．その中には，効率化された手法により，初心者でも製作時のエラーを減らし，患者満足度の高い総義歯臨床を行うことができるものもある．しかし，効率的な義歯製作システムですべての症例をカバーできるわけではない．高度の顎堤吸収や粘膜性状の菲薄化，口腔乾燥，顎関節の変形，さらに強い嚙み癖や強い咬合力を伴う下顎シングルデンチャーといった難症例に対応するためには，製作システムに加えて，治療用義歯や軟質材によるリライン，インプラントオーバーデンチャー等の補助的な手法が必要になることがある．しかし，これらの補助的な手法は，一定の水準以上の完成度をもつ義歯に用いることで有効になることを理解しておかなければならない．"一定の水準以上の完成度をもつ義歯"とは，次の条件を満たす義歯である（図4-1）．

① レトロモラーパッド前方の耐圧能力の高い線維性組織を床で覆う．
② 頰棚部は，その最下点を越えてコルベン状の形態を付与する．
③ 舌側床縁は，顎舌骨筋線を越える．
④ 舌下ヒダ部に厚みを与え，コルベン状の形態を付与する．
⑤ 咬頭嵌合位が安定している．

本稿では，以上の条件のもと製作されたものの，著しい顎堤吸収などにより不適合となった義歯を対象とした軟質材料を用いた間接法リラインについて解説する．

☞ **Point！**

軟質リラインは，一定の水準を満たした義歯でも患者の満足が得られない症例に適用する．

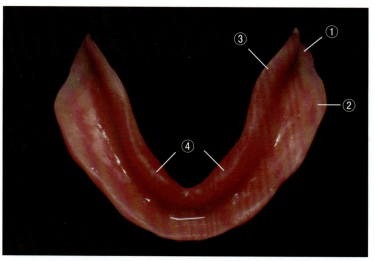

図4-1　適切な総義歯の形を理解する（数字は本文中の箇条書きに対応）．

▶▶ I 難症例への対応としての軟質材によるリライン

＊2002年，カナダ・モントリオールのMcGill大学で行われたシンポジウムで採択されたコンセンサス．下顎に埋入された2本のインプラントを用いたオーバーデンチャーは，無歯顎症例の第一選択であるとされた．

McGillコンセンサス＊により，無歯顎に対する欠損補綴の第一選択肢として認知されているインプラントオーバーデンチャー（IOD）を希望する患者さんは，日本ではそれほど多くはない．したがって，次のような総義歯の難症例であっても従来型の可撤性義歯で対応しなければならないことが多く，新義歯製作後，何回調整しても患者さんに満足してもらえないことを経験する．

・粘膜の性状が不良で，痛みに対して過敏である（図4-2-a）．
・下顎は無歯顎，上顎に残存歯が存在する下顎シングルデンチャー症例（図4-3）．
・噛み癖が強く，咬合が安定しない症例．
・来院が難しい高齢者．

このような症例に対して，前項で示した条件を満たす義歯を製作しても患者さんの

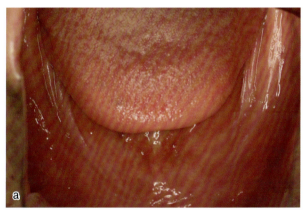 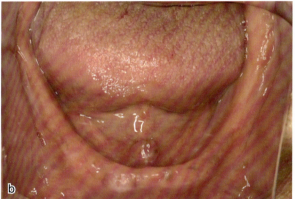

図4-2 粘膜の性状の個体差．
a：顎堤の吸収が著しく，可動粘膜が多く菲薄化しているため，義歯の支持能力が低く痛みが生じやすい．
b：吸収が少なく，非可動粘膜が認められる顎堤．緩衝能が高く，義歯の支持能力に優れる．

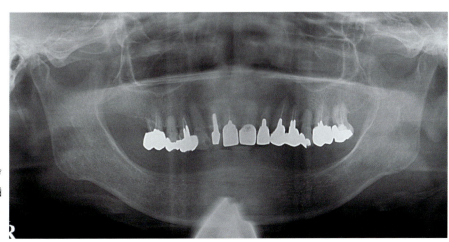

図4-3 片顎が無歯顎のシングルデンチャー症例では，強い咬合力や噛み癖，不正な咬合平面などを伴い，難症例となることが多い．

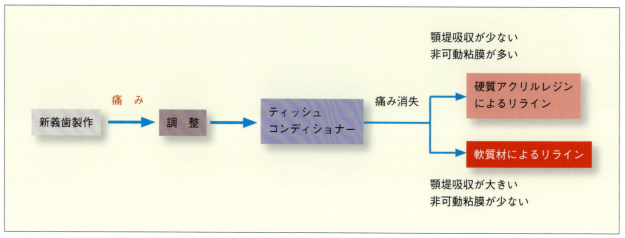

図4-4　リラインの流れ.

満足を得られない場合，ティッシュコンディショナーによって粘膜面の調整を行い，その難易度によって，硬質のアクリルレジン材料によるリライン，または軟質材によるリラインを選択している．筆者は臨床上，上記の難症例で，さらに顎堤の吸収が著しく，可動粘膜が多い場合に軟質リライン材を用いている（図4-4）．

▶▶ II　間接法によるリライン

2016年の保険改定で認められた軟質材によるリラインは，間接法によるものに限定されている．咬合器を用いた間接法によるリラインの利点は次のとおりである．

☞ **Point！**

軟質材料によるリラインは，材料の特性上，間接法で用いる．

・リライン材の厚さのコントロールがしやすい．
・口腔外で乾燥した状態でリラインを行うことができるため，軟質リライン材とレジン床との接着が強固になる．
・リライン材の表面に気泡が入りにくい．
・リライン時に義歯床の変位や浮き上がりといったエラーが起こりにくい．

　軟質材によるリラインの最大の欠点は，リライン材とレジン床の接着力の弱さにある．少しでも接着力を高めるために，水分の影響を受けない間接法によるリラインを筆者は選択している（図4-5）．

　軟質材によるリラインで使用する材料は図4-6に示すとおりである．

Ⅳ　下顎総義歯に軟質リライン材を間接法で用いるコツ

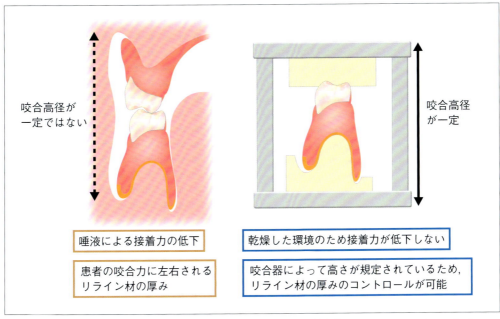

図4-5　直接法（左）と間接法（右）によるリライン．直接法はチェアーサイドでできて時間がかからないメリットがあるが，リラインの質向上のためには間接法によるラインが望ましい．

- 調整のためのティッシュコンディショナー
- 咬座印象用のシリコーン印象材
- リライン材
- ボクシング用のモデルブロック材
- リライン用ジグ
- 粘膜面切削用のバー
- 形態修正用ポイントと研磨用ホイール

図4-6　リライン（間接法）で使用する材料．

＊現在，筆者が軟質リラインに使用している保険適用のシリコーン系軟質リライン材は，「ムコプレンソフト」（白水貿易），「ジーシーリラインⅡ」（ジーシー），「ソフリライナー」（トクヤマデンタル）である．

■ **下顎総義歯に対する軟質リライン材を用いたリライン間接法**

① ティッシュコンディショナーによる義歯粘膜面の調整（図4-7）．
② シリコーン印象材による咬座印象（図4-8）．
③ リライン用の模型の製作（図4-9）．
④ リライン用ジグへの模型の装着（図4-10）．
⑤ ティッシュコンディショナーの除去とリラインスペースの確保（図4-11）．
⑥ 接着材の塗布．
⑦ リライン材の塗布（図4-12）．
⑧ 余剰なリライン材の削除・研磨（図4-13）．
⑨ 口腔内への装着（図4-14・図4-15）．

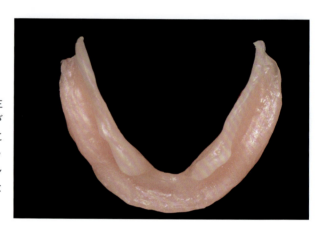

図4-7　患者は57歳，女性．初診は平成26年2月．主訴は「今まで何度も義歯を作ったが，痛くて使うことができない」．「ティッシュコンディショナー」（松風）による粘膜面の調整．患者さんが痛みなく，安心しリラックスして義歯が使用できるまで，ティッシュコンディショナーによる調整を行う．痛みがなく安定することによって，患者の咬合位が安定してくることも経験する．

Ⅲ　間接法による軟質リライン法の手順

1．ティッシュコンディショナーによる粘膜面の調整

　義歯の粘膜面を一層削り，ティッシュコンディショナーを塗布する（図4-7）．粘膜面の適合を補正し，さらに，表面を軟らかい材料で緩衝することによって，患者さんの痛みに対する反応や嚙み癖，義歯への満足度が向上するのかどうか観察する．患者さんから「以前より快適になった」との評価が得られたならば，間接法によるリラインを行う．

2．シリコーン印象材による咬座印象

　ティッシュコンディショナーの経時的な表面の荒れや，後に製作する石膏模型の破折を防ぐために，ティッシュコンディショナー表面をライトボディーのシリコーン印象材でウォッシュ印象を行う．模型のアンダーカット部は，シリコーン印象材のスペースを厚めにしておくと，模型を壊すリスクを低くすることができる（図4-8）．

IV　下顎総義歯に軟質リライン材を間接法で用いるコツ　45

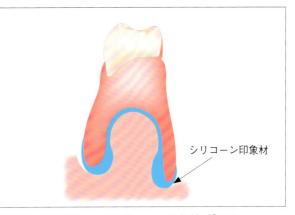

図4-8　シリコーン印象材による咬座印象．模型表面をライトボディーのシリコーン印象材（「パナジルイニシャルコンタクト」ライト，白水貿易）を用いてウォッシュ印象を行うことによって，より精密な石膏模型を製作することができる．さらにアンダーカット部のシリコーン印象材の厚みを与えることにより，模型を壊すことなく石膏模型から義歯を外すことができる．

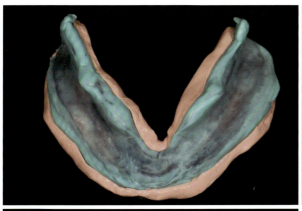
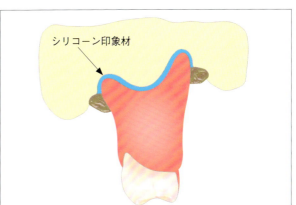
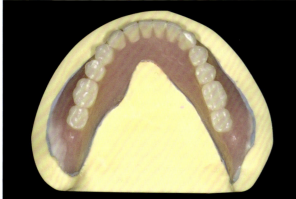

図4-9　リライン用石膏模型の製作．義歯床辺縁から5mm上方に「モデルブロック」（タカラベルモント）を巻き付けることにより，辺縁の形態を再現した模型を製作することができる．

3．リライン用の模型の製作

　シリコーン印象材でウォッシュ印象をした義歯に硬石膏を流し込む．この時，義歯床辺縁の形態を再現するため「モデルブロック」によるボクシングを行う（**図4-9**）．

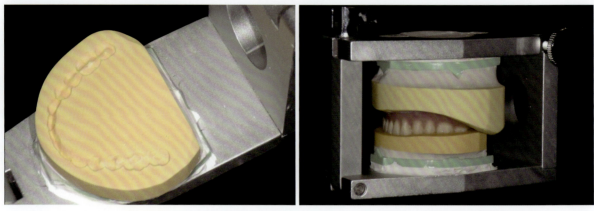

図4-10 リライン用ジグ（「リベースインスツルメント」Vertex・白水貿易）．通常の咬合器に比べてフレームが強固なため歪みが少ない．また，上弓と下弓の連結をロックするため，高径が一定で，模型の変位やズレといったエラーを減らすことができる．

4．リライン用ジグへの模型の装着

　フレームがしっかりしていて歪まないリライン用ジグに，リラインをする義歯（本症例では下顎義歯）と石膏模型を装着する．装着は，対合義歯を用いずに，あらかじめ製作しておいた義歯人工歯の石膏コアと共にマウントを行う（**図4-10**）．

5．ティッシュコンディショナーの除去とリラインスペースの確保

　ジグ上の模型から義歯を外し，カーバイドバーでティッシュコンディショナーを除去し，レジン床表面の新鮮面を出す．この時，リライン材の厚み2mmを確保する（**図4-11**）．リライン材の厚みを与えようと床を削りすぎると義歯自体の強度が不足し，歪みや破折の原因になるため，あらかじめラウンドバーで2mmのガイド溝を付与しておき，厚みに注意しながら削除していく．

　義歯床にたわむ力がかかった時，リライン材が剥がれないよう抵抗力を増すため，義歯床辺縁部に先端が平坦なカーバイドバーで厚みを付け，リライン材と面と面で接するバットジョイントを確保する．

☞ **Point！**

> 義歯床からのリライン材の剥がれを防止するため，辺縁のリライン面は厚めに確保し，義歯床レジンとリライン材を面同士で合わせるようにする．

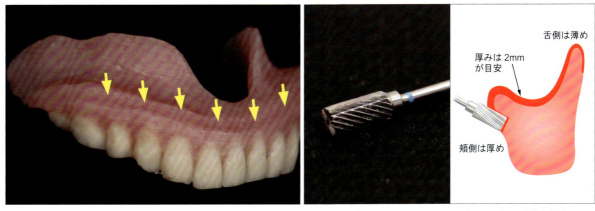

図4-11 軟質リライン材の厚みは2mmを目安とする．削りすぎないよう，ラウンドバーでガイド溝を付与しておくとよい（矢印）．ガイド溝を目安に，「ジョタ・カーバイドカッター」（C21，日本歯科商社）を用いてレジン床との境界部の軟質リライン材に厚みを与えるよう削除する．リライン部の強度を向上させるため，頰側は3mmの厚みを付与し，逆に舌側は義歯の強度を考慮して削りすぎないようにする．

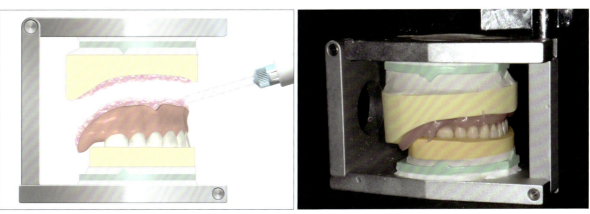

図4-12 粘りが強い軟質リライン材への気泡の混入を防ぐために，義歯床粘膜面だけでなく模型側にもリライン材（「ムコプレンソフト」白水貿易）を盛る．

6．接着材の塗布

　リライン部の表面をスチーマーで洗浄後，しっかり乾燥させてから，接着材の塗布を1回または2回行う．接着材の層が厚すぎるとリライン材が剝がれる原因となるため，薄く塗布しなければならない．

7．リライン材の塗布

　まず，石膏模型表面に分離剤を薄く塗布しておく．軟質リライン材は，硬質のアクリルレジンに比べて粘りが強く，気泡が入りやすいので注意を要する．義歯床粘膜面と石膏模型表面の両方にリライン材を塗布すると気泡の混入を防ぐことができる（**図4-12**）．

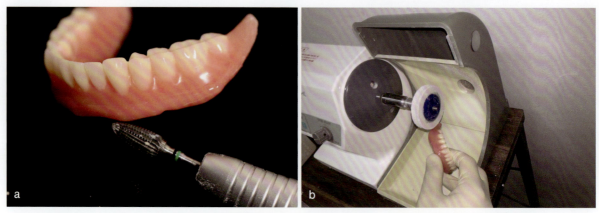

図4-13 シリコーン系リライン材を発熱させないように，低回転・低圧で研磨しなければならない．
a：「キャプチャーカーバー HP」（松風），b：「P.V.A. デントポリッシャー」（サンデンタル）．

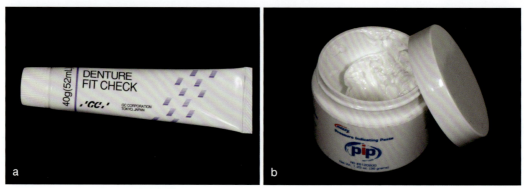

図4-14 クリーム状の適合検査材．シリコーン系の適合検査材はリライン材と接着してしまうため，クリーム状の製品で適合検査を行う．
a：「デンチャーフィットチェック」（ジーシー），b：「PIP ペースト」（サンデンタル）．

8．余剰なリライン材の削除・研磨

　リライン材の余剰部分をメスやハサミで削除して整える．その後，リライン材に付属するバー，またはティッシュコンディショナー用のバー（**図4-13-a**）で形態修正した後に，義歯研磨用のホイールで研磨を行う（**図4-13-b**）．回転切削・研磨器材を用いる場合は，発熱によりシリコーン系リライン材が変形しないように，指で触れるほどの低速（4,000回転）で，軽い圧力で使用することを遵守する．

9．口腔内への装着

　装着時の適合検査は，「PIP ペースト」（サンデンタル）や「デンチャーフィットチェック」（ジーシー）等のクリーム状の適合検査材を用いる（**図4-14**）．シリコーン系の適合検査材は，シリコーン系リライン材と接着して剥がれなくなる恐れがあるため用いない．また，総義歯臨床で最も大切なことは適正な咬合位であるため，必ず咬合調整を行う（**図4-15**）．

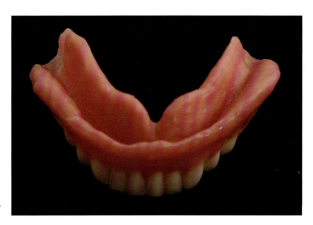

図4-15 リラインが終了した義歯.

図4-16 軟性リライン義歯の洗浄剤の一例. 洗浄剤の種類によっては, 軟性リライン材を劣化させるため注意する. 銀系無機抗菌剤配合, 酵素系, 生薬系のものが, 軟性リライン材への影響が少ないと報告されている.
a:「さわやかコレクト W抗菌」(シオノギヘルスケア), b:「clene」(バイテック・グローバル・ジャパン)

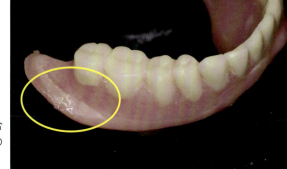

図4-17 作製から2年経過した軟性リライン義歯. 接合部が薄い部分に, 剝がれが認められる. またリライン材の弾性低下が認められるため, 再リラインを行った.

Ⅳ メインテナンス時に注意するポイント

　　　　軟質材でリラインをした義歯に対する患者さんの痛みの閾値は高く, 痛みを感じにくい. これは, 経年的に徐々に生じる顎堤吸収によって義歯が不適合になっても痛みを感じないため, 不適合の義歯を使用し続ける可能性があることを意味する. したがって, 少なくとも半年ごとに来院するように説明しておく.
　　　清掃時には, 義歯をあまり強くこすらないこと, 義歯洗浄剤を使用することを指導している (図4-16). 検診時には, 粘膜の適合だけでなく, 軟質リライン材の剝がれや劣化, 義歯の清掃状態をチェックする (図4-17).

■コピー義歯の製作

間接法によるリラインを行っている間，患者さんは義歯を使用することができない．院内にラボがあり，昼休み等を利用して急いでリラインを行う場合は問題ないが，院外のラボに依頼してリラインを行う場合，義歯を預からなければならず，その間に，患者さんが使用する義歯を製作しておく必要がある．

ここでは，コピーフラスコとアルジネート印象材を使って簡単にできるコピー義歯の製作法を紹介する．

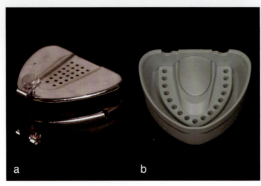

1 コピー義歯製作用フラスコ．
a：「レプリカフラスコ」（亀水化学工業）
b：「デュープフラスコ」（ジーシー）

2 フラスコの片側にアルジネート印象材を盛り，その中に義歯を咬合面から2/3ほど沈める．印象材の量は，レプリカフラスコで片側8杯，デュープフラスコで同5杯を目安にする．

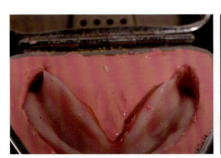

3 レトロモラーパッド上のアルジネート印象材を除去する．

4 残りの片側のフラスコにアルジネート印象材を盛り，フラスコを閉じる．この時に上下のアルジネート間に分離剤を塗布する必要はない．

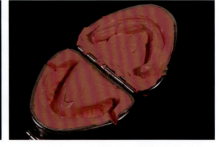

5 フラスコを開けて義歯を取り出し，通路を掘る．

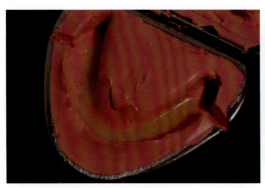

6 人工歯相当部に白色の即時重合レジンを流し込む．次に床となるピンク色のレプリカ義歯用レジン（10gを基準）を軟らかめに練って流し込む．

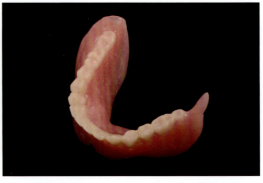

7 約20分後にフラスコからコピー義歯を取り出す．

Ⅳ 下顎総義歯に軟質リライン材を間接法で用いるコツ

8 バリを取るなどコピー義歯の形態を仕上げて, ティッシュコンディショナーでリラインを行う準備をする. ティッシュコンディショナーの厚みを維持し, 削りすぎによる義歯の強度低下を防ぐため, ラウンドバーで2mmのガイドを掘り, それをつなげるようにカーバイドバーで内面を削る.

9 ティッシュコンディショナーで粘膜面に直接リラインを行う. ティッシュコンディショナーは最低30秒以上しっかり練和し, 口腔内で15分以上保持する. 15分を待たずに研磨を行うと, バーに絡まって剝がれてしまい, ティッシュコンディショナーが十分機能しなくなる.

● 症 例

　患者は88歳の女性. いくつかの歯科医院で義歯を製作したが,「痛くて使うことができない」とのことで, 家族が運転する車で1時間かかる遠方から来院. そのため「治療回数はできるだけ少なくしてほしい」.

　口の中が乾燥し, いつも苦い味がする. 下顎の顎堤吸収は著しく, 非可動粘膜も少ない. 高齢で変化に対する適応能力の低下が考えられるため, 上顎前歯部はそのまま保存し, 上下の義歯を製作した. 新義歯は今までの義歯と違って痛みが少なく,「食事ができる」と評価してもらった. しかし, 月に一回ほど痛くなると来院が続いたため, 軟質材によるリラインを選択した.

　リライン後, 義歯の痛みは消失し, 安心感からか, デンタルプレスケールによる咬合力も45％ほど向上した.「新しい入れ歯は今までの入れ歯に比べて痛みもなく, 外れないため使うことができた. さらに今回の軟らかい材料を使ったことで, よい入れ歯がさらによくなった気がする」と感想を聞かせてもらった.

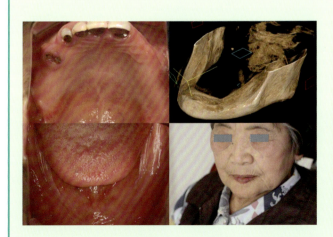 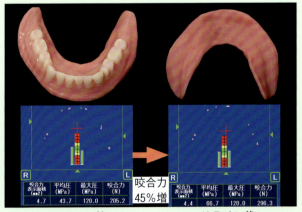

咬合力45％増

リライン前　　リライン後

▶▶ ま　と　め

　軟質材によるリラインは，材料の劣化や顎堤吸収への影響などの理由から，筆者の総義歯臨床ではそれほど多く用いる技法ではない．しかし，解剖学的要件や来院回数に制限のある患者さんに対して，その効果を認める症例も少なくなく，製作した義歯に軟質材によるリラインをして，「さらに使いやすくなった」と喜ばれている．今回紹介した，間接法による軟質リラインという手法を身につけておくことは，より多くの患者さんに対応するために有効と考えている．

参　考　文　献

1）濱田泰三，村田比呂司編著：THE SOFT LINING 軟質リラインの本質．デンタルダイヤモンド，東京，2016.
2）戸田　篤：シリコーン系軟性裏層材を使用したリライニング法と新義歯の製作法－耐久性，操作性など諸性質が向上した新しい軟性裏装材の応用－．歯科技工，33（5）：601-610，2005.
3）西山　實，廣瀬英晴，大木一三，佐藤吉則，小林喜平：新しいシリコーンラバー系軟質裏装材デンチャーリライニングの物性と接着性について．日本補綴歯科学会誌，41（5）：796-803，1997.
4）二川浩樹，田地　豪：義歯洗浄剤 何を使ったら良いのでしょうか？．日本補綴歯科学会誌，10（1）：40-45，2018.

V

リライン後の義歯を
審美的に仕上げるコツ

野澤康二

本稿では，硬質リライン材による直接法リライン後に生じる問題（レジン床とリライン材との接着，審美性，義歯床辺縁および研磨面形態の再現）と，リラインをした義歯を機能的・審美的に仕上げるためのコツについて解説したい．

直接法リラインの多くがチェアーサイド（歯科医院内）で行われることを踏まえたうえで，そのポイントとなる処置を挙げると，①義歯床へのリライン前処置，②形態修正と中研磨，③最終仕上げ研磨の３つ（図5-1）が挙げられる．これらの処置を可能な限り短時間で確実に，そして，仕上げを審美的かつ機能的に行うことが大切であると考える．本稿では各処置について，できるだけチェアーサイドで実践可能な材料とテクニックを中心に紹介する．また，硬質リライン材による直接法とシリコーン系軟質リライン材による直接法での仕上げ操作の違いも考えてみたい．

▶▶ I　義歯床へのリライン前処置

リライン後の義歯に起こり得る問題として，レジン床からリライン材が剥がれる，また，研磨時の境界面の処理不足によりプラークが付着しやすくなり，バイオフィルムが停滞する，などが考えられる．これらの問題を防ぎ，リラインをした義歯を機能的かつ審美的に仕上げるためには，義歯床と口腔内を適切に診断して，リラインする面と非調整部になる面を明確にすることが前提となる．そうすることで研磨処理が容易になる．

1．義歯床粘膜面の新鮮面を出す

リライン面を明確にした後，ファーストステップとして，義歯床粘膜面と辺縁部（リライン材で再現する境界部）を一層削除して新鮮面を出す処理を行う（図5-2）．

☞ **Point !**

右記の３つの工程がリライン後の義歯をきれいに仕上げるポイント．

■義歯床へのリライン前処置
　粘膜面削除による新鮮面付与，義歯床辺縁の処理
　（ベベリング処理，プライマー塗布時のマスキング）

■リライン後の形態修正（カーバイドバー）と中研磨
　（シリコーンポイント）

■最終仕上げ（艶出し）研磨（レーズ，ブラシ，バフ）

図5-1　硬質材料でリラインをする義歯の仕上げ工程（直接法）．

Ⅴ　リライン後の義歯を審美的に仕上げるコツ　55

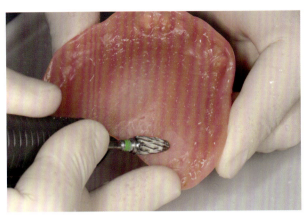

図5-2　リライン面を明確にした後，リラインをする義歯床粘膜面をカーバイドバー（「マイジンガー HM75HX」ジーシー）で一層削除して新鮮面を与える．

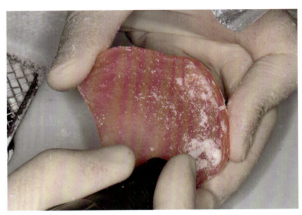

図5-3　根面板部のリリーフ（「マイジンガー HM79」ジーシー）．

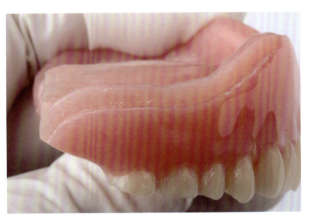

図5-4　義歯床辺縁部にベベリング処理（斜角を付ける）をする．

図5-5　ベベリング処理で使用するフィッシャーバー（「エメスコ HP703」エスエスデンタル）．

　根面板や残根がある場合には，その周囲をリリーフ（図5-3）し，辺縁部から研磨面にかけてはリラインをする量や長さをあらかじめ決めておく必要がある．

2．ベベリング処理

　次に，義歯床辺縁部にベベリングの付与（斜角を付ける，図5-4）を行う．これにより辺縁部のリライン材に厚みを与え，さらに接着面積を確保することで接着性を向上することができる．リライン材の層が薄いと剥離しやすい．
　ベベリング処理に関しては，義歯床辺縁部にエッジを付けるという目的を踏まえ，径の太いフィッシャーバー（「エメスコ HP703」エスエスデンタル，図5-5）の使用が効率的である．また，義歯床とリライン部の境界面の研磨時に，辺縁形態として必要なリライン材と不要なリライン材のトリミングを容易に行うことができる．

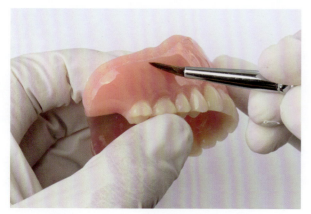

図5-6 非リライン部へのワセリンの塗布.

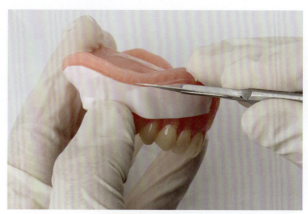

図5-7 ビニールテープによる非リライン部へのマスキング.

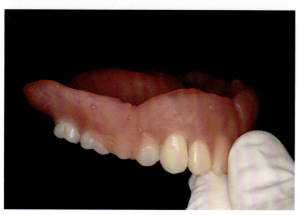

図5-8 非リライン部である頬側面に過剰に付着したリライン材.

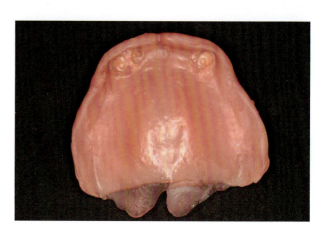

図5-9 粘膜面に均一に添加されたリライン材.

3．プライマー塗布時のマスキング

　義歯床粘膜面の新鮮面付与と義歯床辺縁部のベベリング処理を行った後，リライン部には各種リライン材メーカー指定（または付属）のプライマーを塗布して乾燥させる．この時，非リライン部にリライン材が付着しないよう，マスキング処理をする．具体的には，非リライン部にワセリンを薄く塗布することで，付着したリライン材を剝がれやすくする．またはビニールテープを義歯床研磨面に巻いてマスキングし，境界部でカットする（図5-6・図5-7）．これらの前処置により，リライン後の研磨を比較的短時間で確実に行うことができるようになる．

▶▶ Ⅱ 形態修正と中研磨

　リラインを行った義歯の形態修正としては，研磨面の余分なリライン材の除去と境界部の中研磨の工程になる（図5-8・図5-9）．この時に，どこまでリライン材を除

V　リライン後の義歯を審美的に仕上げるコツ　57

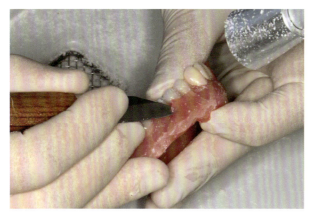

図5-10　余分なリライン材はエバンスで簡単に除去することができる．

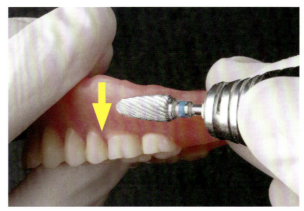

図5-11　義歯床とリライン部との境界部の研磨．カーバイドバーを義歯床移行部に向かって動かす．

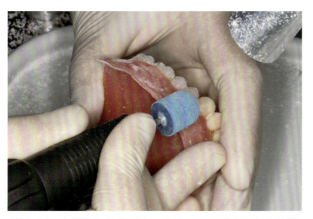

図5-12　中研磨には径が太いシリコーンポイントを使用すると効率的である．

図5-13　スーパーアクリルポリッシャー・グレネイドコース（荒目，Kerr：カボデンタルシステムズジャパン）．

去するかを見極め，また研磨を行いつつ，境界部の接着状態を確認しなければならない．カーバイドバーを用いて義歯の形態を整えつつ，マスキングしてある部位に付いた余分なリライン材をエバンスを用いて除去する．前項でふれたように，ワセリンまたはビニールテープによるマスキングを行っておくと，短時間で審美的に操作を行うことができる（図5-10）．

　義歯床とリライン部との境界部の研磨にはなるべく径の太いカーバイドバーを用いるが，バーはリライン部から義歯床移行部に向かわせ，接着部を剝がさない方向（図5-11）へ動かす．なお，研磨により辺縁に部分的な剝離が生じた場合には，その部位に再度プライマー処理を行い，即時重合レジンで補修する．リライン材が足りていない場合や気泡が混入した場合も同様である．

　カーバイドバーによる余分なリライン材の除去後は，シリコーンポイントを用いて中研磨を行う．シリコーンポイントの選択に関しても，カーバイドバーと同様に径の

☞ **Point！**

・研磨する部位と目的により適切なバーを選択する．
・義歯床とリライン材との接着部では，リライン材を剝がさないようカーバイドバーを動かす方向に注意する．

図5-14 三行ブラシ（レーズ用ブラシ豚毛，クロダブラシ）で中研磨時のムラなどを補正する．

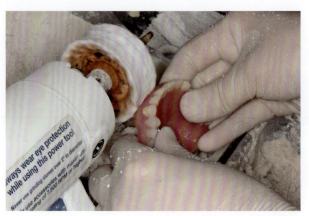
図5-15 布バフ（レーズ用ブレイジングバフ，ビーエスエーサクライ）による研磨．床形態を壊さないよう注意する．

太いタイプを選択することで，効率のよい研磨と審美的な研磨面を短時間で与えることができると考える．お勧めしたいシリコーンポイントはKerrの「スーパーアクリルポリッシャー」（カボデンタルシステムズジャパン）である．特にグレネイド型の太く特異な形態は効率のよい研磨を可能とし，研磨時の減りも少ない（図5-12・図5-13）．

シリコーンポイントによる研磨処理を確実に行うことで仕上げ研磨の審美性が向上することから，この工程は重要なポイントとなる．

▶▶ Ⅲ 最終仕上げ研磨

最終仕上げ研磨時の効率の観点から推奨したいのは，レーズ（技工で使用する電動式研削・研磨器）を用いたブラシとバフによる研磨である．中研磨時に研磨不足でムラが生じていたり，義歯床粘膜面の広い範囲をハンドピースで平坦にすることは困難である．その点，レーズを用いると大型のバフやブラシを使用して研磨ができるため，研磨面形態を損ねないようにしつつ，広い範囲を滑沢な面に仕上げることができる．特に義歯床とリライン面の境界部は広く平坦に仕上げる必要があるため，レーズとブラシ，バフを用いた仕上げ研磨は有効である．

レーズ研磨の場合，まずはブラシと研磨砂を使用しながら，カーバイドバーやシリコーンポイントによる中研磨時のムラをなくすように研磨を行い，同様に研磨砂を使用して布バフによる研磨を行う．この際，発熱が起こらないよう注意し，最終的に艶出し材を用いて滑沢に仕上げる（図5-14・図5-15）．

院内にレーズがない場合はハンドピースを用いての仕上げ研磨となるが，その場合はシリコーンポイントでの中研磨時に注意して，ファインタイプ（細目）のポイントでしっかり広く平坦な面を与える必要がある．そのうえでシャモアホイールのような

V リライン後の義歯を審美的に仕上げるコツ　59

図5-16 コンパクトで使いやすいレーズ（「ベンチレーズ」山八歯材工業）.

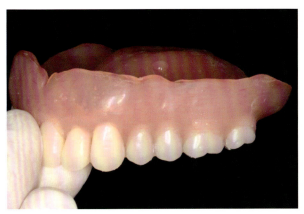

図5-17 最終仕上げ研磨が終了した義歯.

図5-18 「ジーシーリラインⅡ」専用の仕上げ用ホイールと形態修正用ポイント（別売り）.

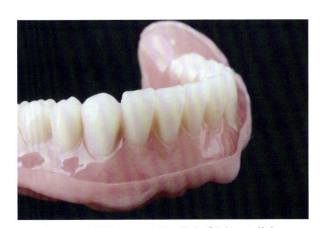

図5-19 軟質リライン後の仕上げを行った義歯.

フェルトタイプのポイントで艶出し材を用いて仕上げる.

　技工用レーズは強力なトルクを持つ大型のものが一般的で，10万円を超えるものがほとんどであるが，コンパクトで3万円くらいで購入できるレーズもあり（山八歯材工業の「ベンチレーズ」など），使いやすく，院内でもスペースをとらないのでお勧めしたい．レーズ研磨による時間短縮は効果的である（図5-16）.

Ⅳ シリコーン系軟質リライン材の研磨処理を考える

　シリコーン系の軟質リライン材は，硬質リライン材と比較すると材料の性質のちがいから，塗布時の操作や硬化後のトリミング，研磨処理の方法が変わってくる．義歯床辺縁の前処理に関しては硬質リライン材と同様にベベリング処理を行うが，余分な

図5-20 「ジーシーリラインⅡ」専用の辺縁処理材（別売り）．

　シリコーン系の材料は接着しないので，プライマーを塗らない研磨面をマスキングする必要がない．余分なリライン材のトリミングでは，カーバイドバーによる切削は難しいのでハサミやメスを使ってカットすることになる．
　形態修正は，各種軟質リライン材のメーカーから研磨セット（図5-18）が販売されているので，専用のトリミングバーとホイールを用いて細かい形態修正と中研磨を行っていく（図5-19）．この際，ポイント類は，前述したようにリライン材から義歯床移行部に向かわせ，接着部分を剝がさない方向に動かす（回転数：形態修正用ポイント20,000回転／分，仕上げ用ホイール6,000回転／分）．
　仕上げ研磨に関しては辺縁処理材を使用する．辺縁処理材は各種シリコーン系軟質リライン材に合わせたものがメーカーから別売りされている（図5-20）．辺縁処理材は，リライン材と義歯床の段差部分を移行的な形態にするだけでなく，研磨したリライン材表面に薄く塗布することで艶出し材としての効果もある．しかし，辺縁処理材を不要な部位に盛ったり，厚く盛りすぎると境界部の形態を阻害することになるので注意が必要となる．また，築盛後は研磨処理ができないため，あらかじめ義歯床全体を研磨したうえで最終仕上げとして塗布を行う．シリコーン系軟質リライン材は材料の性質上，硬質リライン材に比べて研磨処理が難しくなるので，前処置をしっかり行い，専用のポイント類の回転数に注意を払いながら研磨を行う．

▶ まとめ

　リライン後の義歯の仕上げのコツという内容で解説させていただいたが，臨床の現場では，1人の患者さんに対して30分程度のアポイントでコミュニケーションを図りながら，口腔内診査と診断，前処置，リライン操作，そして仕上げを行うことになると思われる．チェアーサイドの限られた環境の中で効率的にリライン後の義歯を仕上げる手法として挙げたポイントは以下の3つである．

① リラインの前処置（ベベリング処理やプライマー塗布時のマスキング）.

② 径の太いシリコーンポイントを用いて中研磨をしっかりと行う.

③ レーズを用いて研磨砂で広い範囲を滑沢に仕上げる.

ポイントとして，リラインをする部位をあらかじめ決めて境界面を明確にしておくことが大切であり，接着効果を確実に与えるために義歯床粘膜面への新鮮面付与と義歯床辺縁部のベベリング処理を行う．なるべく少ない本数のポイントやバーで研磨を終わらせるには，トリミング後の中研磨で効率のよい太い径のシリコーンポイントを用いる．そして，レーズでバフなどを使用して広い面を研磨することで効率化が図れると考える.

シリコーン系軟質リライン材による直接法リラインの場合には，前処置がより重要となる．研磨には専用の器材（バーやホイール）を用いる必要があるが，仕上げの難しさ，審美性やリライン材の長期耐久性を考慮すると，間接法が優位であると考えられる.

本稿がリライン後の義歯の仕上げを行ううえで少しでも参考になれば幸いである.

*

本稿の執筆にあたりご協力をいただいた埼玉県朝霞市開業の丹野哲哉先生（たんの歯科クリニック）に深く感謝の意を表します.

参 考 文 献

1）水野行博，前田祥博：レジン床の研磨（歯科技工別冊・臨床でいきる研磨のすべて）. 106-109, 医歯薬出版，東京，2002.

2）濱田泰三，村田比呂司編著：THE SOFT LINING 軟質リラインの本質. 80-87, デンタルダイヤモンド，東京，2016.

3）村田比呂司，吉田和弘：義歯の機能を維持そして向上させるために！ 今選びたいティッシュコンディショナー・リライン材＋関連器材75. QDT, 24-56, 2013.

4）ジーシーリラインⅡ取り扱い添付文書. ジーシー.

索引

【欧文】

IOD *41*

McGill コンセンサス *41*

mechanostat 理論 *8*

【あ】

アクリル系 *18*

アクリル系軟質リライン材 *17*

　——の特徴 *19*

インプラントオーバーデンチャー *40, 41*

ウォッシュ印象 *44*

エッジ *55*

【か】

カーバイドバー *57*

顎舌骨筋線 *40*

顎堤吸収 *8, 12, 40*

顎堤の形態変化 *8*

カンジダ *23*

間接法 *28, 38, 42*

　——による軟質リライン *44*

　——によるリラインの利点 *42*

間接リライン法 *37*

義歯床粘膜面 *26*

義歯床の破折 *21*

義歯床用レジンに対する接着 *18*

義歯床用レジンの劣化 *22*

義歯性口内炎 *23*

義歯洗浄剤 *18, 49*

機能的運動 *32*

頰棚 *40*

形態修正 *56, 60*

研磨 *48*

研磨砂 *58*

口腔内への装着 *48*

咬合高径 *26, 28*

咬座印象 *44*

硬質リライン材 *16, 17, 54*

咬頭嵌合位 *40*

骨吸収 *8, 10*

骨添加 *8*

コバルトクロムへの接着 *18*

コピー義歯 *50*

【さ】

最終仕上げ研磨 *58*

暫間リライン *23*

褥瘡性潰瘍 *23*

シリコーン印象材 *30, 44*

シリコーン系 *18*

シリコーン系軟質リライン材 *17, 59*

　——の硬さ *20*

　——の特徴 *19*

シリコーンポイント *57*

新鮮面 *54*

水平的下顎位 *26, 28*

舌下ヒダ *40*

石膏コア *46*

石膏模型の製作 *45*

接着材の塗布 *47*

【た】

ダイナミック印象 *23*

直接法 *28, 35, 54*

ティッシュコンディショナー　*17, 22,*
　28, 44
　　——の除去　*46*
適合検査　*48*
適合検査材　*48*
動的機能リライン材　*17, 18*
トリミング　*55, 60*

【な】

中研磨　*56*
軟質材によるリライン　*41*
軟質リライン材　*18, 59*
　　——による咀嚼機能の向上　*19*
　　——の硬さと接着強さの関係　*21*
　　——の劣化　*20*
難症例　*41*
粘膜調整材　*17, 22*
粘膜面の調整　*44*

【は】

バットジョイント　*46*
バフ　*58*
プライマー塗布　*56*
ブラシ　*58*
フラビーガム　*35*
ベベリング処理　*55*
辺縁処理材　*60*
ホイール　*48*

【ま】

マスキング　*56*
メインテナンス　*49*

メカニカルストレス　*8, 10, 11*

【ら】

リベース　*26*
リライン　*26, 40*
リライン材の厚さと義歯の曲げ強さ　*22*
リライン材の厚み　*46*
リライン材の削除　*48*
リライン材の塗布　*47*
リライン材の分類　*16*
リラインスペース　*46*
リライン前処置　*54*
リライン直接法　*29*
リラインの流れ　*42*
リライン前のチェックポイント　*26*
リライン用ジグ　*46*
リリーフ　*55*
レーズ　*58*
レトロモラーパッド　*40*

＜HYORONブックレット＞

◆「HYORONブックレット」は，月刊『日本歯科評論』誌上でご好評をいただき，バックナンバーとしても多くのご要望があった特集などを，雑誌掲載後の情報も適宜追加し，ワンテーマの書籍として読みやすく再編するシリーズです．

◆本書は，2016年10月号掲載「特集：おさえておきたい義歯のリラインのコツ」（著／原　哲也，秋葉徳寿，水口俊介，相澤正之，山崎史晃，野澤康二）を再編しました．

本書の複製権，翻訳権，翻案権，上映権，貸与権，公衆送信権（送信可能化権を含む）は，(株)ヒョーロン・パブリッシャーズが保有します．本書を無断で複製する行為（コピー，スキャン，デジタルデータ化など）は，著作権法上の限られた例外（私的使用のための複製）を除き禁じられています．また私的使用に該当する場合でも，請負業者等の第三者に依頼して上記の行為を行うことは違法となります．

JCOPY ＜(社)出版者著作権管理機構　委託出版物＞
本書を複製される場合は，そのつど事前に(社)出版者著作権管理機構（Tel 03-3513-6969, Fax 03-3513-6979, e-mail：info@jcopy.or.jp）の許諾を得てください．

HYORON ブックレット

おさえておきたい
義歯のリラインのコツ

2018年11月15日　第1版第1刷発行　　　＜検印省略＞

著　者　相澤正之／秋葉徳寿／野澤康二
　　　　原　哲也／水口俊介／山崎史晃

発行者　髙 津 征 男

発行所　株式会社ヒョーロン・パブリッシャーズ

〒101-0048　東京都千代田区神田司町2-8-3　第25中央ビル
TEL 03-3252-9261〜4　振替 00140-9-194974
URL：http://www.hyoron.co.jp　E-mail：edit@hyoron.co.jp
印刷・製本：錦明印刷

©AIZAWA Masayuki, et al, 2018 Printed in Japan
ISBN978-4-86432-046-7 C3047
落丁・乱丁本は書店または本社にてお取り替えいたします．